"十三五"江苏省高等学校　　　　　　61)

普通高等教育"十三五"系列教材

传感器原理与应用

（第2版）

主　编　钱显毅

副主编　钱爱玲　陈先博　徐　军

中国水利水电出版社

www.waterpub.com.cn

·北京·

内 容 提 要

传感器是实现产业转移升级，实现产业高质量发展的重要器件。本教材是江苏省"十三五"重点建设项目，主要内容包括传感器的物理定律与技术基础、应变式传感器、电容式传感器、电感式传感器、压电式传感器、热电式传感器、磁电式传感器、光电式传感器、信号检测与传输放大电路等。

本教材可作为普通高等学校电子信息工程、电气工程、自动化、电子科学与技术、光电工程、计算机科学与技术等的教材或参考书，也可供相关工程技术人员参考，特别适合卓越工程师培养之用。

图书在版编目（CIP）数据

传感器原理与应用 / 钱显毅主编. -- 2版. -- 北京：中国水利水电出版社，2020.5
"十三五"江苏省高等学校重点教材 普通高等教育"十三五"系列教材
ISBN 978-7-5170-8570-6

Ⅰ. ①传… Ⅱ. ①钱… Ⅲ. ①传感器－高等学校－教材 Ⅳ. ①TP212

中国版本图书馆CIP数据核字(2020)第106504号

书　　名	"十三五"江苏省高等学校重点教材 普通高等教育"十三五"系列教材 **传感器原理与应用**（第 2 版） CHUANGANQI YUANLI YU YINGYONG
作　　者	主编　钱显毅　　副主编　钱爱玲　陈先博　徐　军
出版发行	中国水利水电出版社 （北京市海淀区玉渊潭南路 1 号 D 座　100038） 网址：www. waterpub. com. cn E - mail：sales@ waterpub. com. cn 电话：（010）68367658（营销中心）
经　　售	北京科水图书销售中心（零售） 电话：（010）88383994、63202643、68545874 全国各地新华书店和相关出版物销售网点
排　　版	中国水利水电出版社微机排版中心
印　　刷	北京瑞斯通印务发展有限公司
规　　格	184mm×260mm　16 开本　13.25 印张　322 千字
版　　次	2013 年 2 月第 1 版　2013 年 2 月第 1 次印刷 2020 年 5 月第 2 版　2020 年 5 月第 1 次印刷
印　　数	0001—2000 册
定　　价	**36.00 元**

第 2 版前言

本教材坚持新时代中国特色社会主义思想和党的十九大精神，以 2018 年全国教育大会成都会议精神为导向，依据《教育部关于做好 2018 年普通高校招生工作的通知》（〔2018〕（2）号）和江苏省《省教育厅关于做好 2018 年高等学校省重点教材立项建设工作的通知》（苏教高函〔2018〕36 号）的精神改编。编者紧紧围绕全面提高人才培养能力这个核心点，为加快形成高水平人才培养体系，培养全面发展的社会主义建设者和接班人，加快建设高水平本科教育，全面提高人才培养能力，对《传感器原理与应用》进行了改编。

传感器是实现产业转移升级，实现产业高质量发展的重要器件。本教材能反映学科行业新知识、新技术、新成果，内容创新、富有特色；能更好地培养和开发大学生创新创业能力。

本教材的改革思路有以下 5 个方面：

（1）以教材项目建设为契机，通过校企合作的工作机制，与江苏省高新企业特别是江苏省传感器企业合作，聘请这些企业的一线技术骨干参与教材修订工作，使本教材成为理论与实践相结合、满足毕业要求指标点的典范教材。

（2）增强传感器实践设计和创新设计教学，加强创新和应用性的教学引导。教材以培养应用型和创新人才为出发点，在阐述电气工程施工组织与管理的同时，强调理论联系实际，并以培养学生解决工程实际组织管理问题的能力为目标。

（3）紧跟传感器技术发展前沿，不断更新传感器理论和应用知识，补充完善传感器在节能环保、生态建设方面的内容，增加绿色环保案例教学内容，增强学生在传感器与电气工程方面的绿色环保意识。

（4）建设立体化教材，紧密结合新时代发展，优化教师教学内容和方式，变革学生的学习模式。以教材为载体，通过物联网技术建设网络教学资源，实现网络共享，教材内容电子化、信息化，让学生可以通过手机扫描，随时随地进行学习。

（5）紧紧围绕教育部品牌专业建设和专业论证的要求，依据毕业核心指标点的以下要求：能应用电气工程专业知识，通过文献研究，对电气工程领域复杂工程问题进行识别、分析、表达，以获得有效结论；能够根据实验方案构建实验系统，正确地操作实验装置，安全地开展实验，提取有效数据；理解电气技术、产品的开发和应用对社会、健康、安全、法律及文化的影响和应承担的责任。

本教材具有以下特色：

（1）具有时代性、先进性、创新性、实践性。符合教育部 2018 年（2）号文件和江苏省《省教育厅关于做好 2018 年高等学校省重点教材立项建设工作的通知》（苏教高函〔2018〕36 号）的精神，为培养造就一大批创新能力强、适应经济社会发展需要的高质量工程技术人才和卓越工程师打下良好的专业基础。

（2）特色鲜明，实用性强，方便读者自学。相关章节中有传感器的应用知识，方便学生自学；将每个知识点紧密结合到相关学科，可以提高学生学习兴趣，适应不同基础的学生自学。

（3）重点突出，简明清晰，结论表述准确。本教材对传感器的公式不求严格证明过程，但对传感器的结构、原理表达清晰，结论准确，有助于学生建立传感器的数理模型，培养学生的形象思维能力和解决工程实际问题的能力。

（4）难易适中，适用面广，符合因材施教的要求，适合不同的基础读者学习和参考，也有利于普通高校教学。

（5）系统性强，强化应用，培养学生动手能力。本教材在编写过程中，在确保传感器知识系统性的基础上，调研并参考了相关行业专家的意见，特别适用于卓越工程师的培养，可用于培养创新型、实用型人才。

（6）使用方便，内容丰富，便于考试考查。习题与思考题便于教师教学和学生学习。

本教材由钱显毅（常州工学院）编写第 1～5 章、各章习题与工程设计，钱爱玲（台州学院）编写第 6～7 章，陈先博（江苏贝豪控股集团有限公司）编写第 8 章，徐军（昆山百希奥电子科技有限公司）编写第 9 章。

由于时间仓促，本书中的错误或不妥之处，恳请读者指正。

需用本教材教学资料的教师请与 QQ634918683 或 QQ 群 236425612 联系。

编者

2020 年 5 月

第1版前言

为了贯彻落实教育部《国家中长期教育改革和发展规划纲要》和《国家中长期人才发展规划纲要》的重大改革，根据教育部2011年5月发布的《关于"十二五"普通高等教育本科教材建设的若干意见》，本着教材必须符合教育规律，具有科学性、先进性、适用性，进一步完善具有中国特色的普通高等教育本科教材体系的精神和"卓越工程师教育培养计划"的具体要求，编写了本书。

本书具有以下特色：

（1）符合教育部《关于"十二五"普通高等教育本科教材建设的若干意见》的精神，具有时代性、先进性、创新性，可为培养造就一大批创新能力强、适应经济社会发展需要的高质量各类型工程技术人才和卓越工程师打下良好的专业基础。

（2）特色鲜明，实用性强，方便读者自学。相关章节中安排有传感器的应用知识，方便学生自学，将每个知识点紧密结合到相关学科，可以提高学生学习兴趣，适应不同基础的学生自学。

（3）重点突出，简明清晰，结论表述准确。对传感器的有关计算公式不要求严格证明过程，但对传感器结构、原理表达清晰，结论准确，有利于帮助学生建立传感器的数理模型，培养学生的形象思维能力和解决实际工程的能力。

（4）难易适中，适用面广，符合因材施教的原则。适合不同基础的读者学习和参考，也有利于普通高校教学。

（5）系统性强，强化应用，培养动手能力。本书编写过程中，在确保传感器知识系统性的基础上，调研并参考了相关行业专家的意见，特别适用于卓越工程师等创新型、实用型人才的培养。

（6）使用方便，容易操作，便于考试考查。习题与思考题便于教师教学和学生学习。

本书共12章，绪论和附录由钱显毅编写，第1～5章由何一鸣编写，第6～8章由张刚兵编写，第9～12章由钱爱玲、钱显忠、钱显毅、李青龙共同编写。全书由钱显毅负责统稿。

由于时间仓促，本书中的错误或不妥之处，恳请读者指正。

需要教学用PPT等教学资料的，请与QQ634918683或QQ群236425612联系。

编者

2012年6月

目　录

第1章 传感器的物理定律与技术基础

内容摘要： 本章主要介绍传感器的基本定律、数学模型及技术指标。强调数理规律是传感器的基本定律，传感器在实现产业升级和装备智能化中的重要作用，以及传感器技术是应对社会老龄化的重要举措。

理论教学要求： 理解数理规律是传感器的基本定律，了解传感器的结构与类型、主要性能与要求，初步了解改善传感器性能的技术途径以及传感器的地位、作用与发展趋势。

实践教学要求： 根据本章所学内容，参考相关资料，写出有关传感器基础知识方面的报告（要求 5000 字左右，内容包括传感器的基本定律、数理模型及技术指标，以及传感器在实现产业升级和装备智能化中的重要作用，强调传感器技术是应对社会老龄化的重要举措）。

1.1 传感器的物理定律

1.1.1 传感器的检测与传输

传感器发展到今天，其功能应该是"感、传、显、控"，即"感知（检测）、传输、显示、控制"，严格地讲，"感传显控器"更加名副其实，更能代表传感器的本意。传统意义上，传感器更强调感知功能。

（1）"感"。什么是传感器？生物体的感官就是天然的传感器。如人的"五官"——眼、耳、鼻、舌、皮肤分别具有视觉、听觉、嗅觉、味觉、触觉。人们的大脑神经中枢通过五官的神经末梢（感受器）就能感知外界的信息[1]。

也可以说，眼，具有视觉功能，相当于光学视频传感器敏感元件；耳，具有听觉功能，相当于声学传感器敏感元件；鼻，具有嗅觉功能，相当于生化传感器敏感元件；舌，具有味觉功能，相当于化学传感器敏感元件；皮肤，具有触觉功能，相当于压力传感器敏感元件[2]。

由图 1.1 所示的人与机器的功能对应关系可见，传感器作为模拟人体感官的"电五官"，是机器系统猎取外界信息的"窗口"。如果将外界研究对象也视为系统，从广义上讲传感器就是系统之间实现信息交流的"接口"，它为机器系统提供进行处理和决策所必需的对象信息，是高度自动化系统乃至现代尖端技术设备必不可少的关键组成部分[2]。

（2）"传"。感知（检测）不是传感器的目的，而是传感器工作的第一步过程，将感知（检测）的信号进行传输、显示和控制，才是目的。在工程科学与技术领域里，可以认为：传感器是人体"五官"的工程模拟物。传感器也可以定义为：能感受规定的被测量（包括

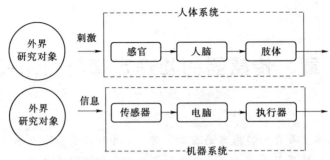

图 1.1　人与机器的功能对应关系

物理量、化学量、生物量等）并按照一定的规律转换成可用信号的器件或装置，通常由敏感元件（sensing element）和转换元件（transduction element）组成。

应当指出，这里所谓的可用信号是指便于处理、传输的信号。当今电信号最易于处理和便于传输，因此，可把传感器狭义地定义为：能把外界非电信息转换成电信号输出的器件或装置。可以预料，当人类跨入光子时代，特别是随着量子通信技术的发展，光信息成为更便于快速、高效处理与传输的信号时，传感器的概念将随之发展成为：能把外界信息或能量转换成光信号或能量输出的器件或装置。

介于感知元件与输出器件中间对信号进行变换和传送的过程，称为传输，这部分对应的电路称为传输电路，也就是"传"。

（3）"显"。将感知元件与输出器件的输出信号显示并记录下来的过程称为"显"。随着信息科学与微电子技术，特别是微型计算机与通信技术的迅猛发展，近期传感器的发展走上了与微处理器、微型计算机和通信技术相结合的必由之路，传感器的概念因此进一步扩充，如智能（化）传感器、传感器网络化等新概念应运而生。而"显"也变成了由计算机显示与记录。

（4）"控"。传感器技术是以传感器为核心，论述其内涵、外延的学科；也是一门由测量技术、功能材料、微电子技术、精密与微细加工技术、信息处理技术和计算机技术等相互结合形成的密集型综合技术。随着计算机技术的发展，计算机不仅用于显示与记录信号，也用于控制，现代传感器的控制也变成了由计算机或计算中心执行完成。

传感器的广义定义为："凡是利用一定的物质（物理、化学、生物）法则、定理、定律、效应等进行能量转换与信息转换，并且输出与输入严格一一对应的器件或装置均可称为传感器。"因此，传感器又被称作检测器、换能器、变换器等。

党的十九大以来，党和国家高度重视产业转移升级。传感器是智能化、自动化的关键器件，是实现产业转移升级的重要元素，学习好传感器是实现产业转移升级、应对人口老龄化、实现中国梦的基础。[3]

1.1.2　数理规律是传感器的基本定律

传感器之所以具有能量信息转换的机能，在于它的工作机理是基于各种物理的、化学的和生物的效应，并受相应的定律和法则所支配。了解这些定律和法则，有助于我们对传感器本质的理解和对新效应传感器的开发。在本书论述的范围内，作为传感器工作物理基础的基本定律和法则有以下四种类型：

（1）守恒定律，包括能量、动量、电荷量等守恒定律。这些定律是探索、研制新型传感器或分析、综合现有传感器时，都必须严格遵守的基本法则。

（2）场的定律，包括运动场的运动定律、电磁场的感应定律等。其相互作用与物体在空间的位置及分布状态有关，一般可由物理方程给出，这些方程可作为许多传感器工作的数学模型。例如利用静电场定律研制的电容式传感器；利用电磁感应定律研制的自感、互感、电涡流式传感器；利用运动定律与电磁感应定律研制的磁电式传感器等。利用场的定律构成的传感器，其形状、尺寸（结构）决定了传感器的量程、灵敏度等主要性能，故此类传感器可统称为结构型传感器。

（3）物质定律。它是表示各种物质本身内在性质的定律（如胡克定律、欧姆定律等），通常以这种物质所固有的物理常数来描述，这些常数的大小决定着传感器的主要性能。如利用半导体物质法则——压阻、热阻、磁阻、光阻、湿阻等效应，可分别做成压敏、热敏、磁敏、光敏、湿敏等传感器件；利用压电晶体物质法则——压电效应，可制成压电、声表面波、超声等传感器。这些基于物质定律的传感器，可统称为物性型传感器，是当代传感器技术领域中具有广阔发展前景的传感器。

（4）统计法则。它是把微观系统与宏观系统联系起来的物理法则。这些法则常常与传感器的工作状态有关，它是分析某些传感器的理论基础。这方面的研究有待进一步深入。

综上所述，数学逻辑和物理规律是传感器主要的基本定律。

1.1.3 传感器的结构与类型

由 1.1.1～1.1.2 节已知，当今的传感器是一种能把非电输入信息转换成电信号输出的器件或装置，通常由敏感元件和转换元件组成。其典型的组成及功能如图 1.2 所示。其中敏感元件是构成传感器的核心。

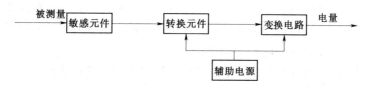

图 1.2 传感器典型组成及功能框图

图 1.2 的功能原理具体体现在结构型传感器中。

对物性型传感器而言，其敏感元件集敏感、转换功能于一身，即可实现被测非电量—有用电量的直接转换。

实际上，传感器的具体构成方法视被测对象、转换原理、使用环境及性能要求等具体情况的不同而有很大差异。图 1.3 所示为典型的传感器构成形式。

（1）自源型。此形式为仅含有敏感元件的最简单、最基本的传感器构成形式。此形式的特点是无需外能源，故又称为无源型。其敏感元件具有从被测对象直接吸取能量，并转换成电量的效应，但输出电量较弱。如热电偶、压电器件等。

（2）辅助能源型。它是敏感元件外加辅助激励能源的构成形式。辅助能源可以是电

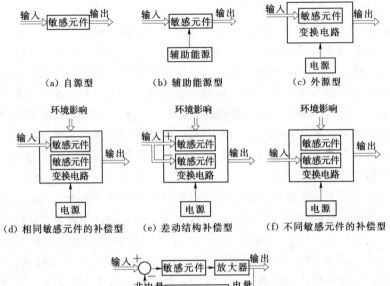

图 1.3　传感器的构成形式

源，也可以是磁源。传感器输出的能量由被测对象提供，因此是能量转换型结构。如光电2管、光敏二极管、磁电式和霍尔等电磁感应式传感器即属此型。其特点是，不需要变换（测量）电路即可进行较大的电量输出。

（3）外源型。它由能对被测量阻抗变换的敏感元件和带有外电源的变换（测量）电路构成。其输出能量由外电源提供，属于能量控制（调制）型结构，如电阻应变式、电感式、电容式位移传感器及气敏、湿敏、光敏、热敏等传感器均属于此型。所谓变换（测量）电路，是指能把转换元件输出的电信号调理成便于显示、记录、处理和控制的可用信号的电路，故又称为信号调理与转换电路。常用的变换（测量）电路有电桥、放大器、振荡器、阻抗变换器和脉冲调宽电路等。

实际应用中，这种构成形式的传感器特性要受到使用环境的影响，图 1.3 （d）、（e）、（f）是目前消除环境变化的干扰而广泛采用的线路补偿法构成形式。

（4）相同敏感元件的补偿型。采用两个原理和特性完全相同的敏感元件，并置于同一环境中，其中一个接收输入信号和环境影响，另一个只接收环境影响，通过电路，使后者消除前者的环境干扰影响。这种构成法在应变式、固态压阻式等传感器中常被采用。

（5）差动结构补偿型。它也采用了两个原理和特性完全相同的敏感元件，同时接收被测输入量，并置于同一环境中。巧妙的是，两个敏感元件对被测输入量作反向转换，对环境干扰量作同向转换，通过变换（测量）电路，使有用输出量相加，干扰量相消。如差动电阻式、差动电容式、差动电感式传感器等即属此型。

（6）不同敏感元件的补偿型。采用两个原理和性质不相同的敏感元件，两者同样属于同一环境中。其中一个接收输入信号，并已知其受环境影响的特性；另一个接收环境影响量，并通过电路向前者提供等效的抵消环境影响的补偿信号。如采用热敏元件的温度补

4

偿，采用压电补偿片的温度和加速度干扰补偿等。

（7）反馈型。这种构成法引入了反馈控制技术，用正向、反向两个敏感元件分别作测量和反馈元件，构成闭环系统，使传感器输入处于平衡状态。因此，此种形式的传感器又称为闭环式传感器或平衡式传感器，如图 1.3（g）所示。这种传感器系统具有高精度、高灵敏、高稳定、高可靠性等特点，如力平衡式压力、称重、加速度传感器等。

在此，再引入传感器系统的构成概念。

目前，人们已日益重视借助于各种先进技术手段来实现传感器的系统化。例如利用自适应控制技术、微型计算机软硬件技术来实现传统传感器的多功能与高性能。将传感器技术和其他先进技术相结合，从结构与功能的扩展上构成一个传感器系统。或者，可根据复杂对象监控的需要，将上述各种基本形式的传感器作为选择组合，构成一个复杂的多传感器系统。近年来也相应出现了多信息融合技术传感器、智能传感器等十分先进的传感器系统。

1.1.4　传感器的主要性能与要求

用于不同科技领域或行业的传感器种类繁多：一种被测量可以用不同的传感器来测量；而同一原理的传感器通常又可分别测量多种被测量。因此，传感器的分类方法五花八门。了解传感器的分类，旨在从总体上加深理解，便于应用。

还有按与某种高技术、新技术相结合而得名的传感器，如集成传感器、智能传感器、机器人传感器、仿生传感器等，不胜枚举。

无论何种传感器，作为测量与控制系统的首要环节，都必须满足快速、准确、可靠而又经济地实现信息转换的基本要求，即：

（1）足够的容量。传感器的工作范围或里程足够大；具有一定的过载能力。

（2）灵敏度高，精度适当。即要求其输出信号与被测输入信号成对应关系（通常为线性），且比值要大；传感器的静态响应与动态响应的准确度能满足要求。

（3）响应速度快，工作稳定，可靠性好。

（4）适用性和适应性强。体积小，重量轻，动作能量小，对被测对象的状态影响小；内部噪声小而又不易受外界干扰的影响；其输出力要求采用通用或标准形式，以便与系统对接。

（5）成本低，寿命长，节能高效，利于保护生态环境，且便于使用、维修和校准。

当然，能完全满足上述性能要求的传感器是很少有的。应根据应用的目的、使用环境、被测对象状况、精度要求和信息处理等具体条件做全面综合考虑。

1.2　传感器技术基础

1.2.1　传感器的数学模型

传感器是感受被测量信息的器件，希望它能按照一定的规律输出有用信号，需要研究其输出-输入关系及特性，以便用理论指导其设计、制造、校准与使用。为此，有必要建立传感器的数学模型。由于传感器可能用来检测静态量（即输入量是不随时间变化的常量）、准静态量或动态量（即输入量是随时间而变的变量），应该以带随机变量的非线性微分方程作为数学模型，但这将在数学上造成困难。实际上，传感器在检测静态量时的静态特性与检测动态量时的动态特性通常可以分开来考虑。于是，对应于输入信号的性质，传感器的数学模型常有静态与动态之分。

1.2.1.1 静态模型

静态模型是指在静态条件（即输入量对时间 t 的各阶导数为 0）下得到的传感器数学模型。若不考虑滞后及蠕变，传感器的静态模型可用代数方程表示，即

$$y = a_0 + a_1 x + a_2 x^2 + \cdots + a_n x^n \tag{1.1}$$

式中　　　　　x——输入量；

　　　　　　　y——输出量；

　　　　　　　a_0——零位输出；

　　　　　　　a_1——传感器的灵敏度，常用 K 或 S 表示；

　a_2，a_3，$\cdots$，a_n——非线性项的待定常数。

这种多项式代数方程可能有四种情况，如图 1.4 所示。这种表示输出量与输入量之间关系的曲线称为特性曲线。通常希望传感器的输出-输入关系呈线性，并能正确无误地反映被测量的真值，即如图 1.4（a）所示。这时，传感器的数学模型为

$$y = a_1 x \tag{1.2}$$

当传感器特性出现如图 1.4（b）、（c）、（d）所示的非线性情况时，就必须采取线性化补偿措施。

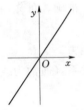 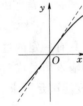 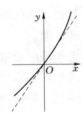 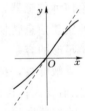

(a) $y = a_1 x$　　(b) $y = a_1 x + a_3 x^3 + a_5 x^5 + \cdots$　　(c) $y = a_1 x + a_2 x^2 + a_4 x^4 + \cdots$　　(d) $y = a_1 x + a_2 x^2 + a_3 x^3 + \cdots$

图 1.4　传感器的静态特性

1.2.1.2 动态模型

有的传感器即使静态特性非常好，但由于不能很好地反映输入量随时间变化（尤其快速）的状况而导致严重的动态误差。这就要求认真研究传感器的动态响应特性。为此建立的数学模型称为动态模型。这里动态模型以微分方程的方式表述。[4]

1. 微分方程

对传感器的基本要求是输出信号不失真，即希望其输出特性呈线性。实际上大多数情况下传感器并不能在很大范围内保持线性，但却总可以找出一个限定范围作为它的工作范围，并在一定精度（或误差）的条件下作为线性系统来处理。因此，在研究传感器的动态响应特性时，一般都忽略传感器的非线性和随机变化等复杂的因素，将传感器作为线性定常系统考虑。因而其动态模型可以用线性常系数微分方程来表示：

$$a_n \frac{\mathrm{d}^n y}{\mathrm{d}t^n} + a_{n-1} \frac{\mathrm{d}^{n-1} y}{\mathrm{d}t^{n-1}} + \cdots + a_1 \frac{\mathrm{d}y}{\mathrm{d}t} + a_0 y = b_m \frac{\mathrm{d}^m x}{\mathrm{d}t^m} + b_{m-1} \frac{\mathrm{d}^{m-1} x}{\mathrm{d}t^{m-1}} + \cdots + b_1 \frac{\mathrm{d}x}{\mathrm{d}t} + b_0 x$$

$$\tag{1.3}$$

式中 a_0，a_1，$\cdots$，a_n；b_0，b_1，$\cdots$，b_m——取决于传感器参数的常数。

对于传感器，除 $b_0 \neq 0$ 外，一般 $b_1 = b_2 = \cdots b_m = 0$。

用微分方程作为传感器数学模型的好处是，通过求解微分方程容易分清暂态响应与稳态响应。因为其通解仅与传感器本身的特性及起始条件有关，而特解则不仅与传感器的特性有关，还与输入量 x 有关。缺点是求解微分方程很麻烦，尤其当需要通过增减环节来改变传感器的性能时很不方便。

2. 传递函数

如果运用拉氏变换将时域的数学模型（微分方程）转换成复数域（s 域）的数学模型（传递函数），上述方法的缺点就得以克服。由控制理论可知，对于用式（1.3）表示的传感器，其传递函数为

$$H(s) = \frac{Y(s)}{X(s)} = \frac{b_m s^m + b_{m-1} s^{m-1} + \cdots + b_1 s + b_0}{a_n s^n + a_{n-1} s^{n-1} + \cdots + a_1 s + a_0} \tag{1.4}$$

式中，$s = \sigma + j\omega$，是个复数，称为拉氏变换的自变量。可见传递函数是一种以传感器参数来表示输出量与输入量之间关系的数学表达式，它表示了传感器本身的特性，而与输入量无关。用框图示意见图 1.5。

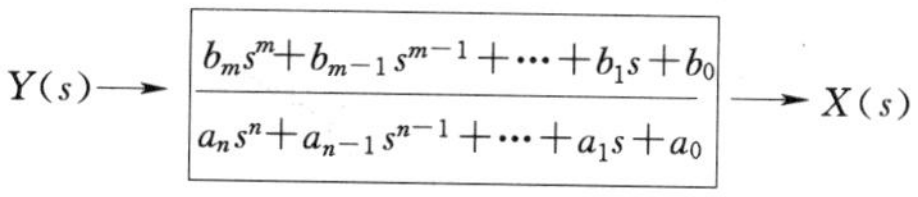

$$Y(s) \longrightarrow \boxed{\frac{b_m s^m + b_{m-1} s^{m-1} + \cdots + b_1 s + b_0}{a_n s^n + a_{n-1} s^{n-1} + \cdots + a_1 s + a_0}} \longrightarrow X(s)$$

图 1.5 框图表示法

有时也可以采用算子形式的传递函数来描述传感器的动态特性，采用这种形式时，只要将式（1.4）及图 1.5 中的 s 置换成 D 即可。

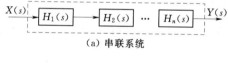

（a）串联系统

（b）并联系统

图 1.6 系统分类示意图

对于多环节串联、并联组成的传感器或测量系统，如果各环节阻抗匹配适当，可忽略相互间的影响，总的传递函数可按下式求得：

$$H(s) = \prod_{i=1}^{n} H_i(s)$$

对于 n 个环节的串联系统［图 1.6(a)］，有

$$H(s) = \sum_{i=1}^{n} H_i(s)$$

这样就容易看清各个环节对系统的影响，因而便于对传感器或测量系统进行改进。

采用传递函数法的另一个好处是，当传感器比较复杂或传感器的基本参数未知时，可以通过实验求得传递函数。

1.2.2 传感器的特性与指标

1.2.2.1 传感器的静态特性

静态特性表示传感器在被测输入量各个值处于稳定状态时的输出-输入关系。研究静态特性主要应考虑其非线性与随机变化等因素。

1. 线性度

线性度又称非线性，是表征传感器输出-输入校准曲线与所选定的拟合直线（作为工作直线）之间的吻合（或偏离）程度的指标。通常用相对误差来表示线性度或非线性误差，即

$$e_{\mathrm{L}} = +\frac{\Delta L_{\max}}{y_{\mathrm{es}}} \times 100\% \tag{1.5}$$

式中　$\Delta L_{\max}$——输出平均值与拟合直线间的最大偏差；

　　　y_{es}——理论满量程输出值。

显然，选定的拟合直线不同，计算所得的线性度数值也就不同。选择拟合直线应保证获得尽量小的非线性误差，并考虑使用与计算方便。下面介绍几种目前常用的拟合方法[5]。

（1）理论直线法。如图 1.7（a）所示，以传感器的理论特性线作为拟合直线，它与实际测试值无关。优点是简单、方便，但通常 $\Delta L_{\max}$ 很大。

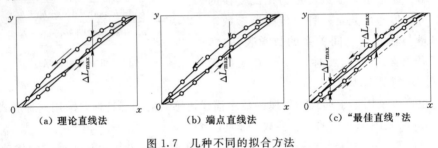

（a）理论直线法　　　　　（b）端点直线法　　　　　（c）"最佳直线"法

图 1.7　几种不同的拟合方法

（2）端点直线法。如图 1.7（b）所示，以传感器校准曲线两端点间的连线作为拟合直线。其方程式为

$$y = b + Kx \tag{1.6}$$

式中　b——截距；

　　　K——斜率。

这种方法也很简便，但 $\Delta L_{\max}$ 也很大。

（3）"最佳直线"法。这种方法以"最佳直线"作为拟合直线，该直线能保证传感器正反行程校准曲线对它的正、负偏差相等并且最小，如图 1.7（c）所示。由此所得的线性度称为"独立线性度"。显然，这种方法的拟合精度最高。通常情况下，"最佳直线"只能用图解法或通过计算机解算来获得。

当校准曲线（或平均校准曲线）为单调曲线，且测量上、下限处的正、反行程校准数据的算术平均值相等时，"最佳直线"可采用端点连续平移来获得。有时称该法为端点平行线法。

（4）最小二乘法。这种方法按最小二乘原理求取拟合直线，该直线能保证传感器校准数据的残差平方和最小。如用式（1.6）表示最小二乘法拟合直线，式中的系数 b 和 K 可根据下述分析求得。

设实际校准测试点有 n 个，则第 i 个校准数据 y 与拟合直线上相应值之间的残差为

$$\Delta_i = y_i - (b + Kx_i) \tag{1.7}$$

按最小二乘法原理，应使 $\sum\limits_{i=1}^{n} \Delta_i^2$ 最小；故由 $\sum\limits_{i=1}^{n} \Delta_i^2$ 分别对 K 和 b 求一阶偏导数，并令其等于 0，即可求得 K 和 b。

$$K = \frac{n \sum x_i y_i - \sum x_i \sum y_i}{n \sum x_i^2 - (\sum x_i)^2} \tag{1.8}$$

$$b = \frac{\sum x_i^2 \sum y_i - \sum x_i \sum x_i y_i}{n \sum x_i^2 - (\sum x_i)^2} \tag{1.9}$$

其中

$$\sum x_i = x_1 + x_2 + \cdots + x_n$$
$$\sum y_i = y_1 + y_2 + \cdots + y_n$$
$$\sum x_i y_i = x_1 y_2 + x_2 y_2 + \cdots + x_n y_n$$
$$\sum x_i^2 = x_1^2 + x_2^2 + \cdots + x_n^2$$

最小二乘法的拟合精度很高，但校准曲线相对拟合直线的最大偏差绝对值并不一定最小，最大正、负偏差的绝对值也不一定相等。

2. 回差（滞后）

回差是反映传感器在正（输入量增大）反（输入量减小）行程过程中输出-输入曲线的不重合程度的指标。通常用正反行程输出的最大差值 ΔH_{max} 计算，并以相对值表示（图 1.8）。

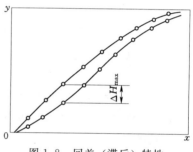

图 1.8 回差（滞后）特性

$$e_H = \frac{\Delta H_{max}}{y_{es}} \times 100\% \tag{1.10}$$

3. 重复性

重复性是衡量传感器在同一工作条件下，输入量按同一方向做全量程连续多次变动时，所得特性曲线间一致程度的指标。各条特性曲线越靠近，重复性越好。

重复性误差反映的是校准数据的离散程度，属于随机误差，因此应根据标准偏差计算，即

$$e_R = \pm \frac{a\sigma_{max}}{y_{es}} \times 100\% \tag{1.11}$$

式中　$a\sigma_{max}$——各校准点正行程与反行程输出值标准偏差中的最大值；

　　　　a——置信系数，通常取 2 或 3，$a=2$ 时，置信概率为 95.4%；$a=3$ 时，置信概率为 99.73%。

计算标准偏差 σ 的常用方法如下。

（1）贝塞尔公式法。计算公式为

$$\sigma = \sqrt{\frac{\sum\limits_{i=1}^{n} (y_i - \overline{y_i})^2}{n-1}}$$

式中　y_i——某校准点的输出值；

　　　$\bar{y}_i$——输出值的算术平均值；

　　　n——测量次数。

这种方法精度较高，但计算较繁。

（2）极差法。极差是指某一校准点校准数据的最大值与最小值之差。计算标准偏差的公式为

$$\sigma = \frac{W_n}{d_n}$$

式中　W_n——极差；

　　　d_n——极差系数，其值与测量次数 n 有关，可由出表 1.1 查得。

表 1.1　　　　　　　　　　　　极　差　系　数

n	2	3	4	5	6	7	8	9	10
d_n	1.41	1.91	2.24	2.48	2.67	2.88	2.96	3.08	3.18

这种方法计算比较简便，常用于 $n \leqslant 10$ 的场合。

在采用以上两种方法时，若有 m 个校准点，正反行程共可求得 $2m$ 个 σ，一般应取其中最大者 $\sigma_{\max}$ 计算重复性误差。

按上述方法计算所得重复性误差不仅反映了某传感器输出的一致程度，而且还代表了在一定置信概率下的随机误差极限值。

4. 灵敏度

灵敏度是传感器输出量增量与被测输入量增量之比。线性传感器的灵敏度就是拟合直线的斜率，即

$$K = \Delta y / \Delta x$$

非线性传感器的灵敏度不是常数，应以 $\Delta y / \Delta x$ 表示。

实用上，由于外源传感器的输出量与供给传感器的电源电压有关，其灵敏度的表达往往需要包含电源电压的因素。例如某位移传感器，当电源电压为 1V 时，每 1mm 位移变化引起的输出电压变化为 100mV，其灵敏度可表示为 100mV/(mm·V)。

5. 分辨力

分辨力是传感器在规定测量范围内所能检测出的被测输入量的最小变化量。有时用该值相对满量程输入值的百分数表示，则称为分辨率。

6. 阈值

阈值是能使传感器输出端产生可测变化量的最小被测输入量值，即零位附近的分辨力。有的传感器在零位附近有严重的非线性，形成所谓的"死区"，则将死区的大小作为阈值；更多情况下阈值主要取决于传感器的噪声大小，因而有的传感器只给出噪声电平。

7. 稳定性

稳定性又称长期稳定性，指传感器在相当长时间内仍保持其性能的能力。稳定性一般以室温条件下经过规定的时间间隔后，传感器的输入与起始标定时的输出之间的差异来表示，有时也用标定的有效期来表示。

8. 漂移

漂移指在一定时间间隔内，传感器输出量存在着与被测输入量无关的、不需要的变化。漂移包括零点漂移与灵敏度漂移。

零点漂移或灵敏度漂移又可分为时间漂移（时漂）和温度漂移（温漂）。时漂是指在规定条件下，零点或灵敏度随时间的缓慢变化；温漂为周围温度变化引起的零点或灵敏度漂移。

9. 静态误差（精度）

静态误差是评价传感器静态性能的综合性指标，指传感器在满量程内任一点输出值相对其理论值的可能偏离（逼近）程度。它表示采用该传感器进行静态测量时所得数值的不确定度。

静态误差的计算方法国内外尚不统一，目前常用的方法如下。

（1）将非线性、回差、重复性误差按几何法或代数法综合，即

$$e_S = \pm\sqrt{e_L^2 + e_H^2 + e_R^2} \tag{1.12}$$

或

$$e_S = \pm(e_L + e_H + e_R) \tag{1.13}$$

（2）将全部标准数据相对拟合直线的残差看成随机分布，求出标准偏差 σ。然后取 2σ 或 3σ 作为静态误差，这时

$$\sigma = \pm\sqrt{\frac{\sum_{i=1}^{P}(\Delta y_i)^2}{P-1}}$$

式中　Δy_i——各测试点的残差；

P——所有测试循环中总的测试点数。例如正反行程共有 m 个测试点，每测试点重复测量 n 次，则 $P=mn$。

仍用相对误差表示静态误差，则有

$$e_S = \pm\frac{a\sigma}{y_{es}}\times100\% \tag{1.14}$$

虽然非线性、回差可反映为系统误差，但它们的最大值并不一定出现在同一位置，而重复性则反映为随机误差，故按式（1.13）计算所得的静态误差偏大，而按式（1.12）及式（1.14）计算则偏小。

（3）将系统误差与随机误差分开考虑。该法从原理上讲比较合理，计算公式为

$$e_S = \pm\frac{|(\Delta y)_{max}| + a\sigma}{y_{es}} \tag{1.15}$$

式中　$(\Delta y)_{max}$——校准曲线相对拟合直线的最大偏差，即系统误差的极限值；

σ——按极差法计算所得的标准偏差；

a——根据所需置信概率确定的置信系数。美国国家标准局推荐该法，并规定按 t 分布确定 a，当置信概率为 90%、重复试验 5 个循环（即 $n=5$）时，$a=2.13185$。

若传感器是由若干个环节组成的开环系统，设第 j 个环节的灵敏度为 K_j，第 i 个环节

的绝对误差和相对误差分别为 Δy_i 和 e_i，则传感器的总绝对误差 Δy_c 和相对误差 e_c 分别为

$$\Delta y_c = \sum_{i=1}^{n} (\prod_{j=i+1}^{n} K_j) \Delta y_i \tag{1.16}$$

$$e_c = \sum_{i=1}^{n} e_i \tag{1.17}$$

可见，为了减小传感器的总误差，应该设法减小各组成环节的误差。

1.2.2.2　传感器的动态特性

动态特性反映传感器对随时间变化的输入量的响应特性。用传感器测试动态量时，希望它的输出量随时间变化的关系与输入量随时间变化的关系尽可能一致；但实际并不尽然，因此需要研究它的动态特性，分析其动态误差。动态误差包括两部分：①输出量达到稳定状态以后与理想输出量之间的差别；②当输入量发生跃变时，输出量由一个稳态到另一个稳态之间的过渡状态中的误差。由于实际测试时输入量是千变万化的，且往往事先并不知道，故工程上通常采用输入"标准"信号函数的方法进行分析，并据此确立若干评定动态特性的指标。常用的"标准"信号函数是正弦函数与阶跃函数，因为它们既便于求解又易于实现。本节将分析传感器对正弦函数输入的响应（频率响应）和阶跃函数输入的响应（阶跃响应）特性及性能指标。

1. 传感器的频率响应特性

将各种频率不同而幅值相等的正弦信号输入传感器，其输出正弦信号的幅值、相位与频率之间的关系称为频率响应特性。

设输入幅值为 X、角频率为 ω 的正弦量：

$$y = X \sin(\omega t)$$

则获得的输出量为

$$y = Y \sin(\omega t + \varphi)$$

式中　Y——输出量的幅值；

　　　φ——初相角。

将 x，y 的各阶导数代入动态模型表达式（1.3），可得

$$\frac{Y(\mathrm{j}\omega)}{X(\mathrm{j}\omega)} = \frac{b_m(\mathrm{j}\omega)^m + b_{m-1}(\mathrm{j}\omega)^{m-1} + \cdots + b_1(\mathrm{j}\omega) + b_0}{a_n(\mathrm{j}\omega)^n + a_{n-1}(\mathrm{j}\omega)^{n-1} + \cdots + a_1(\mathrm{j}\omega) + a_0} \tag{1.18}$$

式（1.18）将传感器的动态响应从时域转换到频域，表示输出信号与输入信号之间的关系随着信号频率而变化的特性，故称之为传感器的频率响应特性，简称频率特性或频响特性。其物理意义是：当正弦信号作用于传感器时，在稳定状态下的输出量与输入量之复数比。在形式上它相当于将传递函数式（1.4）中 s 置换成 $\mathrm{j}\omega$ 而得到，因而又称为频率传递函数。其指数形式为

$$\frac{Y(\mathrm{j}\omega)}{X(\mathrm{j}\omega)} = \frac{Y \mathrm{e}^{\mathrm{j}(\omega t + \varphi)}}{X \mathrm{e}^{\mathrm{j}\omega t}} = \frac{Y}{X} \mathrm{e}^{\mathrm{j}\varphi}$$

由此可得频率特性的模

$$A(\omega) = \left| \frac{Y(\mathrm{j}\omega)}{X(\mathrm{j}\omega)} \right| = \frac{Y}{X} \mathrm{e}^{\mathrm{j}\varphi} \tag{1.19}$$

称为传感器的动态灵敏度（或称增益）。$A(\omega)$ 表示输出、输入的幅值比随 ω 而变，故又称为幅频特性。

用 $\mathrm{Re}\left[\dfrac{Y(\mathrm{j}\omega)}{X(\mathrm{j}\omega)}\right]$ 和 $\mathrm{Im}\left[\dfrac{Y(\mathrm{j}\omega)}{X(\mathrm{j}\omega)}\right]$ 分别表示 $A(\omega)$ 的实部和虚部，频率特性的相位角代表输出超前于输入的角度，则

$$\varphi(\omega)=\arctan\left\{\frac{\mathrm{Im}\left[\dfrac{Y(\mathrm{j}\omega)}{X(\mathrm{j}\omega)}\right]}{\mathrm{Re}\left[\dfrac{Y(\mathrm{j}\omega)}{X(\mathrm{j}\omega)}\right]}\right\} \tag{1.20}$$

对传感器而言，φ 通常为负值，即输出滞后于输入。$\varphi(\omega)$ 表示 φ 随 ω 而变，称之为相频特性。

由于相频特性与幅频特性之间有一定的内在关系，因此表示传感器的频响特性及频域性能指标时主要用幅频特性。

对于某些可以用二阶系统描述的传感器，有时用其固有频率 ω_n 与阻尼比 ξ 来表示频响特性。

2. 传感器的阶跃响应特性

当给静止的传感器输入单位阶跃信号

$$u(t)=\begin{cases}0 & (t<0)\\ 1 & (t>0)\end{cases} \tag{1.21}$$

时，其输出信号称为阶跃响应。衡量阶跃响应的指标可参见图 1.9。

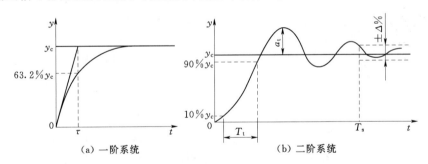

图 1.9 阶跃响应曲线

（1）时间常数 τ。传感器输出值上升到稳态值 y_c 的 63.2% 所需的时间。

（2）上升时间 T_t。传感器输出值由稳态值的 10% 上升到 90% 所需的时间，但有时也规定其他百分数。

（3）响应时间 T_s。输出值达到允许误差范围 $\pm\Delta\%$ 所经历的时间，或明确为"百分之 Δ 响应时间"。

（4）超调量 a_1，响应曲线第一次越过稳态值的峰高，即 $a_1=y_{\max}-y_c$，或用相对值 $a=(y_{\max}-y_c)/y_c\times100\%$ 表示。

（5）衰减率 φ。φ 指相邻两个波峰（或波谷）高度下降的百分数：$\varphi=(a_n-a_{n+2})/a_n\times100\%$。

（6）稳态误差 e_{ss}。e_{ss} 是无限长时间后传感器的稳态输出值与目标值之间偏差 δ_{ss} 的相对值：$e_{ss}=(\delta_{ss}/y_c)\times100\%$。

3. 传感器典型环节的动态响应

常见的传感器通常可以看成是零阶、一阶或二阶环节，或者是由上述环节组合而成的系统。因此，下面着重介绍最基本的零阶、一阶、二阶环节的动态响应特性。

（1）零阶环节。零阶环节的微分方程和传递函数分别为

$$y=\frac{b_0}{a_0}x=Kx \tag{1.22}$$

$$\frac{Y(s)}{X(s)}=\frac{b_0}{a_0}=K \tag{1.23}$$

式中　K——静态灵敏度。

可见零阶环节的输入量无论随时间怎么变化，输出量的幅度总与输入量成确定的比例关系，在时间上也有大的滞后。它是一种与频率无关的环节，故又称为比例环节或无惯性环节。

实际应用中，许多高阶系统在变化缓慢、频率不高的情况下，都可以近似看作零阶环节。

（2）一阶环节。一阶环节的微分方程为

$$a_1\frac{dy}{dt}+a_0y=b_0x \tag{1.24}$$

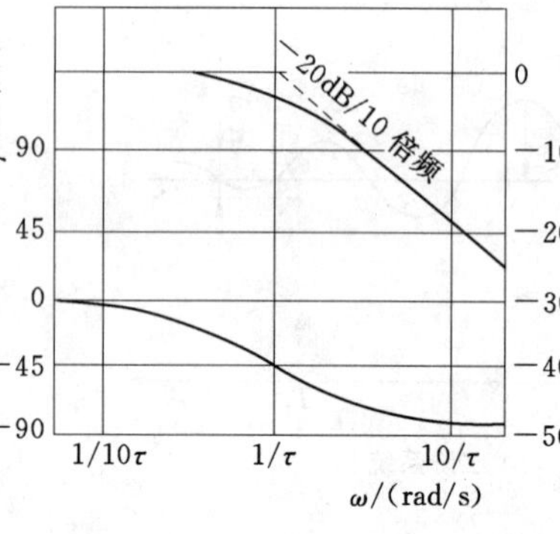

图 1.10　一阶环节的伯德图

令　$\tau=a_1/a_0$，为时间常数；$K=b_0/a_0$，为静态灵敏度。则上式变成

$$(\tau s+1)=Kx$$

其传递函数和频率特性分别为

$$\frac{Y(s)}{X(s)}=\frac{K}{\tau s+1}$$

$$\frac{Y(j\omega)}{X(j\omega)}=\frac{K}{j\omega\tau+1}$$

幅频特性和相频特性分别为

$$\left.\begin{array}{l}A(\omega)=K/\sqrt{(\omega\tau)^2+1}\\\varphi(\omega)=\arctan(-\omega\tau)\end{array}\right\} \tag{1.25}$$

$A(\omega)$ 与 $\varphi(\omega)$ 如图 1.10 所示，图中坐标为对数坐标。图 1.10 称为伯德图。

为使输出量不失真，要求 $A(\omega)$ 近似为常值，时间滞后 $\varphi(\omega)/\omega$ 也近似为常值；由式（1.25）和图 1.10 可知，应满足 $\omega\tau\ll1$。这时 $A(\omega)\approx K$，$\varphi(\omega)\approx-\omega\tau$，$\varphi(\omega)/\omega\approx-\tau$，即输出量相对于输入量的滞后与 ω 基本无关。

当输入阶跃函数 $\begin{cases}x=0 & (t<0)\\x=A & (t>0)\end{cases}$ 时，式（1.24）的解为

$$y=KA(1-e^{-t/\tau})$$

其响应曲线如图 1.9（a）所示。

由式（1.23）和图 1.9 可知，其响应时间为 T_s，动态误差为

$$e_d = \frac{KA - KA[KA(1-e^{T/\tau})]}{KA} = e^{-T/\tau} \tag{1.26}$$

图 1.11 是一阶环节应用实例。当 $T_s = 3\tau$ 时，$e_d = 0.05$；$T_s = 3\tau$ 时，$e_d = 0.007$，$\tau = c/k$。可见，一阶环节输入阶跃信号后在 $t > 5\tau$ 之后采样，可认为输出已经接近稳态，其动态误差可以忽略。

反过来，若已知允许的稳态误差值，也可计算出所需的响应时间。

综上所述，一阶环节的动态响应特性主要取于时间常数 τ，τ 小，阶跃响应迅速，频率相应的上截止频率高。τ 的大小表示惯性的大小，故一阶环节又称为惯性环节。

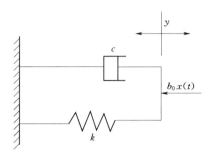

图 1.11　一阶环节应用实例

（3）二阶环节。二阶环节的微分方程为

$$a_2 \frac{d^2 y}{dt^2} + a_1 \frac{dy}{dt} + a_0 y = b_0 x$$

令 $K = b_0/a_0$，为静态灵敏度；$\omega_n = \sqrt{a_0/a_2}$，为固有频率；$\xi = a_1/2\sqrt{a_0 a_2}$，为阻尼比。则式（1.26）可写成

$$\left(\frac{1}{\omega_n^2} s^2 + \frac{2\xi}{\omega_n} s - 1 \right) y = Kx \tag{1.27}$$

其传递函数和频率响应分别为

$$H(s) = \frac{Y(s)}{X(s)} = \frac{K}{\dfrac{s^2}{\omega_n^2} + \dfrac{2\xi}{\omega_n} s + 1} \tag{1.28}$$

$$\frac{Y(j\omega)}{X(j\omega)} = \frac{K}{1 - \left(\dfrac{\omega}{\omega_n} \right)^2 + j2\xi \dfrac{\omega}{\omega_n}} \tag{1.29}$$

幅频特性和相频特性分别为

$$A(\omega) = \frac{K}{\sqrt{[1-(\omega/\omega_n)^2]^2 + [2\xi\omega/\omega_n]^2}} \tag{1.30}$$

$$\varphi(\omega) = -\arctan \frac{2\xi\omega/\omega_n}{1-(\omega/\omega_n)^2} \tag{1.31}$$

二阶环节的幅频特性与相频特性如图 1.12 所示。由图可见，当 $\omega/\omega_n \ll 1$ 时，$A(\omega) \approx K$，$\varphi(\omega) \approx 0$，近似于零阶环节。要使频带加宽，关键是提高无阻尼固有频率 ω_n。当阻尼比 ξ 趋于 0 时，幅值比在固有频率附近（$\omega/\omega_n = 1$）变化很大，系统发生谐振。为了避免这种情

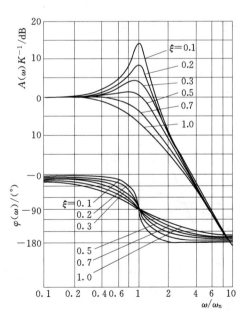

图 1.12　二阶环节的幅频特性与相频特性

况，可增大 ξ 值；当 $\xi \geqslant 0.707$ 时，谐振就不会发生了；当 $\xi \approx 0.7$ 时，幅频特性曲线的平坦段最宽，而且相频特性曲线接近于一条斜直线，在检测复合周期振动时能保证有较宽的频响范围且幅值失真与相位失真均较小。故 $\xi \approx 0.7$ 称为最佳阻尼。

若对二阶环节输入一阶跃信号，见式（1.26），就变成

$$\left(\frac{1}{\omega_n^2}s^2 + \frac{2\xi}{\omega_n}s + 1\right)y = KA \tag{1.32}$$

特征方程及其两个根分别为

$$\frac{1}{\omega_n^2}s^2 + \frac{2\xi}{\omega_n}s + 1 = 0$$

$$\left.\begin{array}{l} r_1 = (z - \xi + \sqrt{\xi^2 - 1})\omega_n \\ r_2 = (-\xi - \sqrt{\xi^2 - 1})\omega_n \end{array}\right\}$$

当 $\xi > 1$（过阻尼）时，有

$$y = KA\left[1 - \frac{(\xi + \sqrt{\xi^2 - 1})}{2\sqrt{\xi^2 - 1}}e^{(-\xi + \sqrt{\xi^2 - 1})\omega_n t} + \frac{(\xi + \sqrt{\xi^2 - 1})}{2\sqrt{\xi^2 - 1}}e^{(-\xi - \sqrt{\xi^2 - 1})\omega_n t}\right]$$

$$\tag{1.33}$$

当 $\xi = 1$（临界阻尼）时，有

$$y = KA\left[1 - (1 + \omega_n t)e^{-\omega_n t}\right] \tag{1.34}$$

$\xi < 1$（欠阻尼）时，有

$$y = KA\left[1 - \frac{e^{-\omega_n t}}{\sqrt{1 - \xi^2}}\sin(\sqrt{1 - \xi^2}\,\omega_n t + \varphi)\right] \tag{1.35}$$

式中 φ ——衰减振荡相位差，$\varphi = \arctan\sqrt{1 - \xi^2}$。

将上述三种情况绘成曲线，可见图 1.14 所示的二阶环节的阶跃响应曲线簇。由图 1.13 可知，固有频率 ω_n 越高，则响应曲线上升越快，即响应速度越高；反之，ω_n 越小，则响应速度越低。而阻尼比 ξ 越大，则过冲现象越弱；$\xi \geqslant 1$ 时完全没有过冲，也不产生振荡；$\xi < 1$ 时，将产生衰减振荡，可按式（1.35）由允许误差计算响应时间 T_s，或由 T_s 计算稳态误差 e_{SS}。为使接近稳态值的时间缩短，设计时常取 $\xi = 0.6 \sim 0.8$。

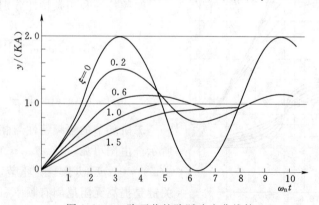

图 1.13 二阶环节的阶跃响应曲线簇

当 $\xi=0$ 时,式(1.35)变成 $y=KA[1-\sin(\omega_n t+\varphi)]$,形成等幅振荡,这时振荡频率就是二阶环节的振动角频率 ω_n,称为固有频率。

图 1.14 所示由弹簧 k、阻尼 c、质量块 m 组成的机械系统是二阶环节在传感器中的应用实例。在外力 F 作用下,其运动微分方程为

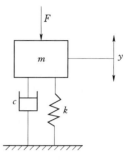

$$m\frac{d^2 y}{dt^2}+c\frac{dy}{dt}+ky=F$$

上述分析对该系统完全适用。

必须指出:实际传感器往往比上述简化的数学模型要复杂得多。在这种情况下,通常不能直接给出其微分方程,但可以通过实验方法获得响应曲线上的特征值来表示其动态响应。

图 1.14 二阶环节的应用实例示意图

对于近年来得到广泛重视和迅速发展的数字式传感器,其基本要求是不丢数,因此输入量变化的临界速度就成为衡量其动态响应特性的关键指标。故应从分析模拟环节的频率特性、细分电路的响应能力、逻辑部件的响应时间以及采样频率等方面着手,从中找出限制动态性能的薄弱环节来研究并改善其动态特性。

传感器的互换性是指它被同样的传感器替换时,不需要对其尺寸及参数进行调整,仍能保证误差不超过规定的范围。这个性能对使用者十分重要,对大规模生产过程测控用的传感器尤显必要,因为互换性可确保生产线很短的停产时间。

理论上传感器的互换性可以通过控制制造工艺和材料性能来保证,实际上高精度传感器很难做到。对高精度电感式位移传感器进行过分析和试验,结果表明在现有制造工艺和材料性能的条件下无法达到所要求的互换性性能。

为了能互换,批量生产的传感器各项性能指标应完全一致。由于同一种传感器的制造工艺和所采用的材料是相同的,需要保证的通常是输出特性的一致性。而传感器的零位通常可调,需要控制的指标就变成灵敏度 $\Delta y/\Delta x$(对线性传感器)或 dy/dx(对非线性传感器)的一致性。因此问题演变成对传感器灵敏度的控制。

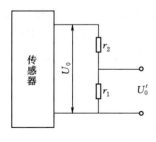

可见,只要在构成传感器的任何环节中(视方便而定)设置一个调整灵敏度的环节,即可实现互换。就目前而言,在传感器的电系统中设置调整环节最为方便。例如,对于电压输出型传感器,在输出端增加图 1.15 所示分压网络,通过调整 r_1 或 r_2 就能达到灵敏度的一致。笔者曾用这种方法,加上零位电压补偿电阻,对数十只电感式位移传感器进行调整,成功地实现了互换,精度达到 $\pm 0.5\%$。由于元器件的微小型化,调整电路可安装在输出插头内。

图 1.15 分压网络
U_0—总电压;U_0'—分电压

需要指出的是,有些传感器由于激励源和后续电路的原因,还需要对输入、输出阻抗进行拌制。两只或两只以上传感器并联使用时尤其要重视。因为输入量变化时,各传感器的输入、输出阻抗往往会产生不同的变化,引起输出值的附加变化,其值常常不可忽略。

由于传感器的类型五花八门，使用要求千差万别，要列出可用来全面衡量传感器质量优劣的统一指标极其困难。迄今为止，国内外还是采用罗列若干基本参数和比较重要的环境参数指标的方法来检验、使用和评价传感器。

1.2.3　改善传感器性能的技术途径

1.2.3.1　结构、材料与参数的合理选择

传感器种类繁多，各类传感器的结构、材料和参数选择的要求各不相同，将在后续各章中介绍。这里仅提出两个常被忽视的问题：被测信号的耦合和输出信号的传输。对于前者，设计者和制造者应该考虑并提供合适的耦合方式，或对它作出规定，以保证传感器在耦合被测信号时不会产生误差或误差可以忽略。例如接触式位移传感器，输出信号代表的是敏感轴（测杆）的位置，而不是所需要的被测物体上某一点的位置。为了使两者一致，需要合适的耦合形式和器件（包括回弹式测头），来保证耦合没有间隙、连接后不会产生错动（或在容许范围之内）。对于输出信号的传输，应该按照信号的形式和大小选择电缆，以减少外界干扰的窜入或避免电缆噪声的产生，同时还必须重视电缆连接和固定的可靠，以及选择优良的连接插头。

由于传感器的性能指标包含的方面很广，企图使某一传感器各个指标都优良，不仅设计制造困难，而且在实用上也没有必要。应该根据实际的需要和可能，确保主要指标，放宽对次要指标的要求，以得到高性价比。对从事传感器研究和生产的部门来说，应该逐步形成满足不同使用要求的系列产品，供用户选择；同时，随着使用要求的千变万化和新材料、新技术和信息处理技术的发展，不断开发出新产品来顺应市场的需求。

1.2.3.2　差动技术

在使用中，通常要求传感器输出-输入关系成线性，但实际难于做到。如果输入量变化范围不大，而且线性项的方次不高时，可以用切线或割线来代替实际曲线的某一段，这种方法称为静态特性的线性化。如图 1.16 所示取 ab 段为测量范围，但这时原点不在 O 点，而在 c 点。故局限性很大。

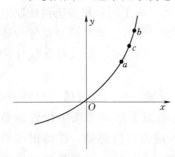

图 1.16　静态特性的线性化

人们注意到，在图 1.4 所示四种情况中，图 1.16 所示曲线中由于非线性项只存在奇次项，对称于坐标原点，且在原点附近的一定范围内存在近似线性段。在对多项式进行分析后，找到了一种切实可行的减小非线性的方法——差动技术。目前这种技术已广泛用于减小或消除由结构原因引起的共模误差（如温度误差）。其原理如下。

设有一传感器，其输出为

$$y_1 = a_0 + a_1 x + a_2 x^2 + a_3 x^3 + a_4 x^4 + \cdots$$

用另一相同的传感器，但使其输入量符号相反（例如位移传感器使之反向移动），则它的输出为

$$y_2 = a_0 - a_1 x + a_2 x^2 - a_3 x^3 + a_4 x^4 - \cdots$$

使两者输出相减，即

$$\Delta y = y_1 - y_2 = 2(a_1 x + a_3 x^3 + \cdots)$$

于是，总输出消除了零位输出和偶次非线性项，得到了对称于原点的相当宽的近似线性范围，减小了非线性，而且使灵敏度提高了一倍，抵消了共模误差。

差动技术不仅在电阻应变式、电感式、电容式等传感器中得到广泛应用，而且在机械、电子和检测等领域的应用也卓有成效。

1.2.3.3 平均技术

常用的平均技术有误差平均效应和数据平均处理。误差平均效应的原理是，利用 n 个传感器单元同时感受被测量，因而其输出将是这些单元输出的总和。假如将每一个单元可能带来的误差 δ_0 均看作随机误差，根据误差理论，总的误差将减小为

$$\Delta = \pm \delta_0 / \sqrt{n} \tag{1.36}$$

例如 $n = 10$ 时，误差减小为 31.6%；$n = 500$ 时，误差减小为 4.5%。

在其他一些传感器中，误差平均效应对那些工艺性缺陷造成的误差同样起到弥补作用。

按照同样的道理，如果将相同条件下的测量重复 n 次或进行 n 次采样，然后进行数据平均处理，随机误差也将减小 $\sqrt{n}$ 倍。因此，凡被测对象允许进行多次重复测量（或采样），都可采用上述方法减小随机误差。如果被测信号是已知周期的规则信号，则可以利用同步叠加平均法，即在时间轴上按信号的周期分段，并按相同的起始点进行 n 次叠加。同样由于被测信号被放大 n 倍，干扰信号只放大了 $\sqrt{n}$ 倍，使信噪比得到提高，抑制了干扰。

例如，有一种圆光栅测角系统，采用圆周均布的 5 个光栅读数头读数，消除了 5 次和 5 次倍频的谐波以外的所有误差，测角精度达到 $0.2''$。有人进一步采用所谓"全平均接收技术"，将整个圆周的光栅信号全部接收进来，使误差进一步减小，测角精度进一步提高。

上述误差平均效应与数据平均处理的原理不仅在设计传感器时可以采纳，就是在应用传感器时也可效仿，不过这时应将整个测量系统视作对象。

1.2.3.4 稳定性处理

传感器作为长期测量或反复使用的元件，其稳定性显得特别重要，其重要性甚至胜过精度指标。因为后者只要知道误差的规律就可以进行补偿或修正，前者则不然。

造成传感器性能不稳定的原因是：随着时间的推移或环境条件的变化，构成传感器的各种材料与元器件性能将发生变化。为了提高传感器性能的稳定性，应该对材料、元器件或传感器整体进行必要的稳定性处理。如结构材料的时效处理、冰冷处理，永磁材料的时间老化、温度老化、机械老化及交流稳磁处理，电器元件的老化与筛选等。

在使用传感器时，如果测量要求较高，必要时也应对附加的调整元件、后接电路的关键元器件进行老化处理。

1.2.3.5 屏蔽、隔离与干扰抑制

传感器可以看成是一个复杂的输入系统，x 为被测量，y 是输出信号 u_1，u_2，$\cdots$，u_r 是传感器的内部变量，v_1，v_2，$\cdots$，v_q 是环境变量。若仅取 y_1 与 x_1 相对应的关系，则有

$$y_1 = f(x_r;\ u_1,\ u_2,\ \cdots,\ u_r;\ v_1,\ v_2,\ \cdots,\ v_q)$$

从上式可见，为了减小测量误差，就应设法削弱或消除内部变量和环境变量的影响。其方法归纳起来有三：一是设计传感器时采用合理的结构、材料和参数，来避免或减小内部变量的变化；二是减小传感器对环境变量的灵敏度或降低环境变量对传感器实际作用的功率；三是在后续信号处理环节中加以消除或抑制。

对于电磁干扰，可以采取屏蔽、隔离措施，也可以用滤波等方法抑制。但由于传感器常常是感受非电量的器件，故还应考虑与被测量有关的其他影响因素，如温度、湿度、机械振动、气压、声压、辐射，甚至气流等。为此，常需采取相应的隔离措施（如隔热、密封、隔振、隔声、防辐射等）；也可以采用积极的措施——控制环境变量来减小其影响。集成传感器在芯片上加设加热电路来减小温漂，力平衡式液浮加速度计利用电阻丝加热来维持液浮油的黏度为常值，从而使阻尼系数近似不变，这些都是积极控制环境变量的实例。当然，在被测量变换为电量后对干扰信号进行分离或抑制也是可供采用的方法。

1.2.3.6　零示法、微差法与闭环技术

这些方法可供设计或应用传感器时削弱或消除系统误差。

零示法可消除指示仪表不准而造成的误差。采用这种方法时，被测量对指示仪表的作用与已知的标准量对它的作用相互平衡，使指示仪表示 0，这时被测量就等于已知的标准量。机械天平是零示法的例子。零示法在传感器技术中应用的实例是平衡电桥。

微差法是在零示法的基础上发展起来的。由于零示法要求标准量与被测量完全相等，因而要求标准量连续可变，这往往不易做到。人们发现如果标准量与被测量的差别减小到一定程度，那么它们相互抵消的作用就能使指示仪表的误差影响大大削弱，这就是微差法的原理。

设置被测量为 x，与它相近的标准量为 B，被测量与标准量之微差为 A，A 的数值可由指示仪表读出。如果 $A \ll B$，则

$$x = B + A$$

$$\frac{\Delta x}{x} = \frac{\Delta B}{x} + \frac{\Delta A}{x} = \frac{\Delta B}{A+B} + \frac{A}{x}\frac{\Delta A}{A} \approx \frac{\Delta B}{B} + \frac{A}{x}\frac{\Delta A}{A}$$

可见在采用微差法测量时，测量误差由标准量的相对误差 $\Delta B/B$ 和指示仪表的相对误差 $\Delta A/A$ 与相对微量 A/x 之积两部分组成。由于 A/x 远小于1，指示仪表误差的影响大大削弱，而 $\Delta B/B$ 一般很小，测量的相对误差可大为减小。这种方法由于不需要标准量连续可调，同时有可能在指示仪表上直接读出被测量的数值，得到广泛应用。几何量测量中广泛采用的用电感测微仪检测工件尺寸的方法，就是利用电感式位移传感器进行微差法测量的实例，用该法测量时，标准量可由量块或标准工件提供，测量精度大大提高。

科学技术和生产的发展，要求测试系统具有宽的频率响应，大的动态范围，高的灵敏度、分辨力与精度，以及优良的稳定性、重复性和可靠性。开环测试系统往往不能满足要求，于是出现了在零示法基础上发展而成的闭环测试系统。这种系统采用了电子技术和控制理论中的反馈技术，大大提高了性能。这种技术应用于传感器，即构成了带有"反向传感器"的闭环式传感器。

1.2.3.7　补偿、校正与"有源化"

有时传感器或测试系统的系统误差的变化规律过于复杂，采取了一定的技术措施后仍

难满足要求，或虽可满足要求，但因价格昂贵或技术过分复杂而无现实意义。这时，可以找出误差的方向和数值，采用修正的方法（包括修正曲线或公式）加以补偿或校正。例如，传感器存在非线性，可以先测出其特性曲线，然后加以校正；又如存在温度误差，可在不同温度进行多次测量，找出温度对测量值影响的规律，然后在实际测量时进行补偿。图 1.16 利用分压网络实现灵敏度归一化的方法也属于这个范畴。还有一些传感器，由于材料或制造工艺的原因，常常需要对某些参数进行补偿或调整。应变式传感器和压阻式传感器是这类传感器的典型代表。

随着电子元器件的微小型化，出现了一种将信号调理电路或其前置部分装入壳体内或置于附近的传感器，构成所谓"有源传感器"。有人将这种做法称为传感器的"有源化"。显然，这里的"有源化"与绪论中所述自源传感器具有不同的概念。由于接入了放大电路，输出信号增强，方便使用，又提高了信噪比，因而这种传感器更有利于信号的长线传输，传感器的精度也间接得到提高。同时，补偿、调整环节更容易设置，从而方便了传感器的补偿与调整。

"有源化"的电路随着器件的发展经历了分立元件到集成电路的演变，而其中以压阻式传感器为代表的利用 IC 工艺制造的传感器，更由于工艺的兼容性而发展到将电路制作在敏感元件的片基上，构成全集成传感器。

计算机软硬件技术的发展进一步拓展了传感器校正的涵义。利用微处理器和软件技术对传感器的输出特性进行修正已不鲜见。采用较复杂的数学模型实现自动或半自动修正也已成功地应用在传感器的生产中。可以预见，补偿调整技术将随着新器件、新技术的产生而不断更新。

1.2.3.8 集成化、智能化与信息融合

由绪论可知，集成化、智能化与信息融合的结果将大大扩大传感器的功能，改善传感器的性能，提高性能价格比。

1.2.4 传感器的合理选用

当今传感器在原理与结构上千差万别，在品种与型号上名目繁多。如何根据具体的测量目的、测量对象以及测量环境合理地选用传感器，这是自动测量与控制领域从事研究和开发的人们必然要碰到、首先要解决的问题。传感器一旦确定，与之相配套的测量方法和测试系统及设备也就可以确定了。测量结果的成败，在很大程度上取决于传感器的选用是否合理。

1.2.4.1 合理选择传感器的基本原则与方法

合理选择传感器，就是要根据实际的需要与可能，做到有的放矢，物尽其用，达到实用、经济、安全、方便的效果。为此，必须对测量目的、测量对象、使用条件等诸方面有较全面的了解，这是考虑问题的前提。需要考虑以下几个方面。

1. 测量对象和使用条件

众所周知：同一传感器，可用来分别测量多种被测量；而同一被测量，又常有多种原理的传感器可供选用。在进行一项具体的测量工作之前，首先要分析并确定采用何种原理或类型的传感器更合适。这就需要对与传感器工作有关联的方方面面作调查研究。

（1）要了解被测量的特点，如被测量的状态、性质，测量的范围、幅值和频带，测量的速度、时间，精度要求，过载的幅度和出现频率等。

（2）要了解使用的条件，这包含两个方面：

1）现场环境条件，如温度、湿度、气压，能源、光照，尘污、振动、噪声，电磁场及辐射干扰等。

2）现有基础条件，如财力（承受能力）、物力（配套设施）、人力（技术水平）等。

选择传感器所需考虑的方面和事项很多，实际中不可能也没有必要面面俱到满足所有要求。设计者应从系统总体对传感器使用的目的、要求出发，综合分析主次，权衡利弊，抓住主要方面，重要事项加以优先考虑。在此基础上，就可以明确选择传感器类型的具体问题：量程的大小和过载量；被测对象或位置对传感器重量和体积的要求；测量的方式是接触式，还是非接触式；信号引出的方法是有线，还是无线；传感器的来源和价位，是国产、进口，还是自行研制；等等。

经过上述分析和综合考虑后，就可确定所选用传感器的类型，然后进一步考虑所选传感器的主要性能指标。

2. 线性范围与量程

传感器的线性范围即输出与输入成正比的范围。线性范围与量程和灵敏度密切相关。线性范围越宽，其量程越大。在此范围内传感器的灵敏度能保持定值，规定的测量精度能得到保证。因此，传感器种类确定之后，首先要看其量程是否满足要求；并且还要考虑在使用过程中：①对非通用的测量系统（或设备），应使传感器尽可能处在最佳工作段（一般为满量程的 2/3 以上处）；②估计到输入量可能发生突变时所需的过载量。

应当指出的是，线性度是个相对的概念。具体使用中可以将非线性误差（及其他误差）满足测量要求的一定范围视作线性。这会给传感器的应用带来极大的方便。

3. 灵敏度

通常，在线性范围内，希望传感器的灵敏度越高越好。因为灵敏度高，意味着被测量的微小变化对应着较大的输出，这有利于后续的信号处理。但是，灵敏度越高，外界混入噪声也越容易，并会被放大系统放大，容易使测量系统进入非线性区，影响测量精度。因此，要求传感器应具有较高的信噪比，即不仅要求其本身噪声小，而且不易从外界引入噪声干扰。

还应注意，有些传感器的灵敏度是有方向性的。在这种情况下，如果被测量是单向量，则应选择在其他方向上灵敏度小的传感器；如果被测量是多维向量，则要求传感器的精度灵敏度越小越好。这个原则也适合其他能感受两种以上被测量的传感器。

4. 精度

由于传感器是测量系统的首要环节，要求它能真实地反映被测量，因此，传感器的精度指标十分重要。它往往也是决定传感器价格的关键因素，精度越高，价格越昂贵。所以，在考虑传感器的精度时，不必追求高精度，只要能满足测量要求就行。这样就可在多种可选传感器当中，选择性价比较高的传感器。

倘若从事的测量任务旨在定性分析，则所选择的传感器应侧重于重复性精度要高，不必苛求绝对精度高；如果面临的测量任务是为了定量分析或控制，则所选择的传感器必须有精确的测量值。

5. 频率响应特性

在进行动态测量时，总希望传感器能即时而不失真地响应被测量。传感器的频率响应特性决定了被测量的频率范围。传感器的频率响应范围宽，允许被测量的频率变化范围就宽，在此范围内，可保证不失真的测量条件。实际上，传感器的响应总有一定的延迟，希望延迟越短越好。对于开关量传感器，应使其响应时间短到满足被测量变化的要求，不能因响应慢而丢失被测信号而带来误差。对于线性传感器，应根据被测量的特点（稳态、瞬态、随机等）选择其响应特性。一般通过机械系统耦合被测量的传感器，由于惯性较大，其固有频率较低，响应较慢；而直接通过电磁、光电系统耦合的传感器，其频响范围较宽，响应较快。但从成本、噪声等因素考虑，也不是响应范围越宽和速度越快就越好，而应因地制宜地确定。

6. 稳定性

能保持性能长时间稳定不变的能力称为传感器的稳定性。影响稳定性的主要因素，除传感器本身材料、结构等因素外，主要是传感器的使用环境条件。因此，要提高传感器的稳定性，一方面，选择的传感器必须有较强的环境适应能力（如经稳定性处理的传感器）；另一方面可采取适当的措施（提供恒环境条件或采用补偿技术），以减小环境对传感器的影响。

当传感器工作已超过其稳定性指标所规定的使用期限后，再使用之前，必须重新进行校准，以确定传感器的性能是否变化和可否继续使用。对那些不能轻易更换或重新校准的特殊使用场合，所选用传感器的稳定性要求更应严格。

当无法选到合适的传感器时，就必须自行研制性能满足使用要求的传感器。

1.2.4.2 传感器的正确使用

如何在应用中确保传感器的工作性能并增强其适应性，很大程度上取决于对传感器的使用方法。高性能的传感器，如使用不当，也难以发挥其已有的性能，甚至会损坏；性能适中的传感器，在善用者手中，能真正做到物尽其用，会收到意想不到的功效。

传感器种类繁多，使用场合各异，不可能将各种传感器的使用方法一一列出。传感器作为一种精密仪器或器件，除了要遵循通常精密仪器或器件所需的常规使用守则外，还要特别注意以下使用事项：

（1）特别强调，在使用前要认真阅读所选用传感器的使用说明书。对其所要求的环境条件、事前准备、操作程序、安全事项、应急处理等内容，一定要熟悉掌握，做到心中有数。

（2）正确选择测试点并正确安装传感器，这十分重要。安装的失误，轻则影响测量精度，重则影响传感器的使用寿命，甚至损坏。

（3）保证被测信号的有效、高效传输，是传感器使用的关键之一。传感器与电源和测量仪器之间的传输电缆，要符合规定。连接必须正确、可靠，一定要细致检查，确认无误。

（4）传感器测量系统必须有良好的接地，并有效屏蔽电磁场，对声、光、机械等的干扰有抗干扰措施。

（5）对非接触式传感器，必须于用前在现场进行标定，否则将造成较大的测量误差。

对一些定量测试系统用的传感器，为保证精度的稳定性和可靠性，需要按规定做定期检验。

1.2.4.3　无合适传感器可供选用时的对策（举例）

如因被测量较特殊或其他原因而无合适传感器可供选用时，除自行研制新传感器外，还可用下列方法。

（1）间接测量法。利用振动传感器的输出来推测轴承磨损状况即为一例。这种方法的前提是充分试验以确定两者的相关性，一般适用于非定量或半定量测量场合。

（2）理论计算法。例如将对速度的测量分解成对位移和时间的测量，通过计算得到速度。这种方法有赖于理论公式。

（3）设置预转换环节，构成新传感器。将被测量通过预转换变成能用现有传感器测量的量。该法需要知道预转换前后两个量的严格关系，或在组合成新传感器后先进行标定。上海交通大学曾用 4 个灵敏杠杆加 4 个现有传感器构成四点测球传感器，成功测出 $R = 7.15\text{mm}$ 的球坑半径。

（4）信息融合法。如对气敏传感器、温度传感器及光电传感器的信息进行数据融合，可以判断是否会发生火警；又如海军舰船利用雷达、红外、激光等传感技术获取信息，通过信息融合提高对目标的识别能力。可见信息融合技术将使原先依靠单一传感器无法实现的组合测量成为现实，其应用前景广阔。

1.2.5　传感器的标定与校准

新研制或生产的传感器需对其技术性能进行全面的检定，经过一段时间储存或使用的传感器也需对其性能进行复测。通常，在明确输入-输出变换对应关系的前提下，利用某种标准量或标准器具对传感器的量值进行标度称为标定。将传感器在使用中或储存后进行的性能复测称为校准。由于标定与校准本质相同，本节仅对标定进行叙述。

标定的基本方法是，将标准设备产生的已知非电量（如标准力、压力、位移等）作为输入量，输入待标定的传感器，然后将传感器的输出量与输入的标准量作比较，获得一系列校准数据或曲线。有时输入的标准量是利用一标准传感器检测而得，这时的标定实质上是待标定传感器与标准传感器之间的比较。

传感器的标定系统一般由以下几部分组成：

（1）被测非电量的标准信号发生器。如活塞式压力计、测力机、恒温源等。

（2）被测非电量的标准测试系统。如标准压力传感器、标准力传感器、标准温度计等。

（3）待标定传感器所配接的信号调节器和显示器、记录器等。所配接的仪器也作为标准测试设备使用，其精度是已知的。

为了保证各种量值的准确一致，标定应按计量部门规定的检定规程和管理办法进行。工程测试所用传感器的标定应在与其使用条件相似的环境下进行。有时为获得较高的标定精度，可将传感器与配用的电缆、滤波器、放大器等测试系统一起标定。有些传感器在标定时还应十分注意规定的安装技术条件。

1.2.5.1 传感器的静态标定

静态标定大多用于检测、测试传感器（或传感器系统）的静态特性指标，如静态灵敏度、非线性、回差、重复性等。

进行静态标定首先要建立静态标定系统。图 1.17 为应变式测力传感器静态标定系统框图。图中测力机产生标准力，高精度稳压电源经精密电阻箱衰减后向传感器提供稳定的供电电压，其值由数字电压表读取，传感器的输出电压由另一数字电压表指示。

由上述系统可知，静态标定系统的关键在于被测非电量的标准发生器（即图 1.17 中的测力机）及标准测试系统。测力机可以是由砝码产生标准力的基准测力机、杠杆式测力机或液压式测力机。图 1.18 是由液压缸产生侧力并由测力计或标准力传感器读取力值的标定装置。测力计读取力值的方式可用百分表读数、光学显微镜读数与激光干涉仪读数等。

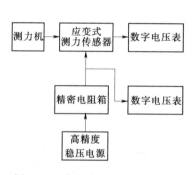

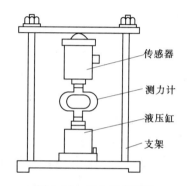

图 1.17 应变式测力传感器静态
标定系统框图

图 1.18 测力标定装置

以位移传感器为例，其标准位移的发生器视位移大小与精度要求的不同，可以是量块、微动台架、测长仪等。对于微小位移的标定，国内已研制成利用压电制动器，通过激光干涉原理读数的微小位移标定系统，位移分辨力可达纳米（nm）级。

1.2.5.2 传感器的动态标定

动态标定主要用于检验、测试传感器（或传感器系统）的动态特性，如动态灵敏度、频率响应和固有频率等。

对传感器进行动态标定，需要对它输入标准激励信号。常用的标准激励信号分为两类：①周期函数，如正弦波、三角波等，以正弦波最为常用；②瞬变函数，如阶跃波、半正弦波等，以阶跃波最为常用。

例如，测振传感器的动态标定常采用振动台（通常为电磁振动台）产生简谐振动作传感器的输入量。图 1.19 为振幅测量法标定系统框图。图中振动的振幅由读数显微镜读得，振动频率由频率计指示。若测得传感器的输出电量，即可通过计算得到位移传感器、速度传感器、加速度传感器的动态灵敏

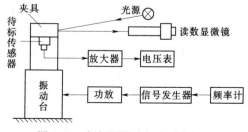

图 1.19 振幅测量法标定系统框图

25

度。若改变振动频率，设法保持振幅、速度或加速度幅位不变，可相应获得上述各种传感器的频率响应。该系统采用量块棱边作为标记线，并利用与振动频率接近的闪光产生视觉差频来提高读数精度，用读数显微镜可读得峰值为微米量级的振幅。

利用激光干涉法测量振幅，将获得更高的标定精度。

上述振幅测量法称为绝对标定法，精度较高，但所需设备复杂，标定不方便，故常用于高精度传感器与标准传感器的标定。工程上通常采用比较法进行标定，俗称背靠背法。图 1.20 表示出了比较法标定的原理框图。灵敏度已知的标准传感器 1 与待标传感器 2 背靠背安装在振动台台面的中心位置上，同时感受相同的振动信号。这种方法可以用来标定加速度、速度或位移传感器。

上述标定系统采用逐点比较法还可以标定待标测振传感器的频率响应。方法是手动调整使振动台输出的被测参量（如标定加速度传感器即为加速度）保持恒定，在整个频率范围内按等时间隔或倍频程的原则选取 10 个以上的频率点，逐点进行灵敏度标定，然后画出频响曲线。

随着技术的进步，在上述方法的基础上，已创新出连续扫描法。其原则是将标准振动台与内装（或外加）的标准传感器组成闭环扫描系统，使待标传感器在连续扫描过程中承受一恒定被测量，并记下待标传感器的输出随频率变化的曲线。通常频响偏差以参考灵敏度为准，各点灵敏度相对于该灵敏度的偏差用分贝数给出。显然，这种方法操作简便、效率很高。图 1.21 给出了一种加速度传感器的连续扫描频响标定系统，它由被标传感器回路和标准传感器-振动台共同组成。后者可以保证电磁振动台产生恒定加速度。图中拍频振荡器可自动扫频，扫描速度与记录仪走纸速度相对应，于是记录仪即绘出被标传感器的频响曲线。

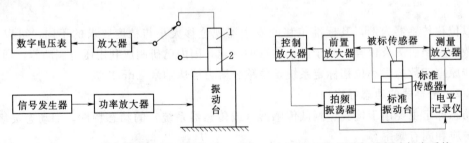

图 1.20　比较法标定原理框图　　　　图 1.21　连续扫描频响标定系统

有些高频传感器，若采用正弦激励法标定，要产生高频激励信号通常比较困难，因此不得不改用瞬变函数激励信号。

压力传感器的激波管法是采用瞬变函数激励信号进行动态标定的典型例子。激波管是一种阶跃压力波发生器，见图 1.22 上部。它分为高压腔（又称压缩腔）和低压腔（又称膨胀室），中间用薄膜隔开，称为二室型。有时为了获得较高的激波压力，整个激波管被分为高、中、低三个压力段，称为三室型。下面介绍二室型激波管产生阶跃波的原理以及用其标定压力传感器的过程。

当向高压腔充以高压气体，膜片突然破裂（超压自然破膜或用撞针击破）时，高压腔的气体突然挤向低压腔，形成速度很快的冲击波（激波）。传播过程中，波阵面到达处的

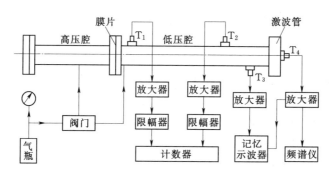

图 1.22 二室型激波管法标定系统框图

气体压力、密度与温度都发生突变；波阵面未到处，气体不受波的扰动；波阵面过后，波阵面后面的气体温度、压力都比波阵面前高。由于激波波阵面很薄，气体压力由波前压力跃升到波后压力只需 $10^{-9} \sim 10^{-8}$ s，因此形成了理想的压力脉冲。

上述仅通过几种典型传感器介绍了静态与动态标定的基本概念和方法。由于传感器种类繁多，标定设备与方法各不相同，各种传感器的标定项目也远不止上述几项。此外，随着技术的不断进步，不仅标准信号发生器与标准测试系统在不断改进，利用微型计算机进行数据处理、自动绘制特性曲线以及自动控制协定过程的系统也已在各种传感器的标定中出现。

1.3 传感器的地位、作用与发展趋势

1.3.1 传感器的地位、作用

从科学技术发展的角度看，人类社会已经或正在经历着手工化—机械化—自动化—信息化……的发展历程。当今的社会信息化靠的是现代信息技术——传感器技术、通信技术和计算机技术三大支柱的支撑，由此可见，传感器技术在国防、国家工业化和社会信息化的进程中有着突出的地位和作用。

众所周知，科技进步是社会发展的强大推动力。科技进步的重要作用在于不断用机（仪）器来代替和扩展人的体力劳动和脑力劳动，以大大提高社会生产力。为此目的，人们在不懈地探索着机器与人之间的功能模拟——人工智能，并不断地创制出拟人的装置——自动化机械，乃至智能机器人。

仪器仪表是科学研究和工业技术的"耳目"。在基础学科和尖端技术的研究中，大到上千光年的茫茫宇宙，小到 1×10^{-13} cm 的粒子世界；长到数十亿年的天体演化，短到 1×10^{-24} s 的瞬间反应；高达 $5 \times 10^4 \sim 5 \times 10^8$ ℃ 的超高温，或 3×10^8 Pa 的超高压，低到 1×10^{-6} ℃ 的超低温，或 1×10^{-13} Pa 的超真空；强到 25T 以上的超强磁场，弱到 1×10^{-13} T 的超弱磁场……要测量如此极端细微的信息，单靠人的感官或一般电子设备已无能为力，必须借助于配备有相应传感器的高精度测试仪器或大型测试系统才能奏效。因此，某些传感器的发展是一些边缘科学研究和高、新技术发展的先驱。

27

在工业与国防领域，传感器更有它的用武之地。以高技术对抗和信息战为主要特征的现代战争，高度自动化的工厂、设备、装置或系统，可以说是传感器的大集合地。例如，工厂自动化中的柔性制造系统（FMS），计算机集成制造系统（CIMS），几十万千瓦的大型发电机组，连续生产的轧钢生产线，无人驾驶的自动化汽车，大型基础设施工程（如大桥、隧道、水库、大坝等），多功能武备攻击指挥系统，航天飞机，宇宙飞船或星际、海洋探测器等，均需要配置大量的、数以千计的传感器，用以检测各种各样的工况参数或对象信息，以达到识别目标和运行监控的目的。

雷达传感器采用高频微波来测量物体运动速度、距离、运动方向、方位角度信息[6]，采用平面微带天线设计，具有体积小、质量轻、灵敏度高、稳定性强等特点，广泛用于智能交通、工业控制、安防、体育运动、智能家居等行业。

传感器技术在广泛应用于工业自动化、军事国防和以宇宙开发、海洋开发为代表的尖端科学与工程等重要领域的同时，它正以自己的巨大潜力，向与人们生活密切相关的方面渗透，生物工程、医疗卫生、环境保护、安全防范、家用电器、网络家居等方面的传感器已层出不穷，并在日新月异地发展。

从茫茫太空，到浩瀚海洋；从各种复杂的工程系统，到日常生活的衣食住行，几乎每一项现代化内容都离不开各种各样的传感器。有专家感言："没有传感器……支撑现代文明的科学技术就不可能发展。"日本业界更声称："支配了传感器技术就能够支配新时代！"为此，日本把传感器技术列为国家重点发展的十大技术之首。美国早在 20 世纪 80 年代就宣称：世界已进入传感器时代！在涉及国家经济繁荣和国家安全至关重要的 22 项重大技术中，传感器技术就有 6 项；而涉及保护美国武器系统质量优势至关重要的关键技术中，有 8 项为无源传感器。可以毫不夸张地说，21 世纪的社会，必将是传感器的世界！

1.3.2　传感器的发展趋势

1. 发现新效应，开发新材料、新功能

传感器的工作原理是基于各种物理的、化学的、生物的效应和现象；具有这种效应和现象的材料称为功能材料或敏感材料。显而易见，新的效应和现象的发现，是新的敏感材料开发的重要途径；而新的敏感材料的开发，是新型传感器问世的重要基础。

例如约瑟夫逊效应。在线形量子力学中，由于电子等微观粒子具有波粒二象性，当两块金属被一层厚度为几十至几百埃（A°❶）的绝缘介质隔开时，电子等都可穿越势垒而运动。加电压后，可形成隧道电流，这种现象称为隧道效应[7]。若把上述装置中的两块金属换成超导体后，当其介质层厚度减少到 30A° 左右时，由超导电子对的长程相干效应也会产生隧道效应，称为约瑟夫逊效应。利用约瑟夫逊直流效应研制成超导量子干涉器，研发一种电流-频率（I-F）变换器[8]，可用于测量微小电磁信号，如人体大脑和心脏活动所产生的微磁场变化，具有高于 1×10^{-13} T 的分辨力；利用约瑟夫逊交流效应研制的电压-频率（V-F）变换器[8]，其精确度可达 10^{-8}，且不受环境温度影响，稳定性极高，抗振动干扰，无漂移和老化；利用约瑟夫逊热噪声效应研制的温度传感器[9]可测量 1×10^{-6} K

---

❶　$1A° = 1 \times 10^{-10}$ m。

的超低温。

又如电流变（electrorheologic，ER）效应——一种电流变材料（常态为液体，ERF）在外电场控制下能瞬间［微秒（μs）、毫秒（ms）级］产生可逆性"液态-固态"突变，致使其黏度、阻尼、剪切强度等力学性能快速响应的现象。之后，利用这种 ER 效应开发的"电-机特件"转换元件，因具有低能耗、快速响应、可逆性、无级柔性变换、无磨损、低噪声、长寿命等特点，并能将高速计算机的电指令直接转换成机械动作的操作过程，被誉为"有潜力成为电气-机械转换中能效最高的一种产品"。美国科学家称："ER 将会产生一场较当年半导体材料影响更大的技术革命"和"一系列的工业技术革命"。可见，电流变效应的研究和电流变材料的应用，具有十分巨大的发展潜力和十分诱人、令人鼓舞的前景。

还需指出，探索已知材料的新功能与开发新功能材料，对研制新型传感器来说同样重要。有些已知材料，在特定的配料组方和制备工艺条件下，会呈现出全新的敏感功能特性。例如，用以研制湿敏传感器的 Al_2O_3 基湿敏陶瓷早已为人们所知；近年来，我国学者又成功地研制出以 Al_2O_3 为基材的氢气敏、酒精敏、甲烷敏三种类型的气敏元件，与同类型的 SnO_2、Fe_2O_3、ZnO 基气敏器件相比，具有更好的选择性，低工作温度和较强的抗温、抗湿能力。

2. 传感器的多功能集成化和微型化

所谓集成化，就是在同一芯片上，或将众多同类型的单个传感器件集成为一维、二维或三维阵列型传感器；或将传感器件与调理、补偿等处理电路集成一体化。前一种集成化使传感器的检测参数实现"点-线-面-体"多维图像化，甚至能加上时序控制等软件，变单参数检测为多参数检测，例如将多种气敏元件，用厚膜制造工艺集成制作在同一基片上，制成能检测氧、氨、乙醇、乙烯四种气体浓度的多功能气体传感器；后一种集成化使传感器由只有单一的信号转换功能，扩展为兼有放大、运算、补偿等多功能。高度集成化的传感器，将是两者有机的融合，以实现多信息与多功能集成一体化的传感器系统。

微米/纳米技术的问世，微机械加工技术的出现，使三维工艺日趋完善，这为微型传感器的研制铺平了道路。微型传感器的显著特征是体积微小、重量很轻（体积、重量仅为传统传感器的几十分之一甚至几百分之一）。其敏感元件的尺寸一般为微米级。它是由微加工技术（光刻、蚀刻、淀积、键合等工艺）制作而成。如今，传感器的发展有一股强劲的势头，正在摆脱传统的结构设计与生产，而转向优先选用硅材料，以微机械加工技术为基础，以仿真程序为工具的微结构设计，来研制各种敏感机理的集成化、阵列化、智能化硅微传感器。这一现代传感器技术国外称之为"专用集成微型传感器技术"（application specific integrated microtransducer，ASIM）。这种硅微传感器一旦付诸实用，将对众多高科技领域，特别是航空航天、遥感遥测、环境保护、生物医学和工业自动化领域产生重大的影响。美国尼古拉斯·尼葛洛庞帝在 1999 年预言：微型化电脑将在 10 年后变得无所不在，人们的日常生活环境中可能嵌满这种电脑芯片。届时，人们甚至可以将一种含有微电脑的微型传感器，像服药丸一样"吞"下，从而在体内进行各种检测，以帮助医生诊断。日本已研制出尺寸为 2.5mm×0.5mm 的微型传感器，可用导管直接送入心脏，可同时检测 Na^+、K^+ 和 H^+ 等离子浓度。微传感器的实现和应用，最引起关注的还是在航空航天领域。如国外某金星探测器共使用了 8000 余个传感器，若采用微传感器及其阵列集成，不仅对减轻重量、节省空间和能耗有重要意义，而且可大大提高飞行监控系统的可靠性。

3. 传感器的数字化、智能化和网络化

数字技术是信息技术的基础。传感器的数字化，不仅是提高传感器本身多种性能的需要，而且是传感器向智能化、网络化更高层次发展的前提。

传感器的智能化和智能传感器的研究、开发正在世界众多国家蓬勃开展。智能传感器的定义也在逐步形成和完善之中。较为一致的看法是：凡是具有一种或多种敏感功能，不仅能实现信息的探测、处理、逻辑判断和双向通信，而且具有自检测、自校正、自补偿、自诊断等多功能的器件或装置，可称为智能传感器（intelligent sensor）。按构成模式，智能传感器有分立模块式和集成一体式之分。

国内外已出现一种组合一体化结构传感器。它把传统的传感器与其配套的调理电路、微处理器、输出接口与显示电路等模块组装在同一壳体内，因而，体积缩小、线路简化、结构更紧凑，可靠性和抗干扰性能大大提高。

目前，智能传感器发展成由硅微传感器、微处理器、微执行器和接口电路等多片模块组成的闭环传感器系统。如果通过集成技术进一步将上述多片相关模块全部制作在一个芯片上形成单片集成，就可形成更高级的智能传感器。

传感器网络化技术是随着传感器、计算机和通信技术的结合而发展起来的新技术，进入 21 世纪以来已崭露头角。传感器网络是一种由众多随机分布的一组同类或异类传感器节点与网关节点构成的无线网络。每个微型化和智能化的传感器节点，都集成了传感、处理、通信、电源等功能模块，可实现目标数据与环境信息的采集和处理，可在节点与节点之间、节点与外界之间进行通信。这种具有强大集散功能的传感器网络，可以根据需要密布于目标对象的监测部位，进行分散式巡视、测量和集中监视。下一代传感器网络产品，将可能是浏览器技术与以太网相互融合，以实现 smart 传感器和执行器的集成。将传感器网络引入"光学集成系统"（微型集成光路）[10]，其功能和速度会更加高超。

在此，还将引入利用智能化材料制造出的智能化传感器。

智能材料与智能结构是集传感、控制、驱动（执行）等功能于一体的机敏或智能结构系统。开展对智能材料与结构的研究和应用对 21 世纪的航空航天、机器人、医疗、交通、公共安全技术水平和人们的生活质量与生活方式将产生重大和深远的影响。

智能材料还没有统一的定义，大体来说，智能材料就是指具有感知环境（包括内环境和外环境）刺激，对之进行分析、处理、判断，并采取一定的措施进行适度响应的具有智能特征的材料。智能材料是继天然材料、合成高分子材料、人工设计材料之后的第四代材料，是现代高技术新材料发展的重要方向之一，将支撑未来高技术的发展，使传统意义下的功能材料和结构材料之间的界线逐渐消失，实现结构功能化、功能多样化。科学家预言，智能材料的研制和大规模应用将导致材料科学发展的重大革命。一般来说，智能材料有七大功能，即传感功能、反馈功能、信息识别与积累功能、响应功能、自诊断功能、自修复功能和自适应功能。

我国材料学家师昌绪院士[11]则提出了智能传感器的三种功能：①感知功能——能自

主探测和监控外界环境或条件变化；②处理功能——能评估已测信息，并利用已存储资料进行判断和协调反应；③执行功能——能将上述结果提交驱动或调节器进行实施。

目前，初步具有这种自监测、自诊断、自适应功能的智能材料与结构，已被应用于桥梁、隧道、大坝等土建结构的智能化"神经"系统中；有的被装置于飞机及航天装置的机身、机翼和发动机等要害部件，使之具有如人体"神经与肌肉组织"般的智能结构，监视自身的"健康状态"。如美国在F15战斗机机翼设置自诊断光纤干涉传感器网络，就是成功一例。可以预料未来的智能工程结构将广泛采用智能材料与结构，其应用前景十分广阔。

4. 研究生物感官，开发仿生化传感器

大自然是生物传感器的优秀设计师。生物界进化到今天，人类凭借发达的智力，无需依靠强大的感官能力就能生存；而物竞天择的动物界，能拥有特殊的感应能力，即功能奇特、性能高超的生物传感器，才具备生存的本领。许多动物因为具有非凡的感应次声波信号的能力，而能够逃避诸如火山爆发、地震、海啸之类的灭顶之灾。其他如狗的嗅觉（灵敏阈为人的 10^6 倍），鸟的视觉（视力为人的 $8\sim50$ 倍），蝙蝠、飞蛾、海豚的听觉（主动型生物雷达——超声波传感器），蛇的接近觉（分辨力达 $0.001℃$ 的红外测温传感器）等。这些动物的感官性能是当今传感器技术所企及的目标。利用仿生学、生物遗传工程和生物电子学技术来研究它们的机理，研发仿生传感器，也是十分引人注目的方向。

综上所述不难看出，当代科学技术发展的一个显著特征是，各学科之间在其前沿边缘上相互渗透，互相融合，从而催生出新兴的学科或新的技术。传感器技术也不例外，它正不断融入其他相关学科的高科技，逐步形成自己的发展方向，孕育自己的新技术。因此，传感器和传感器新技术的发展，必须走与高科技相结合之路。

习 题 与 工 程 设 计

一、选择题（单选题）

1. 传感器的主要组成包括（　　）。

（a）敏感元件、转换元件、变换电路、辅助电源

（b）敏感元件、转换元件、变换电路、自主电源

（c）敏感元件、转换元件、放大电路、辅助电源

（d）转换元件、变换电路、放大电路、辅助电源

2. 传感器主要遵守的规律有（　　）。

（a）守恒定律、场的定律、质量定律、统计法则

（b）守恒定律、场的定律、物质定律、统计法则

（c）光电效应、场的定律、物质定律、应变效应

（d）守恒定律、场的定律、质量定律、应变效应

3. 传感器的结构类型包括（　　）。

（a）自源型、辅助能源型、外源型、反馈型、光电型

（b）自源型、外源型、差动结构补偿型、反馈型、半导体型

（c）自源型、辅助能源型、外源型、敏感元件补偿型、差动结构补偿型、反馈型

（d）辅助能源型、同类敏感元件补偿型、结构补偿型、反馈型、光纤

4．传感器的主要性能指标包括（　　）。

（a）容量大、灵敏度高；质量好、精度适当；响应速度快；针对性强、价格较高

（b）容量大、灵敏度高；质量好、精度较高；响应速度慢；适应性广、经济性好

（c）容量大、灵敏度高；质量好、精度较低；响应速度慢；专用性强、经济性好

（d）容量大、灵敏度高；质量好、精度适当；响应速度快；适应性强、经济性好

5．下面传感器通用的静态模型数学表示方程正确的是（　　）。

（a）$y = a_0 + a_1 x + a_2 x^2 + \cdots + a_n x^n$

（b）$y = a_1 x$

（c）$y = a_1 x + a_3 x^3 + a_5 x^5 + \cdots$

（d）$y = a_1 x + a_2 x^2 + a_3 x^3 + \cdots$

6．传感器的静态特性包括（　　）。

（a）线性度、温度、重复性、灵敏度、湿度、稳定性、漂移、静态误差

（b）线性度、回差、重复性、灵敏度、阈值、稳定性、漂移、静态误差

（c）线性度、回差、光电性、灵敏度、阈值、稳定性、漂移、动态特征

（d）模拟度、回差、重复性、灵敏度、温度、稳定性、湿度、静态误差

7．传感器阶跃响应特性的主要技术指标包括（　　）。

（a）工作常数 τ；下降时间 T_t；响应时间 T_s；超前量 a_1；衰减率 φ；静态误差 e_{ss}

（b）时间间隔 τ；上升时间 T_t；响应时间 T_s；超调量 a_1；增长率 φ；静态误差 e_{ss}

（c）时间常数 τ；上升时间 T_t；响应时间 T_s；超调量 a_1；衰减率 φ；稳态误差 e_{ss}

（d）电压常数 τ；上升时间 T_t；反映时间 T_s；超调量 a_1；增长率 φ；稳态误差 e_{ss}

8．改善传感器性能的技术途径主要有（　　）。

（a）结构、材料与参数的合理选择；差动技术；方根技术；稳定性处、屏蔽、隔离与干扰抑制；零示法、微差法与闭环技术；补偿、校正与"有源化"；集成化、智能化与信息融合

（b）结构、材料与参数的合理选择；差动技术；平均技术；稳定性处、连接与干扰抑制；零示法、微差法与闭环技术；补偿、校正与"有源化"；集成化、智能化与信息融合

（c）结构、材料与参数的合理选择；差动技术；平均技术；稳定性处、屏蔽、隔离与干扰性强；零示法、微差法与闭环技术；补偿、校正与"有源化"；集成化、智能化与信息融合

（d）结构、材料与参数的合理选择；差动技术；平均技术；稳定性处、屏蔽、隔离与干扰抑制；零示法、微差法与闭环技术；补偿、校正与"有源化"；集成化、智能化与信息融合

9．传感器的标定系统一般由（　　）部分组成。

（a）被测非电量标准信号发生器、标准测试系统、待标定传感器信号调节、显示、记录器等

（b）被测非电量参考信号发生器、被测量测试系统、标准传感器信号调节器、记录器等

（c）被测非电量标准信号发生器、非标准测试系统、待标定传感器信号显示、记录器等

（d）标准非电量标准信号发生器、被测量测试系统、被测量传感器信号调节、显示、记录器

10．选择传感器的基本原则与方法主要包括（　　）。

（a）依据测量对象，选定传感器的温度、湿度、灵敏度、频率响应特性、稳定性和制造材料

（b）依据测量对象，选定传感器的线性范围、量程、灵敏度、精度、频率响应特性、稳定性

（c）依据测量对象，选定传感器的测量范围、光电范围、适应温度、精度、频率响应特性

（d）依据测量对象，选定传感器的量程、灵敏度、湿度、酸碱度、频率响应特性、稳定性

二、思考题

1．综述你所理解的传感器概念。

2．传感器由哪几部分构成？各部分的功用是什么？试用框图画出你理解的传感器系统。

3．传感器静态特性的主要指标有哪些？说明它们的含义。

4．计算传感器线性度的方法有哪几种？这些方法有什么差别？

5．为什么要对传感器进行标定和校准？举例说明传感器静态标定和动态标定的方法。

三、工程与设计题

根据本章所学内容，参考相关资料，写出有关传感器基础知识方面的报告。（要求2000 字左右，内容包括传感器的基本定律、数理模型及技术指标，以及传感器在实现产业升级和装备智能化中的重要作用，强调传感器技术是应对社会老龄化的重要举措）

参 考 文 献

［1］ 刘泽文. 集成智能传感器：智能社会的五官［J］. 今日科苑，2017（4）：51-56.

［2］ 尹朝，黄成君. 新型传感器步入信息技术五官敏锐新时代［J］. 电气时代，2004（9）：43-46，48-50.

［3］ 吴庆. 产业转移与企业升级转型的关系研究［J］. 商场现代化，2016（2）：225-229.

［4］ 杨子凯，王建林，于涛，等. 基于预测误差法的加速度传感器动态模型参数辨识［J］. 仪器仪表学报，2015，36（6）：1244-1249.

［5］ 黄为勇，高玉芹，田秀玲. 一种传感器特性的高精度拟合方法［J］. 计算机测量与控制，2014，22（9）：3074-3076，3083.

［6］ 佚名. 24GHz 频段短距离车载雷达设备使用频率规划发布［J］. 电信快报：网络与通信，2013（1）：48.

［7］　崔雪梅，关立强. SSeS 超导结的约瑟夫逊效应［J］. 低温与超导，2004，32（3）：58-60.

［8］　陈俊，王安福. 色噪声对约瑟夫逊效应中伏安特性曲线的影响［J］. 华中师范大学学报（自然科学版），1997，31（3）：288-293.

［9］　谢红，陈俊. 约瑟夫逊结中热涨落效应的研究［J］. 石油天然气学报，2003，25（3）：156-157.

［10］　汤秋菊. 用光流线量子论研究集成光路耦合技术［D］. 长春：长春理工大学，2007.

［11］　范桂兰. 中国高温合金材料的开拓者：著名材料科学家师昌绪院士［J］. 中国科学基金，2001，15（1）：14-16.

第2章 应变式传感器

内容摘要：本章主要介绍应变式传感器的原理与应变片结构和电阻应变的效应，重点讨论了金属应变片的主要特性（包括灵敏系数和横向效应）和应变片传感器交直流测量电路的工作原理及在应变测试和工程中的应用。

理论教学要求：理解应变式传感器的原理与应变片结构和电阻应变的效应，掌握金属应变式传感器的主要特性，掌握应变式传感器基本的应用方法。

实践教学要求：掌握应变式传感器的原理和主要特性，并能将应变式传感器的原理和主要特性应用到工程实践中，达到具有一定的创新能力。通过对应变片传感器在工程中的应用设计，达到培养学生实践和创新能力的目的。

2.1 电阻应变片的原理

应变式传感器具有悠久的历史，是应用最广泛的传感器之一。将电阻应变片粘贴到各种弹性敏感元件上，可以构成电阻应变式传感器，对位移、加速度、力、力矩、压力等各种物理量进行测量，一般用于测量较大的压力[1]。

2.1.1 电阻应变效应与应变片结构

导体或半导体材料在受到拉力或压力等外界力作用时会产生机械变形，同时机械变形会引起导体电阻值的变化，这种导体或半导体材料因变形而电阻值发生变化的现象称为电阻应变效应。

电阻丝式应变片的种类繁多，形式多种多样，但基本结构大体相同。图 2.1 为金属电阻丝式应变片基本结构。应变片包括以下几个部分：

(1) 敏感栅——高阻金属丝、金属箔。

(2) 基片——绝缘材料。

(3) 黏合剂——化学试剂。

(4) 覆盖层——保护层。

(5) 引线——金属导线。

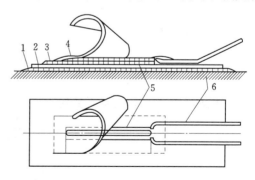

图 2.1 金属电阻丝式应变片基本结构
1、3—黏合剂；2—基片；4—覆盖层；
5—敏感栅；6—引线

2.1.2 电阻应变片工作原理

随着近年来电子设备水平的提高和加强，传感器的重要价值也得到了充分体现。未来传感器必然将面向体积小、功能多、集成度高、智能化、非常系统的方向发展。应变式传感器是现今最常用的传感器之一，传感器的电阻应变效应用途广泛[2]。

金属电阻应变片的基本原理基于电阻应变效应，即导体产生机械形变时电阻值发生变化。导体材料的电阻可表示为

$$R = \frac{\rho l}{S}$$

当有外力作用时，导体的电阻率 ρ、长度 l、截面积 S 都会发生变化，从而引起电阻 R 的变化，通过测量电阻值的变化，就可以检测出外界作用力的大小[3]。

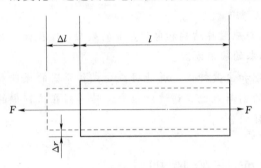

图 2.2　电阻丝受力变形情况

当电阻丝受到轴向拉力作用时，见图 2.2，若轴向拉长 Δl，径向面积减小 ΔS，电阻率变化 $\Delta \rho$，电阻值的变化 ΔR 所引起的电阻的相对变化为

$$\frac{\Delta R}{R} = \frac{\Delta l}{l} - \frac{\Delta S}{S} + \frac{\Delta \rho}{\rho} \qquad (2.1)$$

轴向应变为

$$\varepsilon = \frac{\Delta l}{l}$$

截面积相对变化量为

$$\frac{\Delta S}{S} = \frac{2\Delta r}{r}$$

由材料力学相关知识可知，在弹性范围内金属的泊松系数为

$$\mu = -\frac{\frac{\Delta r}{r}}{\frac{\Delta l}{l}}$$

横向变形系数为

$$\frac{\Delta r}{r} = -\mu \frac{\Delta l}{l}$$

将泊松系数与横向变形系数代入式（2.1）得

$$\frac{\Delta R}{R} = \frac{\Delta l}{l}(1 + 2\mu) + \frac{\Delta \rho}{\rho}$$

$$= (1 + 2\mu)\varepsilon + \frac{\Delta \rho}{\rho} \qquad (2.2)$$

或用单位应变引起的相对电阻变化表示为

$$\frac{\frac{\Delta R}{R}}{\varepsilon} = 1 + 2\mu + \frac{\frac{\Delta \rho}{\rho}}{\varepsilon} \qquad (2.3)$$

令金属电阻丝式应变片的灵敏系数为

$$k_0 = \frac{\frac{\Delta R}{R}}{\varepsilon} = 1 + 2\mu + \frac{\frac{\Delta \rho}{\rho}}{\varepsilon} \qquad (2.4)$$

由式（2.4）可知，受力后材料的几何尺寸变化为 $1+2\mu$，电阻率的变化为 $(\Delta\rho/\rho)/\varepsilon$。对于金属电阻丝，泊松系数范围 μ 在 $0.25\sim0.5$ 之间（如钢的泊松系数 $\mu=0.285$），由于 $1+2\mu \gg (\Delta\rho/\rho)/\varepsilon$，因此，金属电阻丝式应变片的灵敏系数忽略后项可近似为 $k_0 \approx 1+2\mu$，即 $k_0\approx1.5\sim2$。因此，在这里应该抓住主要矛盾，忽略次要矛盾。可见金属应变片灵敏系数 k_0 主要是由材料的几何尺寸决定的。

由于应力 $\sigma=E\varepsilon$，所以应力正比于应变；又因为应变与电阻变化率成正比，即 $\varepsilon \propto \Delta R/R$，因此有 $\sigma \propto \Delta R/R$，即应力正比于电阻值的变化量。通过弹性元件可将位移、压力、振动等物理量的应力转换为应变进行测量，这就是应变式传感器测量应变的基本原理[4]。

2.1.3　应变片种类

常见的应变片有金属电阻应变片和半导体应变片，见图 2.3，金属电阻应变片又分为丝式和箔式两种。应变片分类的方法很多，按材料分类，可分为：金属式，包括体型（丝式、箔式）、薄膜型；半导体式，包括体型、薄膜型、扩散型、外延型、PK 结型。按结构可分为：单片、双片、特殊形状。按使用环境可分为：高温、低温、高压、磁场、水下应变片。按制作工艺可分为：金属丝式，通常采用 40.025mm 金属丝（康铜、镍铬合金、贵金属）做敏感栅；金属箔式，主要采用光刻腐蚀工艺、照相制版制作成厚 $0.003\sim0.01$mm 的金属箔栅；金属薄膜式，用真空溅射或真空沉积技术，在绝缘基片上蒸镀几纳米到几百纳米金属电阻体膜制成[5]。

（a）金属丝式　（b）金属箔式（一）　（c）金属箔式（二）　（d）金属箔式（三）　（e）半导体应变片

图 2.3　各种形式的应变片

2.2　金属应变片的主要特性

应变片是一种重要的敏感元件，是测量应变和应力的主要元件。如电子秤、压力计、加速度计、线位移装置常使用应变片做转换元件。这些应变式传感器的性能在很大程度上取决于应变片的性能。应变片的性能主要与以下特性有关。

2.2.1　应变片的灵敏系数

在 2.1.2 节中已用 k_0 表征了金属丝的电阻应变特性，但金属丝做成应变片后电阻应

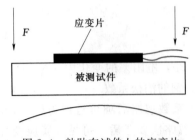

图 2.4 粘贴在试件上的应变片

变特性与单根金属丝有所不同。应变片通常是用黏合剂粘贴到被测试件（弹性元件）上的，如图 2.4 所示，应变测量时通过胶层将被测试件上的应变传递到应变片敏感栅上。工艺上要求黏合层有较大的剪切弹性模量，并且粘贴工艺对传感器的精度起着关键作用[6]。所以，实际应变片的灵敏系数应包括基片、黏合剂以及敏感栅的横向效应。实验证明，应变片做成成品（或粘贴到试件上）以后，灵敏系数 k_0 必须用实验的方法重新标定。

实验按统一的标准，如受单向力（轴向）拉或压，试件材料为钢，泊松系数为 $\mu = 0.285$。因为应变片一旦粘贴在试件上就不再取下来，所以实际的做法是，取产品的 5% 进行测定，取其平均值作为产品的灵敏系数，称为标称灵敏系数，就是产品包装盒上标注的灵敏系数。实验表明，应变片灵敏系数 k_0 小于电阻丝灵敏系数 k。如果实际应用条件与标定条件不同，使用时误差会很大，必须修正。

2.2.2 横向效应

如图 2.5 所示，应变片粘贴在基片上时，敏感栅由 N 条长 L 的直线和（$N-1$）个圆弧部分组成。敏感栅受力时直线部分与圆弧部分状态不同，也就是说圆弧段的电阻变化小于沿轴向摆放的电阻丝电阻的变化，应变片实际变化的 Δl 比拉直了要小。

可见，直线电阻丝绕成敏感栅后，虽然长度相同，但应变不同，圆弧部分使灵敏度下降了，这种现象就称为横向效应。敏感栅越窄，基长越长的应变片，横向效应越小。

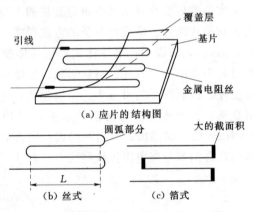

(a) 应片的结构图

(b) 丝式   (c) 箔式

图 2.5 应变片的横向效应

为减小因横向效应产生的测量误差，常采用箔式应变片。因为结构上箔式应变片圆弧部分横截面积尺寸较大，横向效应较小。横向效应的大小常用横向灵敏度 C 的百分数表示，即

$$C = \frac{k_y}{k_x} \times 100\%$$

式中　k_y——纵向（轴向）灵敏系数，表示当纵向应变 $\varepsilon_y = 0$ 时，单位轴向应变片引起的电阻相对变化；

　　　k_x——横向灵敏系数，表示横向应变 $\varepsilon_x = 0$ 时，单位横向应变所引起的电阻相对变化。

2.2.3 应变片温度误差及补偿方法

讨论应变片特性时通常以室温恒定为前提条件，在实际应用中，应变片工作的环境温

度常常会发生变化，使工作条件改变，影响其输出特性。这种单纯由温度变化引起的应变片电阻值变化的现象称为温度效应[7]。

1. 应变片温度误差及产生的原因

应变片安装在自由膨胀的试件上，在没有外力作用时，如果环境温度变化，应变片的电阻也会变化，这种变化叠加在测量结果中产生应变片温度误差。应变片温度误差来源有两个：①应变片本身电阻温度系数 α_t 的影响；②试件材料的线膨胀系数 β_s 的影响[8]。

已知电阻丝的电阻值与湿度关系为

$$R_t = R_0(1+\alpha_t\Delta t) = R_0 + R_0\alpha_t\Delta t$$

温度变化 Δt 时引起电阻丝的电阻变化为

$$\Delta R_t = R_t - R_0 = R_0(\alpha_t\Delta t)$$

产生的电阻的相对变化为

$$(\Delta R_t/\Delta R_0)_t = \alpha_t\Delta t$$

由于试件材料与电阻丝材料的线膨胀系数不同时，试件使应变片产生的附加形变造成电阻变化，产生的附加电阻相对变化为

$$(\Delta R_t/\Delta R_0)_g = k(\beta_g-\beta_s)\Delta t$$

式中　k——常数；

α_t——敏感栅材料的电阻温度系数；

β_s——试件的线膨胀系数；

β_g——敏感栅材料的线膨胀系数。

由于温度变化引起的总电阻相对变化可表示为

$$(\Delta R_t/R_0) = \alpha_t^{\Delta t+k}(\beta_g-\beta_s)\Delta t$$

折合出温度变化引起的总的应变量输出

$$\varepsilon_t = \frac{\Delta R_t/R_0}{k} = \frac{\alpha_t}{k} + (\beta_g-\beta_s)\Delta t \tag{2.5}$$

由式（2.5）可以清楚地看到，环境改变引起的附加电阻变化造成的应变输出由两部分组成：一部分为敏感栅的电阻变化所造成的，大小为 $\frac{\alpha_t}{k}$；另一部分为敏感栅与试件热膨胀不匹配所引起的，大小为 $(\beta_g-\beta_s)\Delta t$。这种变化与环境温度变化 Δt 有关，也与应变片本身的性能参数 k、α_t、β_s 和试件参数 β_g 有关。

2. 应变片温度误差补偿方法

温度误差补偿的目的是消除温度变化引起的应变输出 q 对测量应变的干扰，补偿方法常采用温度自补偿法、桥路补偿法、辅助测量补偿、热敏电阻补偿、计算机补偿等[8]。

（1）温度自补偿法。温度自补偿法也称为应变片自补偿法，利用温度补偿片进行补偿。温度补偿片是一种特制的、具有温度补偿作用的应变片，将其粘贴在被测试件上，当温度变化时，与产生的附加应变相互抵消，这种应变片称为自补偿片。由式（2.5）可知，要实现自补偿的目的必须满足条件：

$$\varepsilon_t = \frac{\alpha_t\Delta t}{k} + (\beta_g-\beta_s)\Delta t = 0$$

即

$$\alpha_t = -k(\beta_g - \beta_s)$$

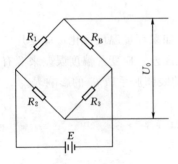

图 2.6　桥路补偿法电路

通常被测试件是给定的，即 k、β_s、β_g 是确定的，可选择合适的应变片敏感材料，使其满足式（2.5），制作中通过改变栅丝的合金成分，控制温度系数 α_t，使其与 β_s、β_g 相抵消，达到自补偿的目的。

（2）桥路补偿法。桥路补偿法是最常用的效果较好的补偿方法，又称为补偿片补偿法，应变片通常作为平衡电桥的一个臂来测量应变，如图 2.6 所示。在被测试件感受应变的位置上安装一个应变片 R_1，称工作片，在试件不受力的位置粘贴一个应变片 R_B，称补偿片，两个应变片安装靠近，完全处于同一温度场中。

测量时两者连接在相邻的电桥臂上，当温度变化时，电阻 R_1、R_B 都发生变化。当温度变化相同时，由于材料相同温度系数相同，因此温度引起的电阻变化相向，ΔR_1 与 ΔR_B 有相等变化，使电桥输出 U_0 与温度无关。电桥输出 U_0 与桥臂参数的关系为

$$U_0 = A(R_1 R_3 - R_B R_2)$$

式中　A——常数。

在应变片不受力情况下调节电桥平衡可使输出为 0。工作时按 $R_1 = R_2 = R_3 = R_B$ 取值，当温度变化时，$\Delta R_1 = \Delta R_B$，电桥仍处于平衡，当有应变时 R_1 有增量 ΔR_1，而补偿片 R_B 无变化，即 $\Delta R_B = 0$，电桥输出电压可表示为

$$U_0 = A[(R_1 + \Delta R_1)R_3 - R_B R_2]$$

化简后得

$$U_0 = A \Delta R_1 R_3$$

可见应变引起的电压输出与温度无关，补偿片起到温度补偿作用[9]。

2.3　电阻应变片测量电路

通常应变片，阻值变化很小，常见应变片的电阻值有 120Ω、350Ω。若灵敏系数 $k = 2$，电阻为 120Ω 的应变片；当应变为 1000×10^{-6} 时，电阻变化仅 0.24Ω。要将微小电阻变化测量出来，必须经过转换放大。工程中，用于测量应变变化的电桥电路通常有直流电桥和交流电桥两种。电桥电路的主要指标是指桥路输出电压灵敏度、线性度和负载特性。

2.3.1　直流电桥工作原理

1. 直流电桥的平衡条件

直流电桥电路如图 2.7 所示，图中 E 为直流电源电压，R_1、R_2、R_3、R_4 为桥臂电阻，R_L 为负载电阻，U_0 为输出电压。当负载 $R_L \to \infty$ 视为开路时，电桥输出电压为

$$U_0 = E\left(\frac{R_1}{R_1 + R_2} - \frac{R_3}{R_3 + R_4}\right) = E\frac{R_1 R_4 - R_2 R_3}{(R_1 + R_2)(R_3 + R_4)} \tag{2.6}$$

当电桥平衡时，$U_0 = 0$，$I_0 = 0$，则有 $R_1 R_4 = R_2 R_3$ 或 $R_1/R_2 = R_3/R_4$。说明，电桥要满足平衡条件，必须使其对臂积相等或邻臂比相等[9]。

2. 电压灵敏度

一般应变片工作时需要接入放大器进行放大，电桥接入放大器时，由于放大器输入阻抗比桥路输出的阻抗大得多，所以可将电桥视为开路情况。如果将应变片接入电桥的一个臂，当应变片感受应变时阻值变化，使桥路电流输出 I_0 变化，这时电桥输出电压 $U_c \neq 0$，电桥处于不平衡状态[10]。设 R_1 为应变片，应变时 R_1 变化量为 ΔR_1，其他不变，这时不平衡输出电压为

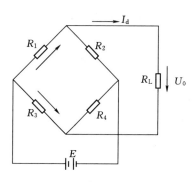

图 2.7　直流电桥电路

$$U_0 = E\left(\frac{R_1 + \Delta R_1}{R_1 + \Delta R_1 + R_2} - \frac{R_3}{R_3 + R_4}\right) = \frac{\Delta R_1 R_4}{(R_1 + \Delta R_1 + R_2)(R_3 + R_4)}E$$

$$= E\frac{(R_4/R_3)(\Delta R_1/R_1)}{(1 + \Delta R_1/R_1 + R_2/R_1)(1 + R_4/R_3)} \quad (2.7)$$

设桥臂比为 $n = R_1/R_2$，由于 $\Delta R_1 \ll R_1$，为方便计算忽略式（2.7）分母中的 $\Delta R_1/R_1$，并考虑电桥初始平衡条件 $R_1/R_2 = R_3/R_4$，则式（2.7）可写为

$$U_0 = E\frac{n}{(1+n)^2}\frac{\Delta R_1}{R_1} \quad (2.8)$$

电桥电压灵敏度为

$$k_u = \frac{n}{(1+n)^2}E \quad (2.9)$$

对上述结果可以做一些分析讨论：①电桥电压灵敏度 k_u 越大，应变变化相同情况下输出电压越大；②电桥电压灵敏度 k_u 与电桥供电电压 E 成正比，即 $k_u \propto E$，电桥供电电压 E 越高，电桥电压灵敏度 k_u 越高，但供电电压受到应变片允许功耗和电阻的温度误差限制，所以电源电压不能超过额定值以免损坏传感器；③电桥电压灵敏度 k_u 是桥臂比 n 的函数，即 $k_u(n)$，恰当选择 n 可以保证电桥有较高的电压灵敏度 k_u。当电桥电压 E 确定后，n 取什么值才能使 k_u 为最大呢？

显然可由 $\dfrac{\mathrm{d}k_u}{\mathrm{d}n} = \dfrac{1-n^2}{(1+n)^4} = 0$ 求得。

据此可知，$n = 1$，同时 $R_1 = R_2 = R_3 = R_4 = R$（等臂电桥）时，电压灵敏度 k_u 为最大值；在四个桥臂相等时，桥路输出电压为

$$U_0 = \frac{E}{4}\frac{\Delta R_1}{R_1}$$

单臂工作片电压灵敏度为

$$k_u = \frac{E}{4}$$

可见，当 E、$\Delta R_1/R_1$ 一定时，输出电压 U_0、电压灵敏度 k_u 是定值，并且与各桥臂电阻的阻值大小无关。

3. 非线性误差及补偿

上述讨论电桥工作状态时，假设应变片参数变化很小，在求取电桥输出电压时忽略了式（2.7）分母中 $\Delta R_1/R_1$ 项，而得到线性关系式的近似值。但一般情况下，如果应变片承受较大应变，分母中 $\Delta R_1/R_1$ 项就不能忽略，此时得到的输出特性是非线性的。实际的非线性特性曲线与理想的特性曲线的偏差称为绝对非线性误差[11]。下面就非线性误差的大小进行计算。

设理想情况下电桥输出电压为

$$U_0 = \frac{E}{4}\frac{\Delta R_1}{R_1}$$

实际情况下电桥输出电压应写为

$$U_0 = E\frac{\dfrac{\Delta R_1}{R_1}n}{\left(1-n+\dfrac{\Delta R_1}{R_1}\right)(1+n)}$$

则非线性误差为

$$\gamma_{\mathrm{L}} = \frac{U_0 - U_0}{U_0} = \frac{\Delta R_1/R_1}{1+n+\Delta R_1/R_1}$$

如果电桥是等臂电桥，即 $n=1$，则非线性误差为

$$\gamma_{\mathrm{L}} = \frac{\Delta R_1/2R_1}{1+\Delta R_1/2R_1}$$

将分母按幂级数展开，略去高阶项，由上式可得到非线性误差的近似值：

$$\gamma_{\mathrm{L}} \approx \frac{\Delta R_1}{2R_1}$$

可见非线性误差与 $\Delta R_1/R_1$ 成正比。对于金属丝式应变片，因为 ΔR 非常小，非线性误差可以忽略；而对于半导体应变片，灵敏系数比金属丝大得多，感受应变时 ΔR 很大。所以非线性误差不能忽略。对此，可用下面的例子来加以说明。

【例 2.1】　一般应变片所承受的应变通常在 5000 以下，现给出金属丝式应变片和半导体应变片的电压灵敏度、电阻变化率、应变值、非线性误差的近似值：

（1）金属丝式应变片，$k=2$，$\Delta R/R=0.1$，$\varepsilon=0.01$，$\gamma_{\mathrm{L}}=0.5\%$。

（2）半导体应变片，$k=130$，$\Delta R/R=0.13$，$\varepsilon=0.001$，$\gamma_{\mathrm{L}}=6\%$。

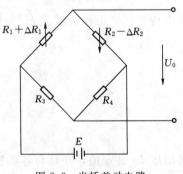

图 2.8　半桥差动电路

试计算全桥电压灵敏度。

解：非线性误差有时是很显著的，必须予以减小或消除。为减小和克服非线性误差，常采用差动电桥电路形式。差动电桥是在试件上安装两个工作应变片，一个受拉应变，一个受压应变，接在电桥相邻的两个臂，称为半桥差动电路，如图 2.8 所示。该电桥输出电压为

$$U_0 = E\left(\frac{R_1+\Delta R_1}{R_1+\Delta R_1+R_2-\Delta R_2}-\frac{R_3}{R_3+R_4}\right)$$

若电桥满足初始平衡条件，即 $R_1 = R_2 = R_3 = R_4 = R$，$\Delta R_1 = \Delta R_2 = \Delta R$，上式可化简为

$$U_0 = \frac{E}{2} \frac{\Delta R}{R}$$

半桥电压灵敏度为

$$k_u = \frac{E}{2}$$

通过前述讨论可得如下结论：①半桥差动电路的输出电压 U_0 与电阻变化率 $\Delta R / R$ 是线性关系，半桥差动电路无非线性误差；②半桥电压灵敏度 k_u 是单臂电桥的 2 倍；③电路具有温度补偿作用。

若将电桥四臂接入四个工作应变片，该电路称为全桥差动电路，电路连接如图 2.9 所示，其中，试件上两个应变片受拉应变，另外两个应变片受压应变。若电桥初始条件平衡，即 $R_1 = R_2 = R_3 = R_4 = R$，并有 $\Delta R_1 = \Delta R_2 = \Delta R_3 = \Delta R_4 - \Delta R$，则全桥差动电路输出电压为

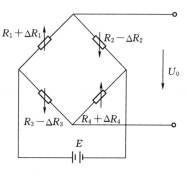

图 2.9　全桥差动电路

$$U_0 = E \frac{\Delta R_1}{R_1}$$

全桥电压灵敏度为

$$k_u = E$$

上述结果说明：全桥差动电路输出电压灵敏度不仅没有非线性误差，而且电压灵敏度为单臂电桥工作时的 4 倍，同时具有温度补偿作用。

电路连接时应注意，应变片必须按对臂同性（受力方向相同符号）、邻臂异性（受力方向不同符号）的原则连接。

2.3.2　交流电桥工作原理

直流电桥的优点是电源稳定、电路简单，仍是目前的主要测量电路；缺点是接入直流放大器电路比较复杂，存在零漂、工频干扰。实际应用中应变电桥输出端通常会接入放大电路，电桥连接的放大器输入阻抗很高，比电桥的输出电阻大得多。此时要求电桥必须具有较高的电压灵敏度。由于直流放大器容易产生零漂的缺点，在某些情况下会采用交流放大器[12]。

交流电桥也称不平衡电桥，采用交流供电，是利用电桥的输出电流或输出电压与桥路的各参数间关系进行工作的。交流电桥放大电路简单，无零漂，不受干扰，为特定传感器带来方便，但需专用的测量仪器或电路，不易取得高精度。

图 2.10 为差动交流电桥电路，图 2.10（a）是全桥的一般形式，图 2.10（b）为等效电路。

由于电桥电源 U 为交流电源，应变片引线分布电容 C_1、C_2 使得两桥臂应变片呈现复

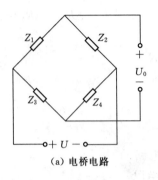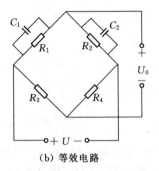

(a) 电桥电路　　　　　　　　(b) 等效电路

图 2.10　差动交流电桥电路

阻抗特性，相当于两只应变片各并联了一个电容，则每一桥臂上复阻抗分别为

$$
\left.
\begin{aligned}
Z_1 &= \frac{R_1}{1+j\omega R_1 C_1} \\
Z_2 &= \frac{R_2}{1+j\omega R_2 C_2} \\
Z_3 &= R_3 \\
Z_4 &= R_4
\end{aligned}
\right\} \tag{2.10}
$$

由交流电桥分析可得到输出电压特征方程：

$$
U_0 = U \frac{Z_1 Z_4 - Z_2 Z_3}{(Z_1+Z_2)(Z_3+Z_4)}
$$

满足电桥平衡条件时 $U_0 = 0$，则有

$$
Z_1 Z_4 - Z_2 Z_3 = 0 \tag{2.11}
$$

交流电桥需满足对臂复数的模积相等，幅角之和相等。

令 $Z_1 = Z_2 = Z_3 = Z_4 = Z$，将式 (2.10) 代入式 (2.11) 有

$$
\frac{R_1}{1+j\omega R_1 C_1} R_4 = \frac{R_2}{1+j\omega R_2 C_2} R_3
$$

整理得

$$
\frac{R_3}{R_1} + j\omega R_3 C_1 = \frac{R_4}{R_2} + j\omega R_4 C_2 \tag{2.12}
$$

式 (2.12) 的实部、虚部分别相等，整理出交流电桥的平衡条件为 $R_1 R_4 = R_2 R_3$ 及 $R_2 C_2 = R_1 C_1$。交流电桥输出除需满足电阻平衡条件外，还要满足电容平衡条件。为此，在桥路上除设有电阻平衡调节外还设有电容平衡调节，电桥平衡调节电路如图 2.11 所示。

交流电桥的输出电压为

$$
U_0 = U \frac{(Z_4/Z_3)(\Delta Z_1/Z_1)}{(1+\Delta Z_1/Z_1+Z_2/Z_1)(1+Z_4/Z_3)}
$$

已知 $Z_1 = Z_2 = Z_3 = Z_4$，忽略 ΔZ，交流单桥输出可表示为

44

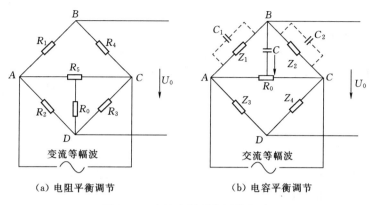

（a）电阻平衡调节 （b）电容平衡调节

图 2.11 交流电桥平衡调节电路

$$U_0 = \frac{1}{4} U \frac{\Delta Z_1}{Z_1}$$

与直流电桥同理，交流半桥输出为

$$U_0 = \frac{1}{2} U \frac{\Delta Z_1}{Z_1}$$

其中 $\Delta Z_1 = \dfrac{\Delta R_1}{(1 + j\omega R_1 C_1)^2}$，有应变时阻抗变化为 $Z_1 = Z + \Delta Z$，$Z_2 = Z + \Delta Z$，交流电桥输出可用复数表示为

$$U_0 = \frac{U}{2} \frac{1}{1 - \omega^2 R^2 C^2} \frac{\Delta R}{R} - j \frac{U}{2} \frac{\omega C}{1 - \omega^2 R^2 C^2} \Delta R \qquad (2.13)$$

式（2.13）说明：

（1）输出电压 U_0 有两个分量，前一个分量的相位与输入电源电压 U 同相，称为同相分量；后一个分量的相位与电源电压 U 相位相差 $90°$，称为正交分量。

（2）两个分量均是 ΔR 的调幅正弦波，采用普通二极管检波电路无法检测出调制信号 ΔR，必须采用相敏检波电路；检波器只能检波出同相分量的调制信号，对正弦分量不起检波作用，只起到滤除作用。

2.4 应变式传感器的工程应用

2.4.1 力传感器（测力与称重）

荷载和力传感器是工业测量中使用较多的一种传感器，传感器量程从几克到几百吨。力传感器主要作为各种电子秤和材料试验的测力元件，或用于发动机的推动力测试、水坝坝体承载状况的监测等。

力传感器按弹性元件的种类分为柱式、梁式、轮辐式、环式。下面分别介绍几种形式的传感器。

1. 柱式力传感器

柱式力传感器如图 2.12 所示，分为实心（杆式）、空心（筒式），其结构是在圆筒或圆柱上按一定方式粘贴应变片，圆柱（筒）在外力作用下产生形变。实心圆柱因外力作用发生的应变为

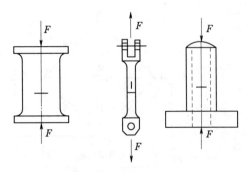

图 2.12 柱式力传感器

$$\varepsilon = \frac{\Delta l}{l} = \frac{\sigma}{E} = \frac{F}{SE}$$

式中　l——弹性元件长度；

　　　Δl——长度的变化量；

　　　S——弹性元件横截面积；

　　　F——外力；

　　　σ——应力，$\sigma = F/S$；

　　　E——弹性模量。

由上式可知，减小横截面积 S 可提高应力与应变的变换灵敏度，但 S 越小抗弯能力越差，易产生横向干扰。为解决这一矛盾，力传感器的弹性元件多采用空心圆筒。空心圆筒在同样横截面积情况下，横向刚度更大。弹性元件的高度 H 对传感器的精度和动态特性有影响。

2. 梁式力传感器

梁的形式包括悬臂梁、平行双孔梁、工字梁、S 形拉力梁等。图 2.13 分别为环式梁、双孔梁和 S 形拉力梁结构形式。

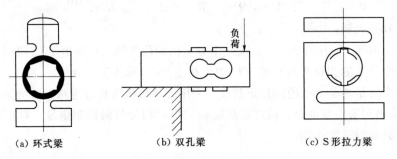

(a) 环式梁　　　　　　　(b) 双孔梁　　　　　　　(c) S形拉力梁

图 2.13 梁式力传感器结构

悬臂梁式力传感器是一种高精度、性能优良、结构简单的称重测力传感器，最小可以测量几十克，最大可以测量几十吨的质量，精度可达 0.02%。采用弹性梁和应变片作转换元件，当力作用在弹性元件（梁）上时，弹性元件（梁）与应变片一起变形使应变片的电阻值变化，应变电桥输出与力成正比的电压信号[12]。悬臂梁主要有两种形式：等截面梁、等强度梁。结构特征为弹性元件一端固定，力作用在自由端，所以称为悬臂梁。

（1）等截面梁。等截面梁的特点是，悬臂梁的横截面积处处相等，结构如图 2.14 (a) 所示。当外力 F 作用在梁的自由端时，固定端产生的应变最大，粘贴在应变片处的应变为

$$\varepsilon = \frac{6FL_0}{bh^2E}$$

式中　L_0——梁上应变片至自由端距离；

　　　b——梁的宽度；

　　　h——梁的厚度。

等截面梁测力时因为应变片的应变大小与力作用的距离有关，所以应变片应贴在距固定端较近的表面，顺梁的长度方向上下各粘贴两个应变片，4 个应变片组成全桥。上面两个受压时下面两个受拉，应变大小相等，极性相反，其电桥输出灵敏度是单臂电桥的 4 倍。这种称重传感器适用于测量 500kg 以下荷重。

（2）等强度梁。等强度梁结构如图 2.14（b）所示，悬臂梁长度方向的截面积按一定规律变化，是一种特殊形式的悬臂梁。当力 F 作用在自由端时，距作用点任何距离截面上应力相等，应变片的应变大小为

$$\varepsilon = \frac{6FL}{bh^2E}$$

有力作用时，梁表面整个长度上产生大小相等的应变，所以等强度梁对应变片粘贴在什么位置要求不高。

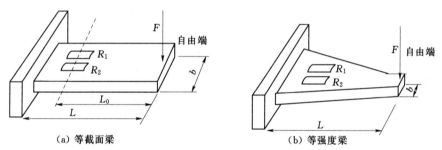

（a）等截面梁　　　　　　　　　　　（b）等强度梁

图 2.14　悬臂梁式力传感器

3. 轮辐式力传感器（剪切力）

轮辐式力传感器结构如图 2.15 所示，主要由 5 个部分组成：轮毂、轮圈、轮辐条、受拉和受压应变片。轮辐条可以是 4 根或 8 根成对称形状，轮毂由顶端的钢球传递重力，圆球的压头有自动定位的功能[13]。当外力 F 作用在轮毂上端和轮圈下面时，矩形轮辐条产生平行四边形变形，轮辐条对角线方向产生 45°的线应变。将应变片按 ±45°角方向粘贴，8 个应变片分别粘贴在 4 个轮辐条的正反两面，组成全桥。

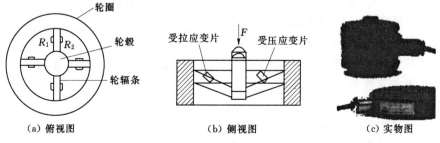

（a）俯视图　　　　　　（b）侧视图　　　　　　（c）实物图

图 2.15　轮辐式传感器

轮辐式传感器有良好的线性，可承受大的偏心力和侧向力，扁平外形抗载能力大，广泛用于矿山、料厂、仓库、车站，测量行走中的拖车、卡车，还可根据输出数据对超载车辆报警。

2.4.2 膜片式压力传感器

膜片式压力传感器主要用于测量管道内部的压力，内燃机燃气的压力、压差、喷射力，发动机和导弹试验中的脉动压力以及各种领域中的流体压力[14]。这类传感器的弹性

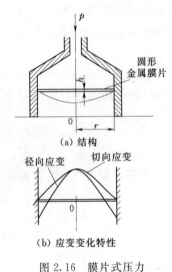

（a）结构

径向应变　切向应变

（b）应变变化特性

图 2.16　膜片式压力
传感器原理图

敏感元件是一个圆形的金属膜片，结构如图 2.16（a）所示，金属元件的膜片周边被固定，当膜片一面受压力 p 作用时，膜片的另一面产生径向应变 ε_r 和切向应变 ε_τ，应变值分别为

$$\varepsilon_r = \frac{3p}{8Eh^2}(1-\mu^2)(r^2-3x^2)$$

$$\varepsilon_\tau = \frac{3p}{8Eh^2}(1-\mu^2)(r^2-x^2)$$

式中　r——膜片半径；

h——膜片厚度；

x——任意点离圆心距离；

E——膜片弹性模量；

μ——泊松比。

膜片式压力传感器应变变化特性如图 2.16 所示。膜片中心处，$x=0$，ε_r 与 ε_τ 都达到正的最大值，这时切向应变和径向应变相等：

$$\varepsilon_{r\max} = \varepsilon_{\tau\max} = \frac{3p(1-\mu^2)}{8Eh^2}r^2$$

在膜片边缘 $x=r$ 处，切向应变 $\varepsilon_\tau=0$。径向应变 ε_r 达到负的最大值：

$$\varepsilon_{r\max} = -\frac{3p(1-\mu^2)}{4Eh^2}r^2 = -2\varepsilon_{\tau\max}$$

由上式可找到径向应变 $\varepsilon_r=0$ 的位置，应在距圆心 $x=r/\sqrt{3}\approx0.58r$ 的圆环附近。

2.4.3 应变式加速度传感器

应变式加速度传感器基本结构如图 2.17 所示，主要由悬臂梁、应变片、质量块、机座外壳组成。悬臂梁（等强度梁）自由端固定质量块，壳体内充满硅油，产生必要的阻尼。其基本工作原理是，当壳体与被测物体一起做加速度运动时，悬臂梁在质量块的惯性作用下做反方向运动，使梁体发生形变，粘贴在梁上的应变片电阻值发生变化。通过测量电阻值的变化求出待测

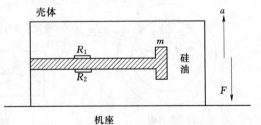

图 2.17　应变式加速度传感器基本结构

物体的加速度[15]。

已知加速度为 $a=F/m$，物体运动的加速度与质量块相同，物体运动的加速度 a 与力 F 成正比，与物体质量成反比，力的大小可由悬臂梁上的应变片阻值变化测量，电阻变化引起电桥不平衡输出。梁的上下可各粘贴 2 个应变片组成全桥。应变片式加速度传感器不适用于测量较高频率的振动冲击，常用于低频（一般为 $10\sim60\text{Hz}$）振动测量。

2.4.4 压阻式传感器

压阻式传感器与膜片式压力传感器测量原理相同，只是使用的材料和工艺不同。如扩散硅压力传感器，整体结构如图 2.18 所示，由硅杯、硅膜片组成，利用集成电路工艺，设置 4 个相等的电阻，构成应变电桥。硅膜片两边有两个压力腔，分别为低压腔和高压腔，低压腔与大气相通，高压腔与被测系统相连接。当两边存在压差时，就有压力作用在硅膜片上，硅膜片上各点的应力分布与膜片式压力传感器相同。

压阻式传感器的灵敏度比金属应变片大 $50\sim100$ 倍，有时无需放大直接测量。但是半导体元件对温度变化敏感，在很大程度上限制了半导体应变片的应用。压阻式传感器的优点如下：频率响应高，工作频率可达 1.5MHz；体积小、耗电少；灵敏度高、精度好，可测量到 0.1% 的精确度；无运动部件。压阻式传感器的缺点主要是温度特性差，另外工艺较复杂。

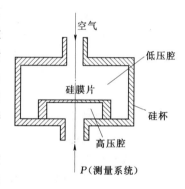

图 2.18 扩散硅压力传感器结构
P—被测量的压强

压阻式传感器应用领域广泛，在航空工业中，用扩散硅压力传感器测量机翼气流压力分布，发动机进气口处的动压畸变；生物医学中，将 $10\mu\text{m}$ 厚的硅膜片注射到生物体内，可做体内压力测量，插入心脏导管内可测量心血管以及颅内、眼球内压力；在兵器工业中，用于测量爆炸压力和冲击波以及枪炮腔内压力；在防爆检测中，压阻式传感器所需电流小，在可燃体和气体许可值以下，是理想的防爆压力传感器。

习 题 与 工 程 设 计

一、选择题（单选题）

1. 金属电阻丝式应变片基本结构中，应变片包括（　　）。

（a）敏感栅——高阻金属丝、金属箔；基片——绝缘材料；黏合剂——化学试剂；覆盖层——保护层；引线——金属导线

（b）敏感栅——低电阻金属丝、金属箔；基片——半导体材料；黏合剂——化学试剂；覆盖层——保护层；引线——金属导线

（c）敏感栅——高阻金属丝、金属箔；基片——绝缘材料；黏合剂——粘胶试剂；覆盖层——保护层；引线——高电阻导线

（d）敏感栅——低阻金属丝、金属箔；基片——绝缘材料；黏合剂——化学试剂；

覆盖层——保护层；引线——金属导线

2. 应变式温度传感器误差及产生的主要原因是（　　）。

（a）被测材料电阻温度系数 α_t 的影响；被测材料线膨胀系数 β_t 影响；温度自补偿法；桥路补偿法

（b）应变片电阻温度系数 α_t 影响；被测材料线膨胀系数 β_t 影响；温度自补偿法；桥路补偿法

（c）应变片电阻温度系数 α_t 影响；应变片的线膨胀系数 β_t 影响；温度自补偿法；桥路补偿法

（d）应变片电阻温度系数 α_t 影响；被测材料线膨胀系数 β_t 影响；温度自补偿法；集成补偿法

3. 以下关于直流电桥优点缺点说法正确的是（　　）。

（a）优点是电压稳定、温度稳定；缺点是接入电路比较复杂，存在零漂、工频干扰

（b）优点是电源稳定、电路简单；缺点是接入电路比较复杂，温度漂移、不搞干扰

（c）优点是电源稳定、电路简单；缺点是接入电路比较复杂，存在零漂、工频干扰

（d）优点是电流稳定、电路简单；缺点是接入电路的阻抗小，存在零漂、容易损坏

4. 习题图 2.1 中的电桥电路是（　　）。

（a）全桥电路

（b）差动电桥电路

（c）集成桥式电路

（d）半桥电路

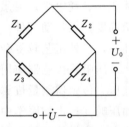

5. 习题图 2.1 中的电桥电路平衡条件正确的是（　　）。

（a）$R_1R_4=R_2R_3$、$R_2C_2=R_1C_1$

（b）$R_2R_4=R_1R_3$、$R_2C_2=R_1C_1$

（c）$R_1R_4=R_2R_3$、$R_1C_2=R_2C_1$

（d）$R_1R_3=R_2R_4$、$R_2C_2=R_1C_1$

习题图 2.1　电桥电路

二、思考题

1. 什么是电阻应变效应？怎样利用这种效应制成应变片？

2. 什么是应变片的灵敏系数，它与电阻丝的灵敏系数有何不同？为什么？

3. 用应变片测量时，为什么必须采取温度补偿措施？

4. 金属应变片与半导体应变片在工作原理上有何不同？半导体应变片灵敏系数范围是多少？金属应变片灵敏系数范围是多少？为什么有这种差别？半导体应变片的最大缺点是什么？

三、工程与设计题

设计一个应变式传感器，并应用到工程实践中。（要求有结构原理和电路图，并具有一定的创新能力）。

参 考 文 献

［1］　孙辉，韩玉龙，姚星星. 电阻应变式传感器原理及其应用举例［J］. 物理通报，2017（5）：82 - 84.

［2］ 刘巍. 应变式传感器的原理及对应变片性能的测定［J］. 科技经济市场，2015（2）：102 - 103.

［3］ 骆英，李兴家，徐晨光. 基于挠曲电效应的应变梯度传感器的研制［C］//中国力学学会. 第十五届北方七省市区力学学术会议论文集. 郑州：郑州大学出版社，2014.

［4］ 张伟，张跃，张智敏，等. 应变式力传感器动态测量系统的研究［J］. 船舶工程，2012，34（增刊1）：67 - 69.

［5］ 黄蕙芬，陈国平，何学梅. 康铜薄膜电阻应变传感器的制作［J］. 传感技术学报，1992（3）：54 - 56.

［6］ 薛泽利，吕国辉. 光纤光栅应变传感器表面粘贴工艺研究［J］. 哈尔滨师范大学自然科学学报，2011，27（1）：29 - 32.

［7］ 梁立凯. 电阻应变片测量中温度误差的补偿方法［J］. 呼伦贝尔学院学报，2001（1）：68 - 69，106.

［8］ 张宁. 应变式传感器的温度误差及补偿方法［J］. 价值工程，2012，31（4）：11 - 12.

［9］ 胡学红，郑建国. 测量电桥的线性化与温度补偿法［J］. 仪表技术，1998（1）：46 - 47.

［10］ 孟波，孟现岭，靳玉凯，等. 灵敏度分析法在静态电压稳定中的应用［J］. 技术与市场，2014，21（4）：50 - 51.

［11］ 杨进宝，汪鲁才. 称重传感器非线性误差自适应补偿方法［J］. 计算机工程与应用，2011，47（16）：242 - 245.

［12］ 贾振红. 关于交流电桥桥臂阻抗配置问题的研究［J］. 新疆师范大学学报（自然科学版），1992（00）：43 - 44，48.

［13］ 黎景全，宋永令，吴特昌，等. 电阻应变式称重和测力传感器的新发展：轮辐式传感器（切应力传感器）［J］. 工程与试验，1979（2）：17 - 26.

［14］ 陈露，朱佳利，李泽焱，等. 波纹膜片式光纤法布里-珀罗压力传感器［J］. 光学学报，2016，36（3）：54 - 58.

［15］ 江涛，孙雷，肖瑶，等. 压阻式柔性压力传感器的研究进展［J］. 电子元件与材料，2019（6）：1 - 11.

第3章 电容式传感器

内容摘要： 本章主要介绍变极距型、变面积型和变介质型电容式传感器的工作原理，分析了交流电桥（调幅电路）、运算放大器式电路、调频电路，并研究了电容式传感器的工程应用。

理论教学要求： 掌握变极距型、变面积型和变介质型电容式传感器的工作原理，熟练掌握交流电桥（调幅电路）、运算放大器式电路、调频电路，能将电容式传感器的工作原理应用到工程实际。

实践教学要求： 掌握电容式传感器的工作原理，能够设计电容式传感器检测、传输、控制电路，能够将运算放大器式电路、调频电路熟练应用到设计中，能将电容式传感器的工作原理应用到工程实际；并能获取测量数据，将数据进行科学分析，得出合理解释。在电容式传感器的工程应用设计中，具有节能环保的理念，有一定的创新能力。

电容式传感器是将被测物理量转换为电容变化的一种转换装置，实际上就是一个具有可变参数的电容器。电容式传感器不但广泛用于位移、振动、角度、加速度等机械量的精密测量，而且可以用于压力、压差、液值、成分含量等方面的测量[1]。

3.1 工作原理与分类

电容式传感器的工作原理[2]可以如图 3.1 所示的平行板电容器为例加以说明。如果不考虑平行板电容器非均匀电场引起的边缘效应，其电容量 C 为

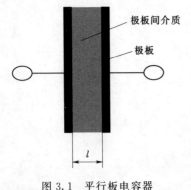

图 3.1 平行板电容器

$$C = \frac{\varepsilon S}{l} = \frac{\varepsilon_r \varepsilon_0 S}{l} \tag{3.1}$$

式中　S——极板间相互覆盖面积；

　　　　l——极板间距离；

　　　　ε——极板间介质的介电常数；

　　　　ε_0——真空介电常数，$\varepsilon_0 = 8.85 \times 10^{-12}\,\mathrm{F/m}$；

　　　　ε_r——极板间介质的相对介电常数，对于空气介质，$\varepsilon_r \approx 1$。

由式（3.1）可见，电容量 C 是 S、ε、l 的函数。

如果保持其中两个参数不变，只改变一个参数，就可把该参数的变化转换为电容量的变化。因此，电容式传感器可分为变极距型、变面积型和变介质型三类。

3.1.1 变极距型电容式传感器

变极距型电容式传感器的结构如图 3.2 所示。此时 ε 和 S 为常数，定极板固定不动，当动极板随被测量变化而移动时，两极板间距离 l 变化，从而使电容量发生变化[3]。由式（3.1）可知，C 与 l 的关系不是直线关系，而是如图 3.3 所示的双曲线关系。

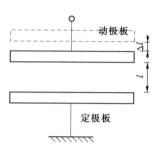

图 3.2 变极距型电容式传感器

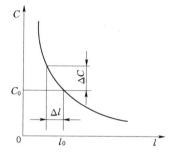

图 3.3 C-l 特性曲线

设动极板未动时极板间距离为 l_0，初始电容量为 C_0，则当 l_0 减少 Δl 时，电容量为

$$C_1 = \frac{\varepsilon S}{l_0 - \Delta l} = \frac{\varepsilon S}{l_0 \left(1 - \dfrac{\Delta l}{l_0}\right)} = C_0 \frac{1}{1 - \dfrac{\Delta l}{l_0}} \tag{3.2}$$

将式（3.2）按级数展开，略去高次项，并令电容量变化量 $\Delta C = C_1 - C_0$，当 $\Delta l \ll l_0$ 时，整理得

$$\frac{\Delta C}{C_0} \approx \frac{\Delta l}{l_0} \tag{3.3}$$

式（3.3）表明，在 $\Delta l \ll l_0$ 的条件下，电容量变化量与极板间距离变化量 Δl 呈近似线性关系。所以变极距型电容式传感器往往是设计成 Δl 在极小的范围内变化[3]。

单一变极距型电容式传感器的非线性误差为

$$\gamma_1 = \frac{\left| \left(\dfrac{\Delta l}{l_0}\right)^2 \right|}{\left| \dfrac{\Delta l}{l_0} \right|} \times 100\% = \left| \frac{\Delta l}{l_0} \right| \times 100\% \tag{3.4}$$

传感器灵敏度为

$$K = \left| \frac{\Delta C}{\Delta l} \right| = \frac{\varepsilon S}{l_0^2} \tag{3.5}$$

由此可见，灵敏度与 l_0 的平方成反比，极距越小，灵敏度越高。

一般电容式传感器的起始电容为 $20 \sim 30\text{pF}$，极板距离在 $25 \sim 200\mu\text{m}$ 的范围内，最大位移应该小于间距的 $\dfrac{1}{10}$。

在实际应用中，为了提高传感器的灵敏度和克服某些外界因素（例如电源电压、环境温度等）对测量的影响，常常把传感器做成差动的形式，其原理如图 3.4 所示。该传感器采用三块极板，其中中间一块极板为动极板 1，两边为定极板 2。当动极板移动 Δl 后 C_1

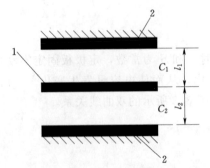

图 3.4 差动式电容式传感器结构原理图

和 C_2 呈差动变化，即其中一个电容量增大，而另一个电容量则相应减小，这样可以消除外界因素所造成的测量误差。

对应的电容量分别为

$$C_1 = \frac{\varepsilon S}{l_0 - \Delta l} = \frac{\varepsilon S}{l_0}\left[\frac{1}{1 - \dfrac{\Delta l}{l_0}}\right] = C_0\left[\frac{1}{1 - \dfrac{\Delta l}{l_0}}\right]$$

$$C_2 = \frac{\varepsilon S}{l + \Delta l} = \frac{\varepsilon S}{l_0}\left[\frac{1}{1 + \dfrac{\Delta l}{l_0}}\right] = C_0\left[\frac{1}{1 + \dfrac{\Delta l}{l_0}}\right]$$

若位移量 Δl 很小，且 $\Delta l \ll l_0$，令电容变化量 $\Delta C = C_1 - C_0$，则有

$$\frac{\Delta C}{C_0} \approx 2\frac{\Delta l}{l_0} \tag{3.6}$$

从式 (3.6) 可知，电容的变化量与位移近似呈线性关系[3]。

差动电容式传感器的非线性误差为

$$\gamma_2 = \frac{\left|2\left(\dfrac{\Delta l}{l_0}\right)^3\right|}{\left|2\left(\dfrac{\Delta l}{l_0}\right)\right|} \times 100\% = \left|\frac{\Delta l}{l_0}\right| \times 100\% \tag{3.7}$$

其灵敏度

$$K = \frac{\Delta C}{\Delta l} = 2\frac{C_0}{l_0} = 2\frac{\varepsilon S}{l_0^2} \tag{3.8}$$

由以上分析可知，差动电容式传感器与非差动电容式传感器相比，其输出量和灵敏度均提高了一倍，非线性得到改善，且工作温度性好[4]。

3.1.2 变面积型电容式传感器

极板间距和介电常数为常数，而平板电容器的面积为变量的传感器称为变面积型电容式传感器。这种传感器可以用来测量直线位移和角位移，其结构如图 3.5 所示。

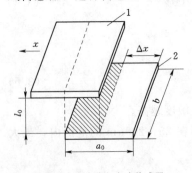

（a）平板式直线位移电容式传感器

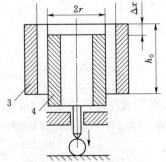

（b）圆柱式直线位移电容式传感器

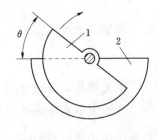

（c）角位移式电容式传感器

图 3.5 变面积型电容式传感器结构原理图

1—动极板；2—定极板；3—外圆筒；4—内圆柱

1. 平板式直线位移电容式传感器

平板式直线位移电容式传感器的结构如图 3.5（a）所示，其中极板 1 为动极板，可以左右移动；极板 2 为定极板，固定不动。极板初始覆盖面积为 $S=a_0 b$，当宽度为 b 的动板沿箭头 x 方向移动 Δx 时，覆盖面积变化，电容量也随之变化。若初始电容值为 C_0，在忽略边缘效应时，电容的变化量为

$$\Delta C = \frac{\varepsilon b}{l_0}\Delta x = C_0\,\frac{\Delta x}{a_0} \tag{3.9}$$

其灵敏度系数为

$$K_c = \frac{\Delta C}{\Delta x} = \frac{\varepsilon b}{l_0} = 常数 \tag{3.10}$$

2. 圆柱式直线位移电容式传感器

圆柱式直线位移电容式传感器的结构如图 3.5（b）所示，外圆筒 3 不动，内圆柱 4 在外圆筒内做上、下直线运动。在忽略边缘效应影响时，圆柱式的电容器的电容量为

$$C_0 = \frac{2\pi\varepsilon h_0}{\ln \dfrac{R}{r}} \tag{3.11}$$

式中　h_0——外圆柱筒与内圆柱重叠部分长度；

　　　R——外圆柱筒内径；

　　　r——内圆柱外径。

内圆柱沿轴线移动 Δx 时，电容的变化量为

$$\Delta C = \frac{2\pi\varepsilon\,\Delta x}{\ln \dfrac{R}{r}} = C_0\,\frac{\Delta x}{h_0} \tag{3.12}$$

其灵敏度系数为

$$K_c = \frac{\Delta C}{\Delta x} = \frac{2\pi\varepsilon}{\ln \dfrac{R}{r}} = 常数 \tag{3.13}$$

3. 角位移式电容式传感器

角位移式电容式传感器的结构如图 3.5（c）所示，定极板 2 的轴由被测物体带动而旋转一个角位移 θ 度时，两极板的遮盖面积 S 就减小，因而电容量也随之减小。两半圆重合时的初始电容量为

$$C_0 = \frac{\varepsilon S}{l_0} = \frac{\varepsilon\pi r^2}{2l_0} \tag{3.14}$$

定极板转过 $\Delta\theta$ 时，电容的变化量为

$$\Delta C = C_0\,\frac{\Delta\theta}{\pi} \tag{3.15}$$

其灵敏度系数为

$$K_c = \frac{\Delta C}{\Delta\theta} = \frac{C_0}{\pi} = 常数 \tag{3.16}$$

综合上述分析，变面积型电容式传感器不论被测量是线位移还是角位移，在忽略边缘

55

效应时，位移与输出电容都为线性关系，传感器灵敏度系数为常数[5]。

3.1.3 变介质型电容式传感器

变介质型电容式传感器的结构如图 3.6 所示，在固定极板间加入空气以外的其他被测固体介质，当介质变化时，电容量也随之变化。因此，变介质型电容式传感器可广泛应用于厚度、位移、温度、湿度和容量等的测量。下面以位移测量为例来介绍它的工作原理。

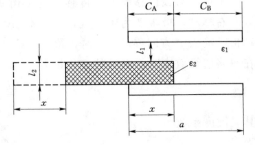

图 3.6 变介质型电容式传感器的结构原理图

在图 3.6 中，厚度为 l_2 的介质（介电常数为 ε_2）在电容器中移动时，电容器中介质的介电常数（总值）改变使电容量改变，于是可用来对位移 x 进行测量。$C_0 = C_A + C_B$，$l = l_1 + l_2$，在无介质 ε_2 时有

$$C_0 = \frac{\varepsilon_1 ba}{l} \tag{3.17}$$

式中　ε_1——空气的介电常数；

　　　b——极板的宽度；

　　　a——极板的长度；

　　　l——极板的间隙。

当介质 ε_2 移进电容器中 x 长度时，有

$$C_A = \frac{bx}{\dfrac{l_1}{\varepsilon_1} + \dfrac{l_2}{\varepsilon_2}}, \quad C_B = b(a-x)\frac{1}{\dfrac{l}{\varepsilon_1}} \tag{3.18}$$

电容量为

$$C = C_0(1 + Ax) \tag{3.19}$$

其中，$A = \dfrac{1}{a}\left[\dfrac{l}{l_1 + \dfrac{\varepsilon_1}{\varepsilon_2}l_2} - 1\right]$，为常数，电容量 C 与位移量 x 呈线性关系。

其灵敏度系数为

$$K_C = \frac{\Delta C}{\Delta x} = AC_0 \tag{3.20}$$

上述结论均忽略了边缘效应。实际上，边缘效应会产生非线性，并使灵敏度下降。

3.2 测 量 电 路

电容式传感器有多种测量输出电路。借助于各种信号调节电路，传感器把微小的电容增量转换成与之成正比的电压、电流或频率输出。

3.2.1 交流电桥（调幅电路）

如图 3.7 所示，C_1 和 C_2 以差动的形式接入相邻两个桥臂，另两个桥臂可以是电阻、

电容或电感，也可以是变压器的两个次级线圈。图 3.7（a）中所示 Z_1 与 Z_2 是耦合电容。这种电桥的灵敏度和稳定性较高，且受电容影响小，简化了电路屏蔽和接地，适合于高频工作，已广泛应用。图 3.7（b）所示另外两桥臂为次级线路，使用元件少，桥路内阻少，应用较多。现以图 3.7（b）为例说明被测量与输出电压 U_0 的关系。本交流电桥输出电压 U_0 的频率按频率不变的原则，与电源电压 E 频率相同。输出电压的幅值与被测量成正比，这种电路又称为调幅电路。

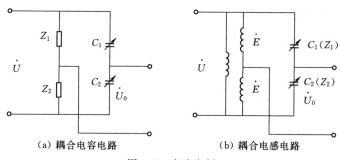

（a）耦合电容电路　　　　（b）耦合电感电路

图 3.7　交流电桥

当交流电桥处于平衡位置时，电容式传感器起始电容量 C_1 与 C_2 相等，$Z_1 = Z_2$，两者容抗相等（忽视电容器内阻）。电容式传感器工作在平衡位置附近，有电容变化量输出时，$C'_1 = \dfrac{\varepsilon S}{l_0 + \Delta l}$，$C'_2 = \dfrac{\varepsilon S}{l_0 - \Delta l}$，$C_1 \neq C_2$，$Z_1 \neq Z_2$，则传感器工作时输出电压为

$$\dot{U}_0 = \dot{E}\frac{\Delta l}{l_0} \qquad (3.21)$$

可见电桥输出电压除与被测量变化 Δl 有关外，还与电桥电源电压有关，要求电源电压采取稳幅和稳频措施。因电桥输出电压幅值小，输出阻抗高（兆欧级），其后必须接高输入阻抗放大器才能工作[6,7]。

3.2.2　运算放大器式电路

如图 3.8 所示为运算放大器式电路原理图，是将电容式传感器作为电路的反馈元件接入运算放大器。图中 U 为交流电源电压，C 为固定电容，C_x 为传感器电容，U_0 为输出电压。

由运算放大器工作原理可知，在开环放大倍数为 $-A$ 和输入阻抗较大的情况下，有

$$U_0 = -\frac{Cl}{\varepsilon S}U \qquad (3.22)$$

式中，负号表示输出电压 U_0 与电源电压 U 相位相反。上述电路要求电源电压稳定，固定电容量稳定，并且放大倍数与输入阻抗足够大。

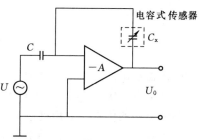

图 3.8　运算放大器式电路原理图

3.2.3　调频电路

这种电路是把电容式传感器作为振荡器电路的一部分，当被测量变化而使电容量发生

变化时，振荡频率发生相应的变化。由于振荡器的频率受电容式传感器的电容调制，故称为调频电路。但伴随频率的改变，振荡器输出幅值也往往要改变。为克服后者，在振荡器之后再加入限幅环节。虽然可将此频率作为测量系统的输出量，用以判断被测量的大小，但这时系统是非线性的，而且不易校正。因此在系统之后可再加入鉴频器，用以补偿其他部分的非线性，使整个测量系统线性化，并将频率信号转换为电压或电流等模拟量输出至放大器进行放大。如果想得到数字量，再进行模数转换等处理，将信号转换成数字信号，便于数字显示或数字控制等。如图 3.9 所示为调频电路的原理框图[8]。

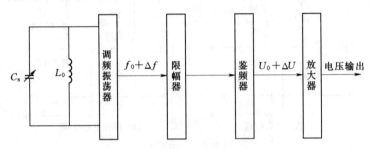

图 3.9　调频电路的原理框图

图 3.9 中的调频振荡器的频串 f 可由式（4.23）决定：

$$f = \frac{1}{2\pi\sqrt{L_0 C_x}}\tag{3.23}$$

式中　L_0——振荡回路的电感；

　　　C_x——电容式传感器的总电容。

在电容式传感器尚未工作时，$C_x = C_0$，即电容为传感器的初始电容值，此时振荡器的频率为一常数 f_0：

$$f_0 = \frac{1}{2\pi\sqrt{L_0 C_0}}\tag{3.24}$$

f_0 常选在 1MHz 以上。

当传感器工作时，$C_x = C_0 \pm \Delta C$，ΔC 为电容变化量，则谐振频率的相应变化量为 Δf，即

$$f_0 \mp \Delta f = \frac{1}{2\pi\sqrt{L_0(C_0 \pm \Delta C)}}\tag{3.25}$$

振荡器输出的高频电压将是一个受被测信号调制的调频波，其频率由式（3.25）决定。在调频电路中，Δf_{max} 值实际上决定整个测试系统的灵敏度。

调频电路的优点是灵敏度高，可以测量 0.01pF 甚至更小的电容变化量。另外，调频电路抗干扰能力强，能获得高电平的直流信号，也可获得数字信号输出。调频电路的缺点是振荡频率受温度变化和电缆分布电容影响较大。

3.3　电容式传感器的工程应用

随着新工艺、新材料的问世，特别是电子技术的发展，电容式传感器得到越来越广泛

的应用。电容式传感器可用来测量直线位移、角位移、振动振幅（可测至 $0.05\mu m$ 的微小振幅），尤其适合测量高频振动振幅、精密轴系回转精度、加速度等机械量，还可用来测量压力、差压力、液位、料面、粮食中的水分含量，非金属材料的涂层、油膜厚度，电介质的湿度、密度、厚度等。在检测和控制系统中电容式传感器也常常用作位置信号发生器。当测量金属表面状况、距离尺寸、振动振幅时，往往采用单电极式变极距型电容式传感器。这时被测物是电容器的一个电极，另一个电极则在传感器内。下面简单介绍几种电容式传感器的应用[8]。

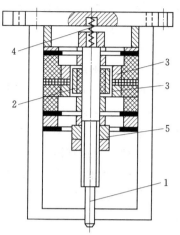

图 3.10　变面积型电容式位移
传感器的结构图

1—测杆；2—动极板；3—定极板；
4—弹簧；5—调节螺母

3.3.1　变面积型电容式位移传感器

图 3.10 所示为变面积型电容式位移传感器的结构图，测杆随着被测物体的位移而移动，它带动动极板上下移动，从而改变了动极板与两个定极板之间的极板面积，使电容量发生变化。测力弹簧保证活动极板处于中心位置。测力弹簧为跟随运动，调节螺母用来调节位移传感器的零点。由于传感器采用了变面积差动形式，因而，线性度较好、测量范围宽、分辨率高，可用在要求测量精度高的场合[9]。

3.3.2　电容式压力传感器

利用电容式传感器测量液（气）体压力是当前压力测量的一种主流方式，也是一种比较新的方法，其优点是温度稳定性好、耗电少。电容式压力传感器的核心是利用被测压力的变化，推动敏感电容的可动极板产生位移，并将该位移转化为电容的变化，再利用适当的转换输出电路，将电容变化值转换为与其相关的电流或电压信号输出，且最好使电流或电压信号与极板位移或直接与被测压入变化成正比。

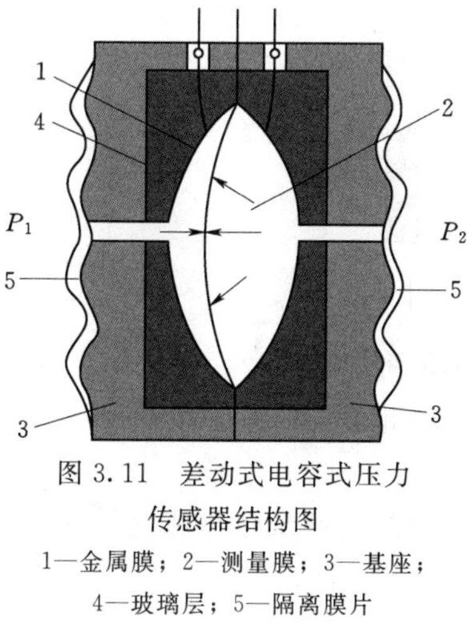

在纺纱工艺流程中，纤维的传输是依靠气压来完成的，所以为保证工艺流程顺利进行，必须对压力进行检测。下面仅以多仓混棉机使用的电容式压力传感器来介绍它的原理、安装与使用。

1. 工作原理

电容式压力传感器是利用检测电容的方法测量压力，它具有灵敏度高、测量精度高、测量范围大、可靠耐用等特点。图 3.11 所示的是由两金属膜（固定电极）和测量膜（动电极）组成的差动式电容式压力传感器，另有基座、玻璃层、隔离膜片。其工作原理为：当两波纹隔离膜片外的压力相等时，即 $\Delta P = P_2 - P_1 = 0$，测量膜与左右固定电极间距相同，电容

图 3.11　差动式电容式压力
传感器结构图

1—金属膜；2—测量膜；3—基座；
4—玻璃层；5—隔离膜片

$C_1 = C_2 = C_0$。当 $P_1 \neq P_2$，测量膜片产生形变，相应有 $C_1 = C_0 - \Delta C$，$C_2 = C_0 + \Delta C$。被测压力与膜片间电容的相对变化量成正比，只要通过适当的电容检测电路即可获得被测压力值。由于电容式压力传感器的测量电路是将反映被测压力的电容量转换成电压、电流等电参数，因而常用各种形式的交流电桥与电感形成谐振式频率电路，以及用电容进行充放电的各种脉冲电路。同时，常在测量电路中增加反馈回路或采用双层屏蔽电缆等传输技术来改善非线性和减少漏电流，以提高测量精度[10]。

2. 安装与使用

下面以多个仓库混棉机的换仓方式为例来说明电容式压力传感器的安装与使用。

多个仓库混棉机的换仓方式是通过压力传感器检测棉仓压力是否超过设定值和是否满仓（光电开关检测）来协调完成的。棉仓压力的检测采用的是美国西特（Setra）公司生产的 267 型压力传感器。

267 型压力传感器由不锈钢膜片与固定电极构成一个可变电容。压力变化时，电容值发生变化，其独特的检测电路将电容值的变化转化为线性直流电信号。弹性膜片可承受 70kPa 过压（正向/负向均可）而不会损坏。此传感器已进行过温度补偿，从而提高了温度性能和长期稳定性。Model 267 LCD 是单量积产品，具有 LCD 显示特性。Model 267 可选配一个静态探头，以便于在管道上快捷简单安装。6.35mm 直径的压力探头由合金铝制成，并且采用阻尼技术，以减少压力损耗产生的误差。

它的安装非常方便，直接用螺钉固定即可。气压接口是 4.76mm 的塔头，用 6.35mm 的软管与其相连，左边是高压侧，右边是低压侧。输出信号为模拟量信号，可以输出到 PLC 或控制柜进行处理，以对换仓进行控制。

3.3.3　电容式条干仪

1. 传感器测电容量的变化与所填入纤维量之间的关系

设平行板电容器的极板面积为 A，两极板间距离为 D，极板高度为 a，按不同尺寸构成不同的测量槽，如图 3.12（a）所示。

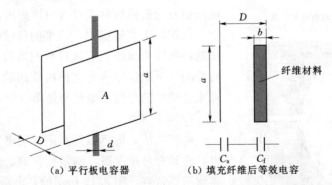

图 3.12　平行板电容器及填充纤维后等效电容

被测纱条通过测量槽，设纱条致密直径为 d，则填入槽内的纤维条体积为 $\dfrac{\pi d^2}{4}a$，纤维的填充率为

$$\eta = \frac{填入槽内纤维的体积}{测量槽空间的体积} = \frac{\frac{\pi d^2}{4} a}{DA} = \frac{\pi d^2 a}{4DA} \tag{3.26}$$

理想情况下，填入两平行板间的圆形纱条可等效成面积为 A、厚度为 b 的长方体，图 3.12（b）所示为填充纤维后等效电容示意图，圆形纱条与长方体体积相等，即 $\frac{\pi d^2}{4} a = Ab$。

填有纱条的平行板电容 C 可等效成由介质为空气的电容 C_a 与介质为纤维材料的电容 C_f 相串联，如图 3.12（b）所示。

$$\frac{1}{C} = \frac{1}{C_a} + \frac{1}{C_f} \tag{3.27}$$

$$\left. \begin{array}{l} C = \dfrac{\varepsilon A}{D} \\[2mm] C_a = \dfrac{\varepsilon_a A}{D-b} \\[2mm] C_f = \dfrac{\varepsilon_f A}{b} \end{array} \right\} \tag{3.28}$$

式中　ε——极板间介质既含空电又含纤维材料时的相对介电常数；

　　　ε_a——空气的相对介电常数，$\varepsilon_a \approx 1$；

　　　ε_f——纤维材料的相对介电常数。

将式（3.28）代入式（3.27）并整理得

$$\varepsilon = \frac{1}{\eta} \frac{\varepsilon_f}{1 + \varepsilon_f \left(\dfrac{1}{\eta} - 1 \right)} \tag{3.29}$$

当无纱条（即介质全为空气）时，平行极板间的电容为 $C_0 = \dfrac{\varepsilon_a A}{D} \approx \dfrac{A}{D}$，填入纱条后平行极板间的电容为 $C = \dfrac{\varepsilon A}{D} \approx \dfrac{A}{D}$，则

$$\frac{\Delta C}{C_0} = \frac{C - C_0}{C_0} = \varepsilon - 1 = \frac{\varepsilon_f - 1}{1 + \varepsilon_f \left(\dfrac{1}{\eta} - 1 \right)} \tag{3.30}$$

$\dfrac{\Delta C}{C_0}$ 表示将纱条放入测量槽后，传感器检测电容量的相对变化率。按式（3.30）绘出的曲线如图 3.13 所示。

由式（3.30）可以看出，$\dfrac{\Delta C}{C_0}$ 一方面与 η（测量槽内的纤维量）有关，另一方面又与纤维材料的相对介电常数 ε_f 有关。当 η 相当小时（一般小于 0.01），式（3.30）可近似表达为 $\dfrac{\Delta C}{C_0} \approx \dfrac{\varepsilon_f - 1}{\varepsilon_f} \eta$，即电容传感器的电容增量 ΔC 与 η 成正比，也即 ΔC 与测量槽内填入的纤维量成正比。

对一定的纤维原料，在干燥状态下其 ε_f 是一定的，但受纱条的回潮率和环境的相对湿度影响较大。从图 3.13 可以看出，在 $\eta < 0.10$ 及相应一定的 ε_f（例如 $\varepsilon_f = 13$）情况下，$\dfrac{\Delta C}{C_0}$ 的变化呈近似线性关系，η 越小，$\dfrac{\Delta C}{C_0}$ 随 ε_f 的变化曲线越平缓，即受 ε_f 的影响越小。

2. 测量电路

电容式条干仪测量电路的核心是一个高频电桥，由 L_{10}、L_{20}、C_{10}、C 及高频振荡源组成。检测电容 C 构成电桥的一臂，如图 3.14 所示。

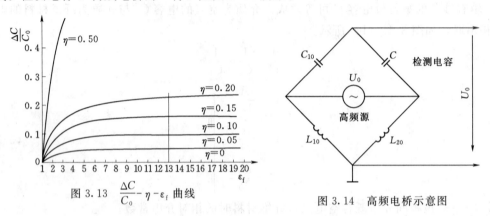

图 3.13　$\dfrac{\Delta C}{C_0}$ - η - ε_f 曲线　　　　图 3.14　高频电桥示意图

纱条从检测电容的测量槽中通过，其粗细变化（反映线密度起伏变化）使槽内纤维的填充率 η 变化，相应导致检测电容量的变化，再经高频电桥转换成电压信号的变化。电桥在高频状态下工作可减弱回潮率对纤维材料的影响，有利于保持纤维的相对介电常数的稳定。在相对湿度为 65% 的条件下，不同纤维材料的 ε_f 约在 4～28 范围内[11]。

当无纱条时，$C = C_0$，电桥平衡，输出电压 $U_0 = 0$；加入纱条后，$C = C_0 + \Delta C$，电桥失去平衡，输出电压 U_0 为

$$U_0 \approx k_1 \Delta C \left(\frac{\varepsilon_f - 1}{\varepsilon_f} \right) \eta \tag{3.31}$$

式中　k_1——由电桥参数决定的常数。

从式（3.31）可看出，在 η 保持相当小的前提下，传感器输出电压 U_0 近似与测量槽内填充的纤维量成正比，从而实现了由非电量到电量的线性转换。

3. 检测范围

从上述对检测原理的分析得知，η 取值不可过大，否则将导致传感器的输出电压与纱条的纤维含量不能保持线性关系，而使分析结果出现较大误差；但 η 值也不能过小，否则将导致传感器输出电平太小，信号噪声比恶化，也会使分析不准确。为此，仪器设置了 5 个测量槽，使不同线密度的纱条保持工作在合适的 η 值状态。

目前所用的各类纤维（棉、毛、丝、麻、粘胶纤维、化学纤维等）的纱条密度为 0.75～1.5g/cm³，根据不同的纱条密度、纱条线密度，可算出纱条的致密直径为

$$d = \sqrt{\frac{0.004 T_t}{\pi \rho}} \, (\text{mm}) \tag{3.32}$$

式中　T_t——纱条线密度，tex；

ρ——纱条密度，g/cm^3。

由此可估算各测量槽的 η 值的实际控制值不超出 0.10，从而保证了电容式传感器有良好的线性转换特性。

习 题 与 工 程 设 计

一、选择题（单选题）

1. 一般情况下平行板电容式传感器工作时的三变指的是（　　）。

（a）变相对面积、变极距、变介质

（b）变相对面积、变极距、变电阻

（c）变相对面积、变湿度、变介质

（d）变相对距离、变极距、变介质

2. 习题图 3.1 是差动式电容式传感器结构原理图，其灵敏度表达式是（　　）。

（a）$K = \dfrac{\Delta C}{\Delta l} = \dfrac{C_0}{l_0} = \dfrac{\varepsilon S}{l_0^2}$

（b）$K = \dfrac{\Delta C}{\Delta l} = 2\dfrac{C_0}{l_0} = 2\dfrac{\varepsilon S}{l_0^2}$

（c）$K = \dfrac{\Delta C}{\Delta l} = 3\dfrac{C_0}{l_0} = 3\dfrac{\varepsilon S}{l_0^2}$

（d）$K = \dfrac{\Delta C}{\Delta l} = 4\dfrac{C_0}{l_0} = 4\dfrac{\varepsilon S}{l_0^2}$

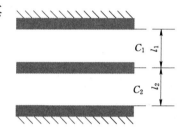

习题图 3.1　差动式电容式传感器结构原理图

3. 习题图 3.2 是圆柱式直线位移电容式传感器结构原理图，外圆筒 1 不动，内圆柱 2 在外圆筒内做上、下直线运动。在忽略边缘效应影响时，圆柱式电容器的灵敏度系数（　　）。

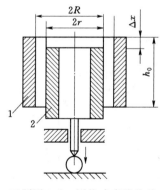

（a）$K_C = \dfrac{2\pi\varepsilon h_0}{\ln\dfrac{R}{r}}$

（b）$K_C = \dfrac{2\pi\varepsilon \Delta x}{\ln\dfrac{R}{r}}$

（c）$K_C = \dfrac{\Delta C}{\Delta x} = \dfrac{2\pi\varepsilon}{\ln\dfrac{R}{r}} = 常数$

（d）$K_C = \dfrac{\Delta x}{h_0}$

习题图 3.2　圆柱式直线位移电容式传感器结构原理图

4. 习题图 3.3 是角位移式电容式传感器的结构示意图，定极板 1 的轴由被测物体带动而旋转一个角位移 θ 时，两极板的遮盖面积 S 就减小，因而电容量也随之减小，其灵敏度系数为（　　）。

(a)　$K_C = \dfrac{\varepsilon S}{l_0}$

(d)　$K_C = \dfrac{\varepsilon \pi r^2}{2 l_0}$

(c)　$K_C = C_0 \dfrac{\Delta \theta}{\pi}$

(d)　$K_C = \dfrac{\Delta C}{\Delta \theta} = \dfrac{C_0}{\pi} = 常数$

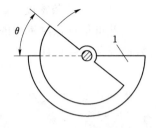

习题图 3.3　角位移式电容式传感器的结构示意图

5. 把电容式传感器作为振荡器电路的一部分，振荡器输出的高频电压将是一个受被测信号调制的调频波，其输出频率表达式是（　　）。

(a)　$f = f_0 \mp \Delta f = \dfrac{1}{2\pi \sqrt{L_0 \ (C_0 \pm \Delta C)}}$

(b)　$f_0 = \dfrac{1}{2\pi \sqrt{L_0 \ (C_0 \pm \Delta C)}}$

(c)　$f = \dfrac{1}{2\pi \sqrt{L_0 \ (C_0 \pm \Delta C)}}$

(d)　$\Delta f = \dfrac{1}{2\pi L_0 \Delta C}$

6. 习题图 3.4 为运算放大器式电路原理图，将电容式传感器作为电路的反馈元件接入运算放大器。图中 U 为交流电源电压，C 为固定电容，C_x 为传感器电容，U_0 为输出电压。在开环放大倍数为 $-A$ 和输入阻抗较大的情况下，输出电压是（　　）。

(a)　$U_0 = -\dfrac{Cl}{S} U$　　　　　　　(b)　$U_0 = -\dfrac{Cl}{\varepsilon S} U$

(c)　$U_0 = -\dfrac{l}{\varepsilon} U$　　　　　　　(d)　$U_0 = -\dfrac{Cl}{S} U$

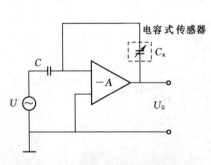

习题图 3.4　运算放大器式电路原理图

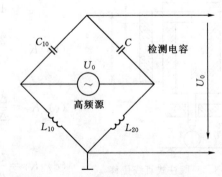

习题图 3.5　高频电桥示意图

7. 习题图 3.5 是电容式条干仪测量电路中的高频电桥，由 L_{10}、L_{20}、C_{10}、C 及高频振荡源组成。检测电容 C 构成电桥的一臂，k_1 是电桥参数决定的常数。

当无纱条时，$C = C_0$，电桥平衡，输出电压 $U_0 = 0$；加入纱条后，$C = C_0 + \Delta C$，电桥

失去平衡，输出电压 U_0 为（　　）。

(a) $U_0 \approx \Delta C \left(\dfrac{\varepsilon_f - 1}{\varepsilon_f} \right) \eta$ (b) $U_0 \approx k_1 \Delta C \left(\dfrac{\varepsilon_f - 1}{\varepsilon_f} \right)$

(c) $U_0 \approx k_1 \Delta C \left(\dfrac{\varepsilon_f - 1}{\varepsilon_f} \right) \eta$ (d) $U_0 \approx \varepsilon_f \Delta C \left(\dfrac{k_1 - 1}{\varepsilon_f} \right) \eta$

8. 习题图 3.6（a）是平行板电容器，电容器极板面积为 A，两极板间距离为 D，极板高度为 a，按不同尺寸构成不同的测量槽，被测纱条通过测量槽，设纱条的直径为 d，则填入槽内的纤维条体积为 $\dfrac{\pi d^2}{4} a$，纤维的填充率为（　　）。

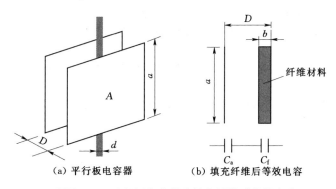

（a）平行板电容器　　　　（b）填充纤维后等效电容

习题图 3.6　平行板电容器及填充纤维后等效电容

(a) $\eta = \dfrac{填入槽内纤维的体积}{测量槽空间的体积} = \dfrac{\pi d^2}{4DA}$

(b) $\eta = \dfrac{填入槽内纤维的体积}{测量槽空间的体积} = \dfrac{\pi d^2 a}{DA}$

(c) $\eta = \dfrac{填入槽内纤维的体积}{测量槽空间的体积} = \dfrac{\pi d^2 a}{4D}$

(d) $\eta = \dfrac{填入槽内纤维的体积}{测量槽空间的体积} = \dfrac{\frac{\pi d^2}{4} a}{DA} = \dfrac{\pi d^2 a}{4DA}$

二、思考题

1. 试说明电容式传感器的基本工作原理及其分类。
2. 电容式传感器的测量电路有哪几种？它们的主要特点分别是什么？
3. 试说明电容式压力传感器的工作原理及使用注意事项。
4. 试绘出由电容式传感器构成的粮食水分含量检测仪简图，并说明它的工作原理。

三、工程与设计题

设计一个利用电容式传感器进行油箱的油量测量，画出原理图，并说明。

参 考 文 献

［1］　张弘毅. 电容式压力传感器的原理及分析［J］. 中国新通信，2018，20（9）：236-237.

［2］及冲冲，张秀梅，卢艳楠，等. 浅谈电容式传感器的工作原理及应用［J］. 内燃机与配件，2017（11）：27-28.

［3］潘威，董蜀峰. 变极距型电容式传感器在压力触控技术的设计和应用［J］. 电子产品世界，2018，25（9）：48-51.

［4］李晓辉. 基于电容法的微位移测量技术的研究［D］. 大连：大连海事大学，2015.

［5］刘金川. 比例测量原理的电容角位移传感器的研究及其应用［D］. 天津：天津大学，2004.

［6］赵欢，董巧燕，闫海涛，等. 交流电桥测量精度和灵敏度的分析研究［J］. 大学物理实验，2018，31（6）：51-55.

［7］白泽生，刘姝延，刘雅君. 直流电桥的非线性误差及其补偿［J］. 延安大学学报（自然科学版），2002（3）：31-32，35.

［8］胡睿. 电磁波信号调制原理与应用分析［J］. 通讯世界，2019，26（2）：220-221.

［9］孙辉，韩玉龙，倪程鹏. 电容式传感器原理解析及其应用举例［J］. 科技创新导报，2016，13（33）：48-50.

［10］汪赟，郝秀春，蒋纬涵，等. 基于 SON 构造的电容式绝对压力传感器设计［J］. 传感器与微系统，2019，38（6）：66-69.

［11］张喜昌，张海霞. 电容式和光电式纱条不匀测试方法的对比分析［J］. 河南纺织高等专科学校学报，2005（2）：1-3，9.

第 4 章　电 感 式 传 感 器

内容摘要： 本章主要讲述自感式电感传感器的工作原理、输出特性以及螺管式电感传感器和差动式电感传感器的结构原理，并分析了电感式传感器的测量电路；讲述了互感式电感传感器、电涡流式传感器的工作原理和测量电路，最后讨论了电涡流式传感器的应用。

理论教学要求： 通过学习电感式传感器，会应用电路原理和物理学、数学知识，能使电感式传感器实现工程应用。掌握自感式电感传感器的工作原理、输出特性，及电感传感器、螺管式电感传感器、差动式电感传感器的结构原理，熟练掌握电感式传感器、互感式电感传感器、电涡流式传感器的工作原理和测量电路。

实践教学要求： 通过学习电感式传感器，会应用电路原理和物理学、数学知识，会分析电感式传感器各种电路，能使电感式传感器实现工程应用。掌握自感式电感传感器的工作原理、输出特性。能够设计电感式传感器检测、传输、控制电路，能够将运算放大器式电路、调频电路熟练应用到设计中，并能获取测量数据，对数据进行科学分析，得出合理解释。在电感式传感器的工程应用设计中，具有节能环保的理念，有一定的创新能力。

电感式传感器利用电磁感应原理将被测非电量如位移、压力、流量、振动等转换成线圈电感量 L 或互感量 M 的变化，再由测量电路转换为电压或电流的变化量输出。

电感式传感器具有结构简单，工作可靠，测量精度高，零点稳定，输出功率较大等一系列优点，其主要缺点是灵敏度、线性度和测量范围相互制约，传感器自身频率响应低，不适用于快速动态测量。

电感式传感器种类很多，常见的有自感式传感器、互感式传感器和电涡流式传感器三种。

4.1　自 感 式 传 感 器

自感式传感器包括变隙式传感器、交面积式传感器、螺管式传感器、差动式传感器等，下面对自感式传感器工作原理等进行研究。

4.1.1　变隙式传感器

4.1.1.1　工作原理

变隙式传感器的结构原理如图 4.1（a）所示，它主要由线圈、铁芯及衔铁等组成。在铁芯和衔铁之间有空气隙，线圈匝数为 N，每匝线圈产生的磁通为 Φ。传感器工作时，衔铁与被测物体连接，当被测物移动时，空气隙长度 δ 发生变化，空气隙的磁阻发生相应的变化，从而导致电感的变化，就可以确定被测量的位移大小[1]。

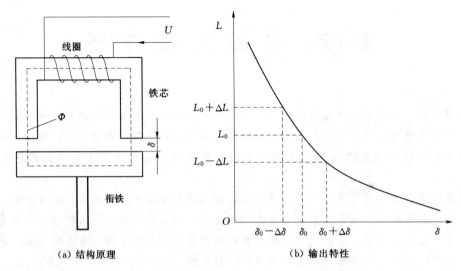

（a）结构原理　　　　　　　　（b）输出特性

图 4.1　变隙式传感器的结构原理及其输出特性

ΔL—电感量变化量；L_0—初始电感量；δ_0—空气隙初始长度；$\Delta\delta$—空气隙长度变化量

根据电磁感应定律，当线圈通以电流 i 时，产生磁通，其大小与电流成正比，即

$$\phi = \frac{Li}{N}$$

式中　L——电感量。

对于变隙式传感器，如果空气隙长度 δ 较小，若忽略磁路铁损，根据磁路的欧姆定律，则磁路总磁阻 R_m 为

$$R_\mathrm{m} = \frac{l}{\mu s} + \frac{2\delta}{\mu_0 s_0} \tag{4.1}$$

式中　l——导磁体（铁芯）的长度，m；

　　　μ——铁芯导磁率，H/m；

　　　s——铁芯导磁横截面积，m^2；

　　　δ——空气隙长度，m；

　　　μ_0——空气导磁率，$\mu_0 = 4\pi \times 10^{-7}$，H/m；

　　　s_0——空气隙横截面积，m^2。

因为一般导磁体的磁阻与空气隙磁阻相比是很小的，计算时可以忽略不计，则

$$R_\mathrm{m} \approx \frac{2\delta}{\mu_0 s_0}$$

因此，电感量 L 可写为

$$L = \frac{N^2 \mu_0 s_0}{2\delta} \tag{4.2}$$

4.1.1.2　输出特性

当衔铁处于初始位置时，初始电感量 L_0 为

$$L_0 = \frac{N^2 \mu_0 s_0}{2\delta_0}$$

表明电感量 L 与空气隙长度 δ 成反比，而与空气隙横截面积 s_0 成正比[2]。当固定 s_0 不变，变化 δ 时，L 与 δ 呈非线性（双曲线）关系[3]，如图 4.1（b）所示。

当衔铁下移 $\Delta\delta$ 时，传感器空气隙长度增大 $\Delta\delta$，电感量变化量为 ΔL_1。

$$\Delta L_1 = L - L_0 = \frac{N^2 \mu_0 s_0}{2(\delta_0 + \Delta\delta)} - \frac{N^2 \mu_0 s_0}{2\delta_0} = \frac{N^2 \mu_0 s_0}{2\delta_0}\left(\frac{2\delta_0}{2\delta_0 + 2\Delta\delta} - 1\right) = L_0 \frac{-\Delta\delta}{\delta_0 + \Delta\delta}$$

电感量的相对变化为

$$\frac{\Delta L_1}{L_0} = \frac{\Delta\delta}{\delta_0 - \Delta\delta} = \left(\frac{1}{1 - \frac{\Delta\delta}{\delta_0}}\right)\left(\frac{\Delta\delta}{\delta_0}\right)$$

当 $\frac{\Delta\delta}{\delta_0} < 1$ 时，可将上式展开成泰勒级数形式：

$$\frac{\Delta L_1}{L_0} = -\frac{\Delta\delta}{\delta_0} + \left(\frac{\Delta\delta}{\delta_0}\right)^2 - \left(\frac{\Delta\delta}{\delta_0}\right)^2 + \cdots \qquad (4.3)$$

同理，当衔铁上移 $\Delta\delta$ 时，电感量变化量为 ΔL_2。

$$\Delta L = L - L_0 = L_0 \frac{\Delta\delta}{\delta_0 - \Delta\delta}$$

电感量的相对变化为

$$\frac{\Delta L_2}{L_0} = -\frac{\Delta\delta}{\delta_0 + \Delta\delta} = \left(\frac{1}{1 + \frac{\Delta\delta}{\delta_0}}\right)\left(-\frac{\Delta\delta}{\delta_0}\right)$$

同样展开成泰勒级数形式

$$\frac{\Delta L_2}{L_0} = \frac{\Delta\delta}{\delta_0} + \left(\frac{\Delta\delta}{\delta_0}\right)^2 + \left(\frac{\Delta\delta}{\delta_0}\right)^3 + \cdots \qquad (4.4)$$

忽略式（4.3）或式（4.4）中二次项以上的高次项，可得

$$\frac{\Delta L}{L_0} = \pm \frac{\Delta\delta}{\delta_0}$$

传感器的灵敏度为

$$K = \left|\frac{\Delta L}{\Delta\delta}\right| = \left|\frac{L_0}{\delta_0}\right|$$

由上式可见，变隙式传感器的测量范围长度与灵敏度及线性度相矛盾。线圈电感与空气隙长度的关系为非线性关系，非线性度随空气隙长度变化量的增大而增大，只有当 $\Delta\delta$ 很小时，忽略高次项的存在，可得近似的线性关系（这里未考虑漏磁的影响）。所以，单边变隙式传感器存在线性度要求与测量范围要求的矛盾。

电感量 L 与空气隙长度的关系如图 4.1（b）所示，它是一条双曲线，所以非线性是较严重的。为了得到一定的线性度，一般取 $\Delta\delta/\delta = 0.1 \sim 0.2$。

为解决这一矛盾，通常采用差动变隙式传感器，要求上、下两铁芯和线圈的几何尺寸与电气参数完全对称，衔铁通过导杆与被测物相连，当被测物上下移动时，衔铁也偏离对

称位置上下移动，使一边间隙增大，而另一边减小，两个回路的磁阻发生大小相等、方向相反的交化，一个线圈的电感增加，一个则减少，形成差动形式。两个线圈电感量总的相对变化为

$$\frac{\Delta L}{L_0}=2\left[\frac{\Delta \delta}{\delta_0}+\left(\frac{\Delta \delta}{\delta_0}\right)^3+\left(\frac{\Delta \delta}{\delta_0}\right)^5+\cdots\right] \tag{4.5}$$

忽略高次项，其电感量的相对变化为

$$\frac{\Delta L}{L}=2\frac{\Delta \delta}{\delta_0} \tag{4.6}$$

可见，差动式的灵敏度比单边式的增加了近一倍，而且其非线性误差比单边的要小得多[4]。所以，实用中经常采用差动式结构。差动变隙式传感器的线性工作范围一般取 $\Delta \delta / \delta = 0.3 \sim 0.4$。

4.1.2　变面积式传感器

如果变隙式传感器的空气隙长度不变，铁芯与衔铁之间相对覆盖面积随被测量的变化而改变，从而导致线圈的电感量发生变化，这种形式称为变面积式传感器，其结构示意图如图 4.2 所示。

通过分析可知，线圈电感量 L 与空气隙厚度之间的关系是非线性的，但与磁通截面积 s 却成正比，是一种线性关系。特性曲线如图 4.3 所示。

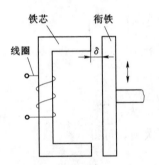
图 4.2　变面积式传感器

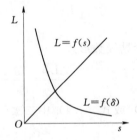
图 4.3　变面积式传感器特性曲线

4.1.3　螺管式传感器

如图 4.4 所示为螺管式传感器的结构示意图。当活动衔铁随被测物移动时，线圈磁力线路径上的磁阻发生变化，线圈电感量也因此而变化。线圈电感量的大小与衔铁插入线圈的深度有关[5]。

设线圈长度为 l，线圈的平均半径为 r，线圈的匝数为 N，衔铁进入线圈的长度 l_a，衔铁的半径为 r_a，铁芯的有效磁导率为 μ_m。实验与理论证明，若忽略次要因素，且满足 $l \gg r$，则线圈的电感量 L 与衔铁进入线圈的长度 l_a 的关系可表示为

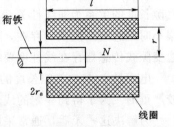
图 4.4　螺管式电感传感器结构

$$L = \frac{4\pi^2 N^2}{l^2} \left[l r^2 + (\mu_m - 1) l_a r_a^2 \right] \tag{4.7}$$

4.1.4 差动式传感器

通过 4.1.1～4.1.4 节的分析，可以得出以下几点结论[6]：

（1）变隙式灵敏度较高。但非线性误差较大，自由行程较小，且制作装配比较困难。

（2）变面积式灵敏度较前者小，但线度较好，量程较大，使用比较广泛。

（3）螺管式灵敏度较低，测量误差小，但量程大且结构简单，易于制作和批量生产，是使用越来越广泛的一种电感式传感器。

在实际使用中，常采用两个相同的传感器线圈共用一个衔铁，构成差动式传感器，这样可以提高传感器的灵敏度，减小测量误差。

如图 4.5 所示是变隙式、变面积式及螺管式 3 种类型的差动式电感传成器。

差动式传感器的结构要求两个导磁半体的几何尺寸及材料完全相同，两个线圈的电气参数和几何尺寸完全相同。

差动式结构除了可以改善线性度、提高灵敏度外，对温度变化和电源频率变化等影响也可以进行补偿，从而减小了外界影响造成的误差[7]。

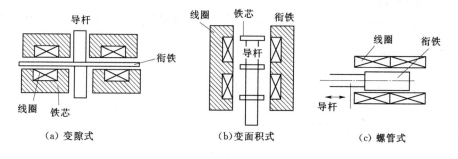

（a）变隙式　　　　　　　（b）变面积式　　　　　　（c）螺管式

图 4.5 差动式传感器

4.1.5 电感式传感器的测量电路

交流电桥是电感式传感器的主要测量电路，它的作用是将线圈电感的变化转换成电桥电路的电压或电流输出。交流电桥多采用双臂工作形式。通常将传感器作为电桥的两个工作臂，电桥的平衡臂可以是纯电阻，也可以是变压器的二次侧绕组或紧耦合电感线圈。图 4.6 所示是交流电桥的几种常用形式[8]。

1. 电阻平衡臂电桥

电阻平衡臂电桥如图 4.6（a）所示。Z_1、Z_2 为传感器阻抗，$Z_1 = R_1' = L_1$，$Z_2 = R_2' + L_2$。由 $R_1' = R_2' = R'$，$L_1 = L_2 = L$，则有 $Z_1 = Z_2 = Z = R' + j\omega L$，另有 $R_1 = R_2 = R_0$。由于电桥工作臂是差动形式，则在工作时，$Z_1 = Z + \Delta Z$ 和 $Z_2 = Z - \Delta Z$，当 $ZL \to \infty$ 时，电桥的输出电压为

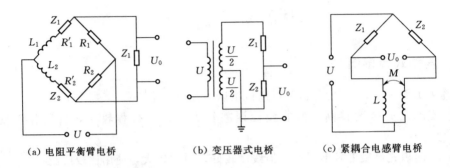

(a) 电阻平衡臂电桥 (b) 变压器式电桥 (c) 紧耦合电感臂电桥

图 4.6 交流电桥的几种形式

$$\dot{U}_0 = \frac{Z_1}{Z_1+Z}\dot{U} - \frac{R_1}{R_1+R_2}\dot{U} = \frac{Z_1 \times 2R - R(Z_1+Z_2)}{(Z_1+Z_2)}\dot{U} = \frac{\dot{U}}{2}\frac{\Delta Z}{Z}$$

当 $\omega L \gg R'$ 时，上式可近似为

$$\dot{U}_0 = \frac{\dot{U}}{2}\frac{\Delta L}{L}$$

由上式可以看出，交流电桥的输出电压与传感器电感的相对变化量是成正比的。

2. 变压器式电桥

变压器式电桥如图 4.6（b）所示，Z_1、Z_2 为传感器阻抗，它的平衡臂为变压器的两个二次侧绕组，输出电压为 $\frac{1}{2}\dot{U}_0$。当负载阻抗无穷大时输出电压 $\dot{U}_0$ 为

$$\dot{U}_0 = Z_2\dot{I} - \frac{\dot{U}}{2} = \frac{\dot{U}}{Z_1+Z_2}Z_2 - \frac{\dot{U}}{2} = \frac{\dot{U}}{2}\frac{Z_2-Z_1}{Z_1+Z_2}$$

由于是双臂工作形式，当衔铁下移时，$Z_1 = Z - \Delta Z$，$Z_2 = Z + \Delta Z$，则有

$$\dot{U}_0 = \frac{\dot{U}}{2}\frac{\Delta Z}{Z}$$

同理，当衔铁上移时，则有

$$\dot{U}_0 = -\frac{\dot{U}}{2}\frac{\Delta Z}{Z} \tag{4.8}$$

由式（4.8）可见，输出电压反映了传感器线圈阻抗的变化，由于是交流信号，还要经过适当电路处理才能判别衔铁位移的大小及方向。

3. 紧耦合电感臂电桥

图 4.6（c）以差动式电感传感器的两个线圈作为电桥工作臂，而紧耦合的两个电感作为固定桥留臂组成电桥电路。采用这种测量电路可以消除与电感臂并联的分布电容对输出信号的影响，使电桥平衡稳定，同时还简化了接地和屏蔽的问题。

另外还有一种不常用的带相敏整流的交流电桥，如图 4.7 所示。差动式电感传感器的两个线圈作为交流电桥相邻的两个工作臂，指示仪表是中心为零刻度的直流电压表或数字电压表。

72

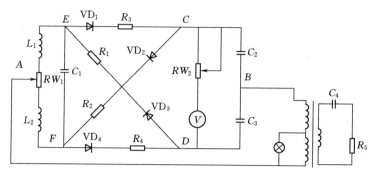

图 4.7　带相敏整流的交流电桥

设差动式电感传感器的线圈阻抗分别为 Z_1 和 Z_2。当衔铁处于中间位置时，$Z_1 = Z_2 = Z$，电桥处于平衡状态，C 点电位等于 D 点电位，电表指示为 0。

当衔铁上移，上部线圈阻抗增大，$Z_1 = Z + \Delta Z$，则下部线圈阻抗减小，$Z_2 = Z - \Delta Z$。如果输入交流电压为正半周，则 A 点电位为正，B 点电位为负，二极管 VD_1、VD_4 导通，VD_2、VD_3 截止。在 $A—E—C—B$ 支路中，C 点电位由于 Z_1 增大而比平衡时的 C 点电位降低；而在 $A—F—D—B$ 支路中，D 点电位由于 Z_2 降低而比平衡时 D 点的电位增高，所以 D 点电位高于 C 点电位，直流电压表正向偏转。

如果输入交流电压为负半周，A 点电位为负，B 点电位为正，二极管 VD_2、VD_3 导通，VD_1、VD_4 截止，则在 $A—F—C—B$ 支路中，C 点电位由于 Z_2 减小而比平衡时降低（平衡输入电压若为负半周，即 B 点电位为正，A 点电位为负，C 点相对于 B 点为负电位，Z_2 减小时，C 点电位更低）；而在 $A—E—D—B$ 支路中，D 点电位由于 Z_1 的增加而比平衡时的电位增高，所以仍然是 D 点电位高于 C 点电位，电压表正向偏转[5]。

同样可以得出结果：当衔铁下移时，电压表总是反向偏转，输出为负。

可见采用带相敏整流的交流电桥，输出信号既能反映位移大小又能反映位移的方向。

4.2　互感式传感器

互感式传感器利用线圈的互感作用将被测非电量变化转换为感应电动势的变化。互感式传感器是根据变压器的原理制成的，有初级绕组和次级绕组，初级绕组、次级绕组的耦合能随衔铁的移动而变化，即绕组间的互感随被测位移的改变而变化。由于在使用时两个结构尺寸和参数完全相同的次级绕组采用反向串接，以差动方式输出，因此把这种传感器称为差动变压器式传感器，通常简称为差动变压器[8]。

4.2.1　变隙式差动变压器

1. 工作原理

变隙式差动变压器的结构如图 4.8（a）所示。

初级绕组作为差动变压器激励用，相当于变压器的原边，而次级绕组相当于变压器的副边。当初级线圈加以适当频率的电压激励 $\dot{U}_1$ 时，在两个次级线圈中就会产生感应电动

势 E_{21} 和 E_{22}。初始状态时，衔铁处于中间位置，即两边空气隙相同，两次级线圈的互感相等，即 $M_1 = M_2$。由于两个次级线圈做得一样，磁路对称，所以两个次级线圈产生的感应电动势相同，即有 $E_{21} = E_{22}$，当次级线圈接成反向串联时，传感器的输出为 $\dot{U}_0 = \dot{E}_{21} - \dot{E}_{22} = 0$。

当衔铁偏离中间位置时，两边的空气隙不相等，这样两次级线圈的互感 M_1 和 M_2 发生变化，即 $M_1 \neq M_2$，从而产生的感应电动势也不再相同，$\dot{E}_{21} \neq \dot{E}_{22}$，$\dot{U}_0 \neq 0$，即差动变压器有电压输出，此电压的大小与极性反映被测物位移的大小与方向。

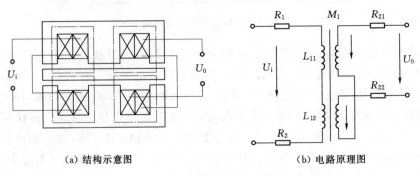

(a) 结构示意图　　　　　　　　　(b) 电路原理图

图 4.8 变隙式差动变压器

2. 输出特性

设初级、次级线圈的匝数分别为 W_1、W_2，初级线圈电阻为 R，当有气隙时，传感器的磁回路中的总磁阻近似值为 R_a，$\dot{U}_r$ 为初级线圈激励电压，在初始状态时，初级线路圈电感为

$$L_{11} = L_{12} = \frac{W_1^2}{R_a}$$

初始时，初级线圈的阻抗分别为

$$Z_{11} = R_1 + j\omega L_{11}$$
$$Z_{12} = R_1 + j\omega L_{12}$$

此时初级线圈的电流为

$$\dot{I}_1 = \frac{\dot{U}_r}{2(R + j\omega L)}$$

当空气隙长度变化 $\Delta\delta$ 时，两个初级线圈的电感量分别为

$$L_{11} = \frac{W^2 \mu_0 s}{\delta - \Delta\delta}$$

$$L_{12} = \frac{W^2 \mu_0 s}{\delta + \Delta\delta}$$

次级线圈的输出电压 $\dot{U}_0$ 为两个线圈感应电势之差，即

$$\dot{U}_0 = \dot{E}_{21} - \dot{E}_{22}$$

而感应电势分别为

$$\dot{E}_{21} = -j\omega M_1 \dot{I}_1$$

$$\dot{E}_{22} = -j\omega M_2 \dot{I}_1$$

其中，M_1 及 M_2 为初级与次级之间的互感系数，其值分别为

$$M_1 = \frac{W_2 \Phi_1}{\dot{I}_1} = \frac{W_1 W_2 \mu_0 s}{\delta - \Delta\delta}$$

$$M_2 = \frac{W_2 \Phi_2}{\dot{I}_1} = \frac{W_1 W_2 \mu_0 s}{\delta + \Delta\delta}$$

其中，Φ_1、Φ_2 分别为上下两个磁系统中的磁通，将 $\Phi_1 = I_1 W_1 / R_{x1}$，$\Phi_2 = I_1 W_2 / R_{x2}$ 代入上式得

$$\dot{U}_0 = -j\omega(M_1 - M_2)\dot{I}_1 = -j\omega \dot{I}_1 W_1 W_2 \mu_0 s \left(\frac{2\Delta\delta}{\delta^2 - \Delta\delta^2}\right)$$

忽略 $\Delta\delta^2$，整理上式得

$$\dot{U}_0 = -j\omega \dot{I}_1 \frac{W_2}{W_1} \frac{2\Delta\delta}{\delta^2} \left(\frac{W_1^2 \mu_0 s}{\delta}\right) = -j\omega L_{11} \dot{I}_1 \frac{W_2}{W_1} \frac{2\Delta\delta}{\delta^2}$$

将 $\dot{I}_1 = \dfrac{\dot{U}_r}{2(R + j\omega L_{11})}$ 代入上式，整理得

$$\dot{U}_0 = -j\omega L_{11} \frac{W_2}{W_1} \frac{2\Delta\delta}{\delta} \frac{\dot{U}_r}{2(R + j\omega L_{11})}$$

当 $W \gg R$ 时，有

$$\dot{U}_0 = -\frac{W_2}{W_1} \frac{\Delta\delta}{\delta} \dot{U}_r$$

上式表明输出电压与衔铁位移量成正比。负号表示的是当衔铁向上移动时，$\Delta\delta$ 为正，输出电压与输入电压反相（相位差 180°）；当衔铁向下移动时，$\Delta\delta$ 为负，输出与输入同相。

传感器的灵敏度为

$$S = \frac{\dot{U}_r}{\Delta\delta} = \frac{W_2}{W_1} \frac{\dot{U}_r}{\delta_0} \tag{4.9}$$

4.2.2 螺管式差动变压器

1. 工作原理

螺管式差动变压器根据初、次级排列不同有二节式、三节式、四节式和五节式等形式。三节式的零点电位较小，二节式比三节式灵敏度高、线性范围大，四节式和五节式都是为改善传感器线性度采用的方法。图 4.9 画出了上述差动变压器线圈各种排列形式[5]。

螺管式差动变压器在理想情况下（忽略涡流损耗、磁滞损耗和分布电容等影响）的等效电路如图 4.10 所示。图中 $\dot{U}_1$ 为一次绕组激励电压，M_1、M_2 分别为一次绕组与两个二次绕组间的电感，L_1、R_1 分别为一次绕组的电感和有效电阻，L_{21}、L_{22} 分别为两个一次绕组的电感，R_{21}、R_{22} 分别为两个二次绕组的有效电阻。

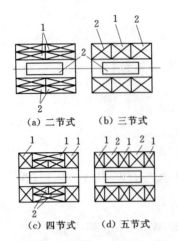

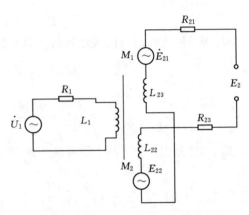

(a) 二节式　　(b) 三节式

(c) 四节式　　(d) 五节式

图 4.9　螺管式差动变压器线圈各种排列形式
1—初级线圈；2—次级线圈

图 4.10　螺管式差动变压器的等效电路

对于螺管式差动变压器，当衔铁处于中间位置时，两个二次绕组互感相同，因而由一次侧激励引起的感应电动势相同。由于两个二次绕组反向串接，所以差动输出电动势为 0。

当衔铁移向二次绕组 L_{21} 一边时，互感 M_1 大，M_2 小，因而二次绕组 L_{21} 内感应电动势大于二次绕组 L_{22} 内感应电动势，这时差动输出电动势不为 0。在传感器的量程内，衔铁移动越大，差动输出电动势就越大。

同样道理，当衔铁向二次绕组 L_{22} 一边移动时，差动输出电动势仍不为 0，但由于移动方向改变，所以输出电动势反相。

因此，通过螺管式差动变压器输出电动势的大小和相位可以知道衔铁位移量的大小和方向。

2. 输出特性

由图 4.10 可以看出一次绕组的电流为

$$\dot{I}_1 = \frac{\dot{U}_1}{R_1 + j\omega L_1}$$

二次绕组感应电动势为

$$\dot{E}_{21} = -j\omega M_1 \dot{I}_1$$

$$\dot{E}_{22} = -j\omega M_2 \dot{I}_1$$

由于二次绕组反向串接，所以输出总电动势为

$$\dot{E}_2 = -j\omega (M_1 - M_2) \frac{\dot{U}_1}{R_1 + j\omega L_1}$$

其有效值为

$$E_2 = \frac{\omega (M_1 - M_2) U_1}{\sqrt{R_1^2 + (\omega L_1)^2}}$$

螺管式差动变压器的输出特性曲线如图 4.11 所示。图中 E_{21}、E_{22} 分别为两个二次绕组的输出感应电动势，E_2 为差动输出电动势，x 表示衔铁偏离中心位置的距离。其中 E_2 的实线表示理想的输出特性，而虚线部分则表示实际的输出特性。E_0 为零点残余电动势，这是由差动变压器制作上的不对称以及铁芯位置等因素所造成的。

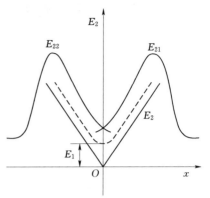

图 4.11　螺管式差动变压器的
输出特性曲线

3. 零点残余电压

(1) 零点残余电压的定义。当差动变压器的衔铁处于中间位置时，理想条件下其输出电压为 0。但实际上，当使用轿式电路时，在零点仍有一个微小的电压值存在，称为零点残余电压。

(2) 零点残余电压产生的原因。产生零点残余电压的原因主要有以下几种：

1) 差动的两个线圈的电气参数及导磁体的几何尺寸不可能完全对称。

2) 线圈的分布电容不对称。

3) 电源电压中含有高次谐波。

4) 传感器工作在磁化曲线的非线段。

(3) 减小零点残余电压的方法。零点残余电压的存在使得传感器的输出特性在零点附近不灵敏，给测量带来误差，此值的大小是衡量差动变压器性能好坏的重要指标。

为了减小零点残余电压可采取以下方法：

1) 尽可能保证传感器几何尺寸、线圈电气参数交磁路 Φ 对称。磁性材料要经过处理，消除内部的残余电压，使其性能均匀稳定。

2) 选用合适的测量电路。例如采用相敏整流电路，既可判别衔铁移动方向又可改善输出特性，减小零点残余电压。

3) 采用补偿线路减小零点残余电压。图 4.12 所示是几种减小零点残余电压的补偿电路。在螺管式差动变压器二次侧串、并联适当数值的电阻电容元件，调整这些元件可使零点残余电压减小。

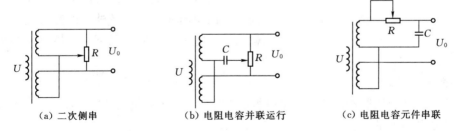

(a) 二次侧串　　　　　(b) 电阻电容并联运行　　　　　(c) 电阻电容元件串联

图 4.12　减小零点残余电压的补偿电路

4. 螺管式差动交压器的测量电路

(1) 差动整流电路。如图 4.13 所示为差动整流电路，是差动变压器的转换电路，传感器的空载输出电压等于两个次级线圈感应电动势之差，即 $E_2 = E_{21} - E_{22}$。把两个次级电压分别整流后，以它们的差为输出端，这样，不必考虑次级电压的相位和零点残余电压。

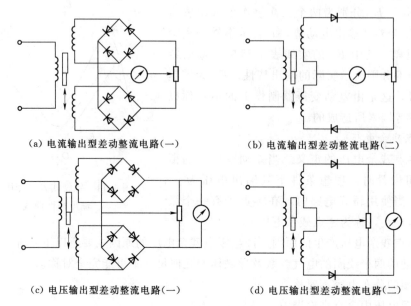

(a) 电流输出型差动整流电路(一)　　　　　　(b) 电流输出型差动整流电路(二)

(c) 电压输出型差动整流电路(一)　　　　　　(d) 电压输出型差动整流电路(二)

图 4.13　差动整流电路

图 4.13（a）、（b）用于连接低阻抗负载的场合，是电流输出型差动整流电路。图 4.13（c）、（d）用在连接高阻抗负载的场合，是电压输出型差动整流电路。差动整流后的输出电压的线性度与不经整流的次级输出电压的线性度有些不同，当二次线圈阻抗高，负载电阻小，接入电容器进行滤波时，其输出线性的变化度倾向是：当铁芯位移大时，线性灵敏度增加。利用这一特性就能够使差动变压器的线性范围扩展[9]。

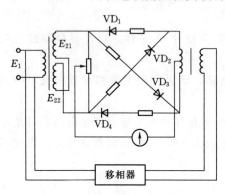

图 4.14　差动相敏检波电路

（2）差动相敏检波电路。如图 4.14 所示是差动相敏检波电路的一种形式。相敏检波电路要求比较电压与差动变压器二次侧输出电压的频率相同，相位相同或相反。另外，还要求比较电压的幅值尽可能大。一般情况下，其幅值应为信号电压的 3～5 倍。

5. 应用

螺管式差动变压器式传感器的应用非常广泛，常用于测量振动、厚度、应变、压力和加速度等各种物理量。

如图 4.15 所示是差动变压器式加速度传感器结构原理和测量电路方框图。用于测定振动物体的频率和振幅时，其激磁频率必须是振动频率的 10 倍以上，这样可以得到精确的测量结果。可测量的振幅范围为 0.1～5mm，振动频率一般为 0～150Hz。

将差动变压器和弹性敏感元件（膜片、膜盒和弹簧管等）相结合，可以组成各种形式

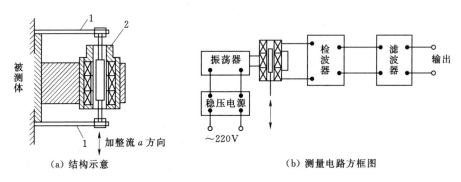

(a) 结构示意   (b) 测量电路方框图

图 4.15 差动变压器式加速度传感器

1—弹性支承；2—差动变压器

的压力传感器。图 4.16（a）所示是微压力变送器的结构示意图，在被测压力为 0 时，膜盒在初始位置状态，此时固接在膜盒中心的衔铁位于差动变压器线圈的中间位置，因而输出电压为 0。当彼测压力由接头传入膜盒时，其自由端产生一正比于被测压力的位移，并且带动衔铁在差动变压器线圈中移动，从而使差动变压器输出电压。经相敏检波、滤波后，其输出电压可反映被测压力的数值。

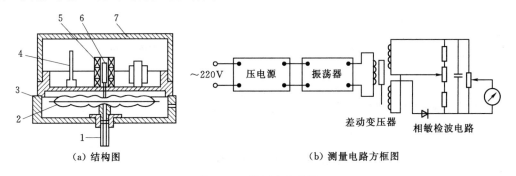

(a) 结构图   (b) 测量电路方框图

图 4.16 微压力变送器

1—接头；2—膜盒；3—底座；4—线路板；5—差动变压器线圈；6—衔铁；7—罩壳

微压力变送器测量电路包括直流稳压电源、振荡器、相敏检波和指示等部分，因为差动变压器输出电压比较大，所以线路中不需用放大器。

4.3 电涡流式传感器

电涡流式传感器是利用电涡流效应进行工作的。其结构简单、灵敏度高、频响范围宽，不受油污等介质的影响，并能进行非接触测量，适用范围广。目前，这种传感器已广泛用来测量位移、振动、厚度、转速、温度和硬度等参数，以及用于无损探伤领域[10]。

4.3.1 工作原理

如图 4.17 所示，有一通以交变电流 $\dot{I}_1$ 的传感器线圈。由于电流 $\dot{I}_1$ 的存在，线圈周围

就产生个交变磁场 H_1。若被测导体置于该磁场范围内，导体内便产生电涡流 $\dot{I}_2$，$\dot{I}_2$ 也将产生一个新磁场 H_2，H_2 与 H_1 场方向相反，力图削弱原磁场 H_1，从而导致线圈的电感、阻抗和品质因数发生变化。这些参数变化与导体的几何形状、电导率、磁导率、线圈的几何参数、电流的频率以及线圈到被测导体间的距离 x 有关。如果控制上述参数中一个参数改变，其余皆不变，就能构成测量该参数的传感器。

为分析方便，将被测导体上形成的电涡流等效为一个短路环小的电流。这样，线圈与被测导体便等效为相互耦合的两个线圈，如图 4.18 所示。设线圈的电阻为 R_1，电感为 L_1，阻抗为 $Z_1 = R_1 + j\omega L_1$；短路环的电阻为 R_2，电感为 L_2；线圈与短路环之间的互感系数为 M，M 随它们之间的距离 x 减小而增大；加在线圈两端的激励电压为 $\dot{U}_1$。

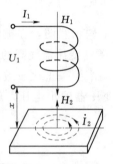
图 4.17 电涡流式传感器的基本原理

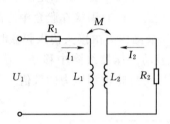
图 4.18 等效电路

根据基尔霍夫电压定律，可列出电压平衡方程组：

$$\left.\begin{array}{c} R_1 \dot{I}_1 + j\omega L_1 \dot{I}_1 - j\omega \dot{I}_2 = \dot{U}_1 \\ -j\omega M \dot{I}_1 + R_2 \dot{I}_2 + j\omega L_2 \dot{I}_2 = 0 \end{array}\right\}$$

解之得

$$\dot{I}_1 = \cfrac{\dot{U}_1}{R_1 + \cfrac{\omega_2 M^2}{R_2^2 + (\omega L_2)^2} R^2 + j\omega \left[L_1 - \cfrac{\omega^2 M^2}{R_2^2 + (\omega L_2)^2} L^2 \right]}$$

$$\dot{I}_2 = j\omega \frac{M \dot{I}_1}{R_2 + \omega L_2} = \frac{M\omega^2 L_2 \dot{I}_1 + j\omega M R_2 \dot{I}_1}{R_2^2 + (\omega L_2)^2}$$

由此可求得线圈受金属导体涡流影响后的等效阻抗为

$$Z = R_1 + R_2 \frac{\omega^2 M^2}{R_2^2 + (\omega L_2)^2} + j\omega \left[L_1 - L_2 \frac{\omega^2 M^2}{R_2^2 + (\omega L_2)^2} \right] \tag{4.10}$$

线圈的等效电感为

$$L = L_1 - L_2 \frac{\omega^2 M^2}{R_2^2 + (\omega L_2)^2} \tag{4.11}$$

由式（4.10）可见，由于涡流的影响，线圈阻抗的实数部分增大，虚数部分减小，因

此线圈的品质因数 Q 下降。阻抗由 Z_1 变为 Z，常称其变化部分为反射阻抗。由式（4.10）可得

$$Q = \frac{Q_0 \left(1 - \dfrac{L_2 \omega^2 M^2}{L_1 Z_2^2} \right)}{1 + \dfrac{R_2 \omega^2 M^2}{R_1 Z_2^2}} \tag{4.12}$$

式中　Q_0——无涡流影响时线圈的 Q 值，$Q_0 = \dfrac{\omega L_1}{R_1}$；

　　　　Z_2——短路环的阻抗，$Z_2 = \sqrt{R_2^2 + \omega^2 L_2^2}$。

Q 值的下降是由涡流损耗所引起的，并与金属材料的导电性和距离 x 直接有关。当金属导体是磁性材料时，影响 Q 值的还有磁滞损耗与磁性材料对等效电感的作用。在这种情况下，线圈与磁性材料所构成磁路的等效磁导率 μ_e 的变化将影响 L。当距离 x 减小时，由于 μ_e 增大而使式（4.11）中的 L_1 变大。

由式（4.10）～式（4.12）可知，线圈-金属导体系统的阻抗、电感和品质因数都是该系统互感系数平方的函数。而互感系数又是距离 x 的非线性函数，因此当构成电涡流式位移传感器时，$Z = f_1(x)$、$L = f_2(x)$、$Q = f_3(x)$ 都是非线性函数。但在一定范围内，可以将这些函数近似地用线性函数来表示，于是在该范围内通过测量 Z、L 或 Q 的变化就可以获得位移的线性变化[11]。

4.3.2 测量电路

根据电涡流式传感器的工作原理，其测量电路有 3 种：谐振电路、电桥电路与 Q 值测量电路。这里主要介绍谐振电路。目前所用的谐振电路有 3 种类型：定频调幅电路、变频调幅电路与调频电路。

1. 定频调幅电路

图 4.19 所示为定频调幅电路原理框图。图中 L 为传感器线圈电感，与电容 C 组成并联谐振回路，晶体振荡器提供高频激励信号。在无被测导体时，LC 并联谐振回路在调谐频率与晶体振荡器频率一致的谐振状态，这时回路阻抗最大，回路压降最大（图 4.20 中的 U_0）。

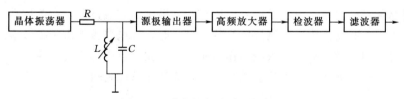

图 4.19　定频调幅电路原理框图

当传感器接近被测导体时，损耗功率增大，回路失谐，输出电压相应变小。这样，在一定范围内，输出电压幅值与间隙（位移）成近似线性关系。由于输出电压的频率 f_0 始终恒定，因此称为定频调幅电路。

LC 回路谐振频率的偏移如图 4.20 所示。当被测导体为软磁材料时，由于 L 增大而

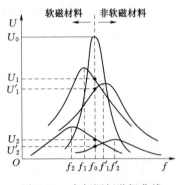

图 4.20　定频调幅谐振曲线

使谐振频率下降（向左偏移）。当被测导体为非软磁材料时则反之（向右偏移）。这种电路采用石英晶体振荡器，旨在获得高稳定度频率的高频激励信号，以保证稳定的输出。因为振荡频率若变化 1％，一般将引起输出电压 10％ 的漂移。图 4.19 中 R 为耦合电阻，用来减小传感器对振荡器的影响，并作为恒流源的内阻。R 的大小直接影响灵敏度：R 大则灵敏度低；R 小则灵敏度高，但 R 过小时，由于对振荡器起旁路作用，也会使灵敏度降低。

谐振回路的输出电压为高频载波信号，信号较小，因此设有高频放大、检波和滤波等环节，使输出信号便于传输与测量。图 4.19 中源极输出器是为减小振荡器的负载而加的。

2. 变频调幅电路

定频调幅电路虽然有很多优点，并获得广泛应用，但线路较复杂，装调较困难，线性范围也不够宽。因此，人们又研究了一种变频调幅电路，这种电路的基本原理是将传感器线圈直接接入电容三点式振荡回路。当导体接近传感器线圈时，由于涡流效应的作用，振荡器输出电压的幅度和频率都发生变化，利用振荡幅度的变化来检测线圈与导体间的位移变化，而对频率变化不予理会。变频调幅电路的谐振曲线如图 4.21 所示。无被测导体时，振荡回路的 Q 值最高，振荡电压幅值最大，振荡频率为 f_0。当有金属导体接近线圈时，涡流效应使回路 Q 值降低，谐振曲线

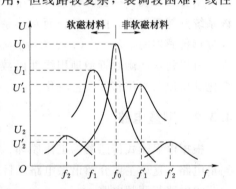

图 4.21　变频调幅电路的谐振曲线

变钝，振荡幅度降低，振荡频率也发生变化。当被测导体为软磁材料时，由于磁效应的作用，谐振频率降低，曲线左移；当被测导体为非软磁材料时，谐振频率升高，曲线右移。所不同的是，振荡器输出电压不是各谐振曲线与 f_0 的交点，而是各谐振曲线峰点的连线[12]。

这种电路除结构简单、成本较低外，还具有灵敏度高和线性范围宽等优点，因此监控等场合常采用它。必须指出，被测导体为软磁材料时，该电路虽然由于磁效应的作用而灵敏度有所下降，但磁效应对涡流效应的作用相当于在振荡器中加入负反馈，因而能获得很宽的线性范围。所以如果配用涡流板进行测量，应选用软磁材料。

3. 调频电路

调频电路与变频调幅电路一样，将传感器线圈接入电容三点式振荡回路，所不同的是，它以振荡频率的变化作为输出信号。如欲以电压作为输出信号，则应后接鉴频器。这种电路的关键是提高振荡器的频率稳定度。通常可以从环境温度变化、电缆电容变化及负载影响三方面考虑。

提高谐振回路元件本身的稳定性也是提高频率稳定度的一个措施。为此，传感器线圈

L 可采用热绕工艺烧制在低膨胀系数材料的骨架上，并配以高稳定的云母电容或具有适当负温度系数的电容（进行温度补偿）作为谐振电容 C。此外，提高传感器探头的灵敏度也能提高仪器的相对稳定性。

4.3.3 电涡流式传感器的应用

1. 测位移

电涡流式传感器的主要用途之一是测量金属件的静态或动态位移，最大量程达数百毫米，分辨率为 0.1%。目前电涡流位移传感器的分辨力最高已做到 $0.05\mu m$（量程为 $0\sim15\mu m$）。凡是可转换为位移量的参数，都可用电涡流式传感器测量，如机器转轴的轴向窜动、金属材料的热膨胀系数、钢水池液位、纱线张力和流体压力等[10]。

如图 4.22 所示为用电涡流式传感器构成的液位监控系统。通过浮子与杠杆带动涡流板上下位移，由电涡流式传感器发出信号控制电动泵的开启而使液位保持一定。

图 4.22　液位监控系统
1—涡流板；2—电涡流式传感器；3—浮子

2. 测厚度

电涡流式传感器也可用于厚度测量。测板厚时，金属板材厚度的变化相当于线圈与金属表面间距离的改变，根据输出电压的变化即可知线圈与金属表面间距离的变化，即板厚的变化。如图 4.23 所示，为克服金属板移动过程中上下波动及带材不够平整的影响，常在板材上下两侧对称放置两个特性相同的传感器 L_1 与 L_2，距离为 D。

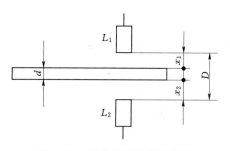

图 4.23　测金属板厚度示意图

由图可知，板厚 $d = D - (x_1 + x_2)$。工作时，两个传感器分别测得 x_1 和 x_2。板厚不变时，$x_1 + x_2$ 为常值；板厚改变时，代表板厚偏差的 $x_1 + x_2$ 所反映的输出电压发生变化。测量不同厚度的板材时，可通过调节距离 D 来改变板厚设定值，并使偏差指示为 0。这时，被测板厚即板厚设定值与偏差指示值的代数和。

除上述非接触式测板厚外，利用电涡流式传感器还可制成金属镀层厚度测量仪、接触式金属或非金属板厚测量仪；将两个传感器沿转轴轴向排布，可测得各测点转轴的瞬时振幅值，从而作出转轴振型图；将两个传感器沿转轴径向垂直安装，可测得转轴轴心轨迹；在被测金属旋转体上开槽或做成齿轮状，利用电涡流传感器可测出该旋转体的旋转频率或转速；电涡流传感器还可用于开关电路、金属零件计数、尺寸或表面粗糙度检测等。

电涡流传感器测位移，由于测量范围宽，反应速度快，可实现非接触测量，常用于在线检测。

3. 测温度

在较小的温度范围内，导体的电阻率与温度的关系为

$$\rho_1 = \rho_0[1 + a(t_1 - t_0)] \tag{4.13}$$

式中　t_0、t_1——温度；

　　　ρ_1、ρ_0——温度为 t_1 与 t_0 时的电阻率；

　　　a——在给定温度范围内的电阻温度系数。

若保持电涡流式传感器的机、电、磁各参数不变，使传感器的输出只随被测导体电阻率而变，就可测得温度的变化。上述原理可用来测量液体、气体介质温度或金属材料的表面温度，适合于低温到常温的测量。

图 4.24 所示为一种测量液体或气体介质温度的电涡流式传感器。它的优点是不受金属表面涂料、油和水等介质的影响，可实现非接触测量，反应快。已制成热惯性时间常数仅 1ms 的电涡流温度计。

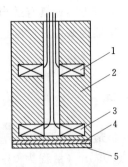

图 4.24　测温用电涡流式传感器

1—补偿线圈；2—管架；3—测量线圈；4—隔热衬垫；5—温度敏感元件

除上述应用外，电涡流式传感器还可利用磁导率与硬度有关的特性实现非接触式硬度连续测量；利用裂纹引起导体电阻率和磁导率等变化的综合影响，进行金属表面裂纹及焊缝的无损探伤等。

习 题 与 工 程 设 计

一、选择题（单选题）

1. 在习题图 4.1 变隙式传感器图中，总磁阻 R_m 和自感 L 分别为（　　）。

(a) $R_m = \dfrac{l}{\mu s} + \dfrac{2\delta}{\mu_0 s_0}$, $L = \dfrac{N^2 \mu_0 S_0}{2\delta}$

(b) $R_m = \dfrac{2\delta}{\mu_0 s_0}$, $L = \dfrac{\mu_0 S_0}{2\delta}$

(c) $R_m = \dfrac{l}{\mu s}$, $L = \dfrac{N^2 \mu_0 S_0}{2\delta}$

(d) $R_m = \dfrac{2\delta}{\mu_0 s_0}$, $L = \dfrac{\mu_0 S_0}{2\delta}$

2. 分析习题图 4.2 变隙式传感器输出特性，可以得出（　　）。

(a) 电感量 L 与空气隙长度 δ 成正比，电感量 L 与空气隙横截面积 s_0 成反比，线性度与测量范围呈现矛盾

(b) 电感量 L 与空气隙长度 δ 成反比，电感量 L 与空气隙横截面积 s_0 成正比，线性度与测量范围呈现矛盾

(c) 电感量 L 与空气隙长度 δ 成反比，电感量 L 与空气隙横截面积 s_0 成反比，线性度与测量范围不矛盾

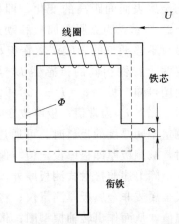

习题图 4.1　变隙式传感器结构图

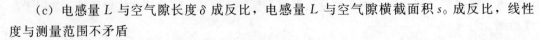

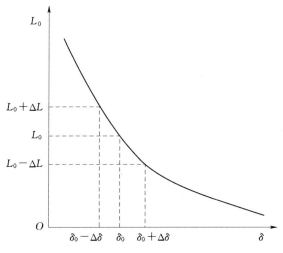

习题图 4.2　变隙式传感器输出特性

（d）电感量 L 与空气隙长度 δ 成正比，电感量 L 与空气隙横截面积 s_0 成正比，线性度与测量范围呈现矛盾

3. 变隙式电感传感器在 $\Delta\delta/\delta \leqslant 0.2$ 时，灵敏度可以近似表示为（　　）。

（a）$K = \left| \dfrac{\Delta L}{\Delta\delta} \right| = \left| \dfrac{L}{\delta} \right|$ 　　　　　　　（b）$K = \left| \dfrac{\Delta L}{\Delta\delta} \right| = \left| \dfrac{L}{\delta_0} \right|$

（c）$K = \left| \dfrac{\Delta L}{\Delta\delta} \right| = \left| \dfrac{L_0}{\delta_0} \right|$ 　　　　　　　（d）$K = \left| \dfrac{\Delta L}{\Delta\delta} \right| = \left| \dfrac{L_0}{\delta} \right|$

4. 习题图 4.3 是螺管式电感传感器结构示意图，线圈的电感量 L 与衔铁进入线圈的长度 l_a 的关系可表示为（　　）。

（a）$L = \dfrac{\pi^2 N^2}{l^2} \left[lr + (\mu_m - 1) \, l_a r_a \right]$

（b）$L = \dfrac{4\pi^2 N^2}{l} \left[lr^2 + (\mu_m - 1) \, l_a r_a \right]$

（c）$L = \dfrac{4\pi^2 N^2}{l^2} \left[lr + (\mu_m - 1) \, l_a r_a^2 \right]$

（d）$L = \dfrac{4\pi^2 N^2}{l^2} \left[lr^2 + (\mu_m - 1) \, l_a r_a^2 \right]$

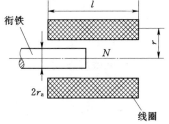

习题图 4.3　螺管式电感传感器
结构示意图

5. 变面积式传感器主要性能为（　　）。
（a）灵敏度较小，线度性较好，量程较大，使用比较广泛
（b）灵敏度较大，线度性较差，量程较大，使用比较广泛
（c）灵敏度较小，线度性较好，量程较大，只有少数使用
（d）灵敏度较小，线度性较差，量程较小，使用比较广泛

6. 变间隙式电感传感器特点主要表现为（　　）。

(a) 灵敏度较小，但非线性误差较小，自由行程较小，且制作装配比较困难

(b) 灵敏度较高，但非线性误差较大，自由行程较小，且制作装配比较困难

(c) 灵敏度较高，但非线性误差较小，自由行程较高，且制作装配比较困难

(d) 灵敏度较高，但非线性误差较大，自由行程较高，且制作装配比较容易

7. 习题图 4.4 中有一个是变隙式差动变压器的电路结构示意图，正确的是（ ）。

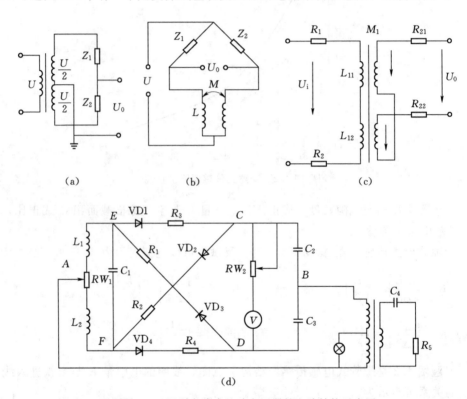

(a)　　　　　　　(b)　　　　　　　(c)

(d)

习题图 4.4　识别变隙式差动变压器的电路结构示意图

8. 在习题图 4.4 变隙式差动变压器式传感器的电路结构示意图中，次级线圈的输出电压 $\dot{U}_0$ 和灵敏度 S 分别为（ ）。

(a) $\dot{U}_0 = \dot{E}_{11} - \dot{E}_{22}$, $S = \dfrac{\dot{U}_r}{\Delta\delta} = \dfrac{W_2}{W_1}\dfrac{\dot{U}_r}{\delta_0}$

(b) $\dot{U}_0 = \dot{E}_{21} - \dot{E}_{22}$, $S = \dfrac{\dot{U}_r}{\Delta\delta} = \dfrac{W_1}{W_2}\dfrac{\dot{U}_r}{\delta_0}$

(c) $\dot{U}_0 = \dot{E}_{22} - \dot{E}_{11}$, $S = \dfrac{\dot{U}_r}{\Delta\delta} = \dfrac{W_2}{W_1}\dfrac{\dot{U}_r}{\delta_0}$

(d) $\dot{U}_0 = \dot{E}_{21} - \dot{E}_{22}$, $S = \dfrac{\dot{U}_r}{\Delta\delta} = \dfrac{W_2}{W_1}\dfrac{\dot{U}_r}{\delta_0}$

9. 在习题图 4.5 中，有一个是差动变压器输出特性曲线，它是（ ）。

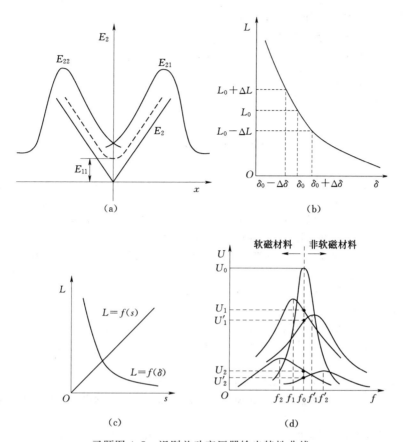

习题图 4.5　识别差动变压器输出特性曲线

10. 习题图 4.6 中，其中有一个是差动相敏检波电路，它是（　　　）。

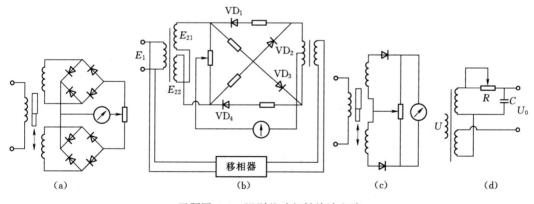

习题图 4.6　识别差动相敏检波电路

二、思考题

1. 电感式传感器的特点是什么？

2. 简述自感式传感器的组成、工作原理和基本特性。

3. 简述变隙式差动变压器的组成、工作原理和输出特性。

4. 简述螺管式差动变压器的工作原理和输出特性。

5. 说明三节式螺管型差动变压器式传感器工作原理，并画出等效电路图。

6. 什么是涡流效应？简述电涡流式传感器的工作原理。

三、工程与设计题

设计一个利用电涡流式传感器进行位移测量的系统，画出原理图，并说明。

参 考 文 献

［1］ 陈进军，温志渝. MATLAB 在变间隙电感传感器误差分析中的应用 ［J］. 贵州工业大学学报（自然科学版），2007（3）：38 - 40.

［2］ 高梦淇. 基于自感效应的磁铁矿含铁量快速测量系统研究 ［D］. 哈尔滨：哈尔滨理工大学，2015.

［3］ 董江. 变气隙型自感传感器原理及应用 ［J］. 科协论坛（下半月），2010（9）：88 - 89.

［4］ 陈进军，温志渝. MATLAB 模拟变气隙自感传感器辅助实验应用 ［J］. 实验室研究与探索，2007（8）：33 - 35.

［5］ 孙彬，李会智，王建华，等. 螺管型差动式电感传感器误差补偿方法 ［J］. 西安工业大学学报，2019，39（2）：211 - 217.

［6］ 程管太. 螺管式电感传感器的电路分析与计算 ［J］. 太原机械学院学报，1985（1）：94 - 103.

［7］ 李苏铭，权龙. 液压系统中差动螺线管式电感传感器测量电路设计及应用 ［J］. 科学技术与工程，2015，15（11）：69 - 74.

［8］ 赵瑞林. 互感式传感器在智能控制中的应用 ［J］. 价值工程，2011，30（5）：181 - 182.

［9］ 孙海涛. 差动电感传感器的一种新型测量电路：脉冲宽度调制电路 ［J］. 电测与仪表，1984（12）：30 - 33，38.

［10］ 罗鑫锦. 电涡流式传感器的突出应用功能 ［J］. 中国新通信，2019，21（6）：221.

［11］ 许江. 本特利电涡流传感器工作原理、安装及常见故障总结处理 ［J］. 中小企业管理与科技（中旬刊），2016（7）：187 - 188.

［12］ 田贞富，吴玉广. 一种高线性度的 CMOS 调幅电路设计 ［J］. 电子设计应用，2007（2）：92 - 94，97.

第5章 压电式传感器

内容摘要： 本章主要讲述四个问题，一是压电效应及材料，二是压电方程及压电常数，三是压电式传感器的等效电路及测量电路，四是压电式传感器及其应用。在压电式传感器及其应用中，主要研究其类型、形式和特点，在工程应用方面，主要研究压电式加速度传感器和压电式压力传感器。

理论教学要求： 新型材料是智能传感器的基础，是实现产业转移升级的重要支撑，通过学习压电式传感器的基础知识，要求掌握压电效应及材料、压电方程及压电常数，熟练掌握压电式传感器的等效电路及测量电路，能创新地将压电式传感器的原理应用到工程实践中。

实践教学要求： 通过学习压电式传感器中新型材料的基础知识，能掌握压电效应及材料、压电方程及压电常数和压电式传感器的等效电路及测量电路，能创新的将压电式传感器的原理应用到工程实践中。解决复杂的工程实际问题，通过研究压电式加速度传感器和压电式力和压力传感器，达到举一反三的目的，并且在解决复杂的工程实际问题中有实践创新。

压电式传感器是以具有压电效应的压电器件为核心组成的传感器。由于压电效应具有自发电和可逆性，因此，压电器件是一种典型的双向无源传感器件。基于这一特性，压电器件已被广泛应用于超声、通信、宇航、雷达和引爆等领域，并与激光、红外、微波等技术相结合，将成为发展新技术和高科技的重要器件[1]。

5.1 压电效应及材料

5.1.1 压电效应

从物理学可知，一些电介质（如石英等）在电场力作用下，或在机械力作用下，都会产生极化现象。

（1）在这些电介质的一定方向上施加机械力使其产生变形，就会引起它内部正负电荷中心相对转移而产生电的极化，从而导致其两个相对表面（极化面）上出现符号相反的束缚电荷 Q ［图 5.1 (a)］。其电位移 D（在 MKS 单位制中即电荷密度 σ）与外应力张量 T 成正比：

$$D=dT \quad 或 \quad \sigma=dT \tag{5.1}$$

式中　d——压电常数矩阵。

当外力消失，又恢复不带电原状；当外力变向，电荷极性随之而变。这种现象称为正压电效应，简称压电效应。

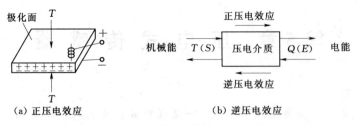

（a）正压电效应　　　　　（b）逆压电效应

图5.1　压电效应

（2）若对上述电介质施加电场作用时，同样会引起电介质内部正负电荷中心的相对位移而导致电介质产生变形。其应变S与外电场强度E成正比：

$$S = d^{\mathrm{T}} E \tag{5.2}$$

式中　d^{T}——逆压电常数矩阵（上标 T 表示 d^{T} 是 d 的转置矩阵）。

这种现象称为逆压电效应，或称为电致伸缩。

可见，具有压电性的电介质（称压电材料），能实现机—电能量的相互转换，如图5.1（b）所示。

5.1.2　压电材料

压电材料的主要特性参数如下：

（1）压电常数。它是衡量材料压电效应强弱的参数，直接关系到压电输出的灵敏度。

（2）弹性常数。压电材料的弹性常数决定着压电器件的固有频率和动态特性。

（3）介电常数。对于一定形状、尺寸的压电元件，其固有电容与介电常数有关，而固有电容又影响着压电传感器的频率下限。

（4）机电耦合系数。它定义为：在压电效应中，转换输出的能量（如电能）与输入的能量（如机械能）之比的平方根。它是衡量压电材料机-电能量转换效率的一个重要参数。

（5）电阻。压电材料的绝缘电阻将减少电荷泄漏，从而改善压电传感器的低频特性。

（6）居里点。即压电材料开始丧失压电性的温度。

迄今为止出现的压电材料可分为三大类：一是压电晶体（单晶），包括压电石英晶体和其他压电单晶；二是压电陶瓷（多晶半导瓷）；三是新型压电材料，有压电半导体和有机高分子压电材料两种。

在传感器技术中，目前国内外普遍应用的是压电单晶中的石英晶体和压电多晶中的钛酸钡与锆钛酸铅系列压电陶瓷。择要介绍如下。

1. 压电晶体

由晶体学可知，无对称中心的晶体，通常具有压电性。具有压电性的单晶体统称为压电晶体。石英晶体是最典型且常用的压电晶体。

（1）石英晶体（SiO_2）。石英晶体有天然和人工之分。目前传感器中使用的均是居里点为573℃，晶体结构为六角晶系的α-石英。其外形如图5.2所示，呈六角棱柱体。它由m、R、r、s、x共5组30个晶面组成。在讨论晶体结构时，常采用对称晶轴坐标

$abcd$，其中 c 轴与晶体上下晶锥顶点连线重合，如图 5.3 所示（此图为左旋石英晶体，它与右旋石英晶体的结构成镜像对称，压电效应极性相反）。在讨论晶体机电特性时，采用 xyz 右手直角坐标系较方便，并统一规定：x 轴与 a（或 b，c）轴重合，谓之电轴，它穿过六棱柱的棱线，在垂直于此轴的面上压电效应最强；y 轴垂直 m 面，谓之机轴，在电场的作用下，沿该轴方向的机械变形最明显；z 轴与 c 轴重合，谓之光轴，也叫个性轴，光线沿该轴通过石英晶体时无折射，沿 z 轴方向上没有压电效应。

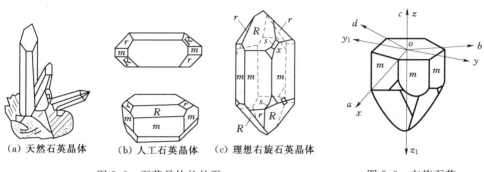

(a) 天然石英晶体　　(b) 人工石英晶体　　(c) 理想右旋石英晶体

图 5.2　石英晶体的外形　　　　　　　图 5.3　左旋石英

m—柱面；R—大棱面；r—小棱面；s—棱界面；x—棱角面　　　晶体坐标系

压电石英的主要性能特点是：①压电常数小，其时间和温度稳定性极好，常温下几乎不变，在 $20\sim200℃$ 范围内其温度变化率仅为 $0.016\%/℃$；②机械强度和品质因数高，许用应力高达 $(6.8\sim9.8)\times10^7\,\mathrm{Pa}$，且刚度大，固有频率高，动态特性好；③居里点为 $573℃$，无热释电性，且绝缘性、重复性均好。天然石英的上述性能尤佳。因此，它们常用于精度和稳定性要求高的场合和制作标准传感器。

（2）其他压电单晶。在压电单晶中除天然和人工石英晶体外，锂盐类压电相铁电单晶材料近年来已在传感器技术得到广泛应用，其中以铌酸锂为典型代表。从结构看，它是一种多畴单晶。它必须通过极化处理后才能成为单畴单晶，从而呈现出类似单晶体的特点。它的时间稳定性好，居里点高达 $1200℃$，在高温、强辐射条件下，仍具有良好的导电性，且机械性能如机电耦合系数、介电常数、频率常数等均保持不变。此外，它还具有良好的光电、声光效应，因此在光电、微声和激光等器件方面都有重要应用。其不足之处是质地脆、抗机械和热冲击性差。

2. 压电陶瓷

（1）压电陶瓷的极化处理过程。压电陶瓷是一种经极化处理后的人工多晶铁电体。所谓多晶，是指它由无数细微的单晶组成；所谓铁电体，是指它具有类似铁磁材料磁瞬的电畴结构。每个单晶形成一个单个电畴，无数单晶电畴的无规则排列，致使原始的压电陶瓷呈现各向同性而不具有压电性 [图 5.4 (a)]。要使之具有压电性，必须做极化处理，即在一定温度下对其施加强直流电场，迫使电畴趋向外电场方向做规则排列 [图 5.4 (b)]；极化电场去除后，趋向电畴基本保持不变，形成很强的剩余极化，从而呈现出压电性 [图 5.4 (c)]。

（2）压电陶瓷的特点。压电陶瓷压电常数大，灵敏度高；制造工艺成熟，可通过合理配方和掺杂等人工控制方法来达到所要求的性能；成形工艺性也好，成本低廉，利于广泛

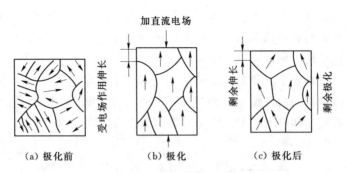

图 5.4 BaTiO$_3$ 压电陶瓷的极化

应用。压电陶瓷除有压电性外，还具有热释电性。因此，它可制作热电传感器件而用于红外探测器中。但作压电器件应用时，会给压电传感器造成热干扰，降低其稳定性。所以，对于高稳定性的传感器，压电陶瓷的应用受到限制。

（3）常用的压电陶瓷。按其组成基本元素的多少可分为一元系、二元系、三元系和四元系等。

传感器中应用较多的有：二元系中的钛酸钡 BaTiO$_3$ 和锆钛酸铅系列 PbTiO$_3$ - PbZrO$_3$（PZT）；三元系中的铌镁酸铅 Pb（Mg1/3、Nb2/3）O$_3$、钛酸铅 PbTiO$_3$ 和锆钛酸铅PbZrO$_3$（PMN）。另外还有专门制造耐高温、高压和电击穿性能的铌锰酸铅系、镁碲酸铅等。

3. 新型压电材料

（1）压电半导体。1968 年以来出现了多种压电半导体，如硫化锌（Zns）、碲化镉（CdTe）、氧化锌（ZnO）、硫化镉（CdS）、碲化锌（ZnTe）和砷化镓（GaAs）等。这些材料的特点是：既具有压电特性，又有半导体特性。因此既可利用其压电性研制传感器，又可利用其半导体特性制作电子器件；也可以两者结合，集元件与电路于一体，研制成新型集成压电传感器系统[2]。

（2）有机高分子压电材料。

1）某些合成高分子聚合物经延展拉伸和电极化后形成的具有压电性的高分子压电薄膜，如聚氟乙烯（PVF）、聚偏氟乙烯（PVF$_2$）、聚氯乙烯（PVC）、聚 r 甲基- L 谷氨酸酯（PMG）和尼龙 11 等。这些材料的独特优点是质轻柔软，抗拉强度较高、蠕变小、耐冲击，体电阻达 $10^2 \Omega \cdot m$，击穿强度为 $150 \sim 200 kV/mm$，声阻抗近于水和生物体含水组织，热释电性和热稳定件好，且便于批生产和大面积使用，可制成大面积阵列传感器乃至人工皮肤。

2）高分子化合物（如 PVF$_2$）掺杂压电陶瓷 PZT 或 BaTiO$_3$ 粉末制成的高分子压电薄膜。这种复合压电材料同样既保持了高分子压电薄膜的柔软性，又具有较高的压电性和机电耦合系数。

5.2 压电方程及压电常数

压电方程是对压电元件压电效应的数学描述。它是压电传感器原理、设计和应用技术的理论基础。具有压电性的压电材料，通常都是各向异性的。由压电材料取不同方向的切片（切型）做成的压电元件的机电特性（弹性性质、介电性质、压电性质和热电性质等）也各不相同[3]。因此，下面以石英晶体为例，首先讨论压电元件的切型及符号。

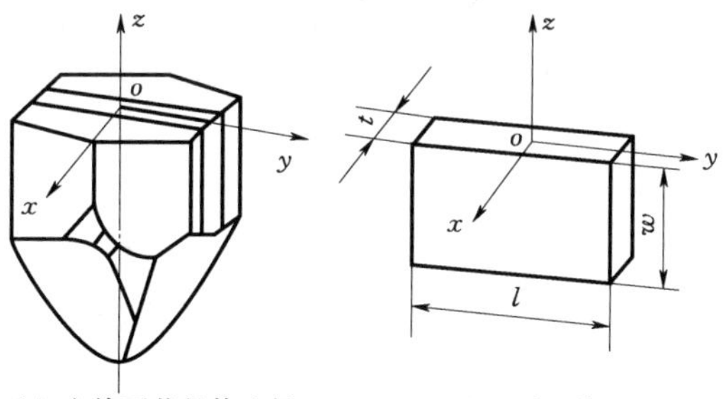

（a）左旋石英晶体坐标　　　（b）x 切型

图 5.5　石英晶体切型

5.2.1　石英晶体的切型及符号

所谓切型，就是在晶体坐标中取某种方位的割制。图 5.5（b）为在左旋石英晶体坐标［图 5.5（a）］中，顺应 x 方向切割成长、宽、厚分别为 l、w、t 的六简体晶片——x 切型。由于不同方向的切型的物理性质不同，因此必须用一定的符号来表明不同的切型。

5.2.2　压电方程及压电常数矩阵

石英晶片在任意方向的力同时作用下的压电效应可由压电方程（5.3）表示：

$$\sigma_i = \sum_{j=1}^{6} d_{ij} T_j \quad (i=1,2,3) \tag{5.3}$$

写成矩阵形式，为

$$\begin{bmatrix} \sigma_1 \\ \sigma_2 \\ \sigma_3 \end{bmatrix} = \begin{bmatrix} d_{11} & d_{12} & d_{13} & d_{14} & d_{15} & d_{16} \\ d_{21} & d_{22} & d_{23} & d_{24} & d_{25} & d_{26} \\ d_{31} & d_{32} & d_{33} & d_{34} & d_{35} & d_{36} \end{bmatrix} \begin{bmatrix} T_1 \\ T_2 \\ T_3 \\ T_4 \\ T_5 \\ T_6 \end{bmatrix} \tag{5.4}$$

式中　σ_1、σ_2、σ_3——在 f、y、z 轴面上的总电荷密度。

简写成

$$\boldsymbol{\sigma} = d\boldsymbol{T} \tag{5.5}$$

因此，完全各向异性压电晶体的压电特性——机械弹性与电的介电性之间的耦合特性，可用压电常数矩阵表示如下：

$$[d_{ij}] = \begin{bmatrix} d_{11} & d_{12} & d_{13} & d_{14} & d_{15} & d_{16} \\ d_{21} & d_{22} & d_{23} & d_{24} & d_{25} & d_{26} \\ d_{31} & d_{32} & d_{33} & d_{34} & d_{35} & d_{36} \end{bmatrix} \tag{5.6}$$

对于不同的压电材料，由于各向异性的程度不同，上述压电矩阵的 18 个压电常数中，实际独立存在的个数也各不相同，这可通过测试获得[3]。图 5.6 是右旋石英晶体的几种压电效应示意图。

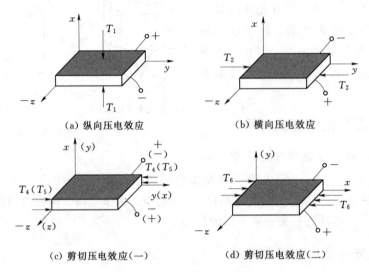

（a）纵向压电效应　　　　　　　　（b）横向压电效应

（c）剪切压电效应（一）　　　　　　（d）剪切压电效应（二）

图 5.6　右旋石英晶体的几种压电效应

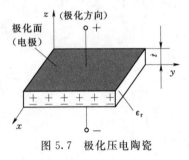

图 5.7　极化压电陶瓷

压电陶瓷经人工极化处理后，保持着很强的剩余极化。当这种极化铁电陶瓷受到外力（或电场）的作用时，原来趋向极化方向的电畴发生偏转，致使剩余极化强度随之变化[4]，从而呈现出压电性。对于压电陶瓷，通常将极化方向定义为 z 轴（图 5.7），垂直于 z 轴的平面内则各向同性。因此与 z 轴正交的任何方向都可取作 x 轴和 y 轴，且压电特性相同。

5.3　等效电路及测量电路

5.3.1　等效电路

从功能上讲，压电器件实际上是一个电荷发生器。

设压电材料的相对介电常数为 ε_r，极化面积为 A，两极面间距（压电片厚度）为 t，如图 5.7 所示。这样又可将压电器件视为具有电容 C_a 的电容器，且有

$$C_a = \xi_v \xi_r A/t \tag{5.7}$$

因此，从性质上讲，压电器件实质上又是一个自源电容器，通常其绝缘电阻 $R_a \gg 10^{10}\,\Omega$。当需要压电器件输出电压时，可以把它等效成一个与电容串联的电压源，如图 5.8（a）所示。

在开路状态，其输出端电压和灵敏度分别为

$$U_a = Q/C_a \tag{5.8}$$

$$K_u = U_a/F = Q/C_aF \qquad (5.9)$$

式中　F——作用在压电器件上的外力。

当需要压电器件输出电荷时，则可把它等效成一个与电容相并联的电荷源，如图 5.8 (b) 所示。同样，在开路状态，输入端电荷为

$$Q = U_aC_a \qquad (5.10)$$

式中　U_a——极板电荷形成的电压。

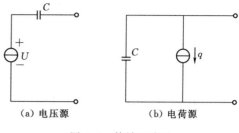

图 5.8　等效电路图

这时的输出电荷灵敏度为

$$K_q = Q/F = U_aC_a/F \qquad (5.11)$$

显然，K_u 与 K_q 之间有如下关系：

$$K_u = K_q/C_a \qquad (5.12)$$

必须指出，上述等效电路及其输出只有在压电器件本身理想绝缘、无泄漏、输出端开路（即 $R_a = R_L = \infty$）条件下才成立。在构成传感器时，总要利用电缆将压电器件接入测量电路或仪器。这样，就引入了电缆的分布电容 C_c，测量放大器的输入电阻 R_i 和电容 C_i 等会对负载阻抗影响，考虑压电器件并非理想元件，它内部存在泄漏电阻 R_a，则由压电器件构成传感器的实际等效电路如图 5.9 中 mm' 左部所示[5]。

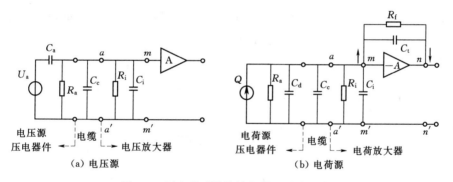

图 5.9　压电传感器等效电器和测量电路

5.3.2　测量电路

压电器件既然是一个自源电容器，就存在着与电容传感器一样的高内阻、小功率问题。压电器件输出的能量微弱，电缆的分布电容及噪声等干扰将严重影响输出特性，必须进行前置放大；而且，高内阻使得压电器件难以直接使用一般的放大器，而必须进行前置阻抗变换[6]。因此，压电传感器的测量电路——前置放大器，对应于电压源与电荷源，也有电压放大器和电荷放大器两种形式；并必须具备信号放大和阻抗匹配两种功能[5]。

1. 电压放大器

电压放大器又称阻抗变换器。它的主要作用是把压电器件的高输出阻抗变换为传感器的低输出小阻抗，并保持输出电压与输入电压成正比。

（1）压电输出特性（即放大器输入特性）。将图 5.9 中 mm' 左部等效化简成图 5.10，可得回路输出

$$\dot{U}_t = \dot{I} Z = \frac{U_a C_a j\omega R}{H j\omega RC} \qquad (5.13)$$

其中

$$Z = R/(1 + j\omega RC')$$
$$R = R_a R_i/(R_a + R_i)$$
$$C = C_a + C' = C_a + C_i + C_c$$

式中　R——测量回路等效电阻；

　　　　C——测量回路等效电容；

　　　　ω——压电转换角频率。

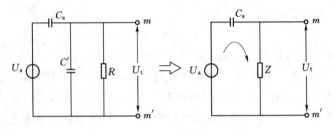

图 5.10　电压放大器简化电路

假设压电器件取压电常数为 d_{33} 的压电陶瓷，并且其极化方向上有角频率为 ω 的交变 $F = F_m \sin\omega t$。根据式（5.8），压电器件的输出为

$$U_a = Q/C_a = F d_{33}/C_a = F_m \sin\omega t d_{33}/C_a \qquad (5.14)$$

代入式（5.13），可得压电回路输出电压和电压灵敏度复数形式分别为

$$\dot{U}_t = d_{33} \dot{F} \frac{j\omega R}{1 + j\omega RC} \qquad (5.15)$$

$$K_u(j\omega) = \frac{\dot{U}_t}{\dot{F}} = d_{33} \frac{j\omega R}{1 + j\omega RC} \qquad (5.16)$$

其幅值和相位分别为

$$K_{um} = \left| \frac{U_t}{F_m} \right| = \frac{d_{33}\omega R}{\sqrt{1 + (\omega RC)^2}} \qquad (5.17)$$

$$\varphi = \frac{\pi}{2} - \arctan(\omega RC) \qquad (5.18)$$

（2）动态特性（动态误差）。这里着重讨论动态条件下压电回路实际输出电压灵敏度相对理想情况下的偏离程度，即幅频特性。所谓理想情况是指回路等效电阻 $R = \infty$（即 $R_a = R_i = \infty$），电荷无泄漏。这样由式（5.18）可得理想情况的电压灵敏度

$$K_{um}^* = \frac{d_{33}}{C} = \frac{d_{33}}{C_a + C_c + C_i} \qquad (5.19)$$

可见，它只与回路等效电容 C 有关，而与被测量的变化频率无关。因此，将式（5.17）与式（5.19）比较可得相对电压灵敏度

$$K = \frac{K_{um}}{K_{um}^*} = \frac{\omega RC}{\sqrt{1+(\omega RC)^2}} = \frac{\omega/\omega_1}{\sqrt{1+(\omega/\omega_1)^2}} = \frac{\omega\tau}{\sqrt{1+(\omega\tau)^2}} \qquad (5.20)$$

式中　ω_1——测量回路角频率；

$\tau = 1/\omega_1 = RC$——测量回路时间常数。

由式（5.18）和式（5.20）作出的特性曲线如图 5.11 所示。由此可得出以下结论：

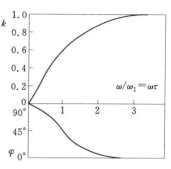

1）高频特性。当 $\omega\tau \gg 1$ 时，即测量回路时间常数一定，被测量频率越高（实际只要 $\tau \geqslant 3$），则回路的输出电压灵敏度就越接近理想情况。这表明，压电器件的高频响应特性好。

2）低频特性。当 $\omega\tau \ll 1$ 时，即 τ 一定，而被测量的频率越低时，电压灵敏度越偏离理想情况，动态误差 $\delta = (k-1)\times100\%$ 也越大，同时相位角的误差也越大。因此，若要保证低频工作时满足一定的精度，必须大大增加时间常数 $\tau = RC$。途径有二：①增大回路等效电容 C，

图 5.11　压电器件与测量电路
相连的动态特性曲线

但由式（5.20）知，C 增大将使 K_{um}^* 减小，不可取；②增大回路等效电阻 $[R = R_a R_i/(R_a + R_i)]$，即要求放大器的输入电阻 R_i 足够大[7]。

综上分析可见：

（1）图 5.11 的特性曲线显示了被测量角频率 $\omega(=2\pi f)$、放大器输入电阻 R_i 和动态误差 $\delta(\delta = k-1)$ 或相位角误差三者之间的关系。据此，在设计或应用压电传感器时，可根据给定的精度 δ，合理地选择电压放大器 R_i 或被测量频率 f_c。

（2）由于采用电压放大器的压电传感器，其输出电压受电缆分布电容 C_c 的影响，因此电缆的增长或变动将使已标定的灵敏度改变[8]。

电压放大器（阻抗变换器）因其电路简单、成本低、工作稳定可靠而被采用。目前解决电缆干扰的有效措施是采用与传感器一体化的超小型阻抗变换器[9]，如图 5.12（a）所示，它用于图 5.19 所示的组合一体化压电式加速度传感器。这种传感器的信号输出可采

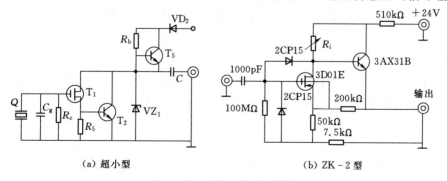

（a）超小型　　　　　　　（b）ZK-2 型

图 5.12　阻抗变换器电路图

用普通的同轴电缆，电缆长达几百米而无明显干扰影响。图 5.12（b）为国产 ZK-2 型阻抗变换器。电路第一级为 MOS 场效应源输出器；第二级用 3AX 构成对输入的负反馈，以进一步提高输入阻抗，降低输出阻抗。两只二极管 2CP 作过载保护，并有一定的温度补偿作用。其主要性能指标如下：输入阻抗大于 2000MΩ，输出阻抗小于 100Ω，频率范围为 2Hz～100kHz，电压增益为 ±0.05dB，动态范围为 $200\mu V～5V$。

2. 电荷放大器

电荷放大器电路原理框图如图 5.13 所示。它的特点是，能把压电器件高内阻的电荷源变换为传感器低内阻的电压源，以实现阻抗匹配，并使其输出电压与输入电荷成正比；而且，传感器的灵敏度不受电缆变化的影响。

图 5.13 电荷放大器电路原理框图

图 5.13 中电荷放大级又称电荷变换级。它实际上是有积分负反馈的运算放大器，如图 5.12（b）所示。只要放大器的开环增益 A、输入电阻 R_i 和反馈电阻 R_f 足够大，通过运算反馈，可使放大器输入端电位 U_{mm} 趋于 0，传感器电荷 Q 全部充入回路电容 $C(=C_a+C_i+C_c)$ 和反馈电容 C_f，因此放大器的输出

$$U_0 = \frac{-AQ}{(1+A)C_f+C} \tag{5.21}$$

通常 $A=1\times10^4～1\times10^6$，因此 $(1+A)C_f \gg C$（一般取 $AC_f>10C$ 即可），则有

$$U_0 = -Q/C_f \tag{5.22}$$

式（5.22）表明，电荷放大器输出电压与输入电荷及反馈电容有关。只要 C_f 恒定，就可实现回路输出电压与输入电荷成正比，相位差 180°。输出灵敏度

$$K_u = -1/C_f \tag{5.23}$$

只与反馈电容有关，而与电缆电容无关。此外，由于放大器的非线性误差不进入传递环节，整个电路的线性也较好。因此，采用电荷放大器的压电传感器，在实用中无接长和变动电缆的后顾之忧。

根据式（5.23），电荷放大器的灵敏度调节可采用切换 C_f 的办法，通常 $C_f=100～10000pF$。在 C_f 的两端并联 R_f（$1\times10^{10}～1\times10^{14}$Ω），可制成直流负反馈，以减小零漂，提高工作稳定性。

5.4　压电式传感器及其应用

5.4.1　类型、形式和应用特点

广义地讲，凡是利用压电材料各种物理效应制成的传感器，都可称为压电式传感器，但目前应用最多的还是力敏类型。因此本节主要介绍基于正压电效应的压电式传感器，研究力-电转换的变形方式，优化设计和择优选用压电传感器的变形方式[10]。

由式（5.5）和式（5.6）压电常数矩阵可以看出，石英晶体和压电陶瓷的压电效应基本表现方式有五种：深度伸缩、长度伸缩、厚度切变、长度切变和体积压缩。

压电常数值反映了压电效应的强弱。压电陶瓷的压电效应比石英晶体的强数十倍。对于石英晶体，长宽切变压电效应最差，故很少取用；对于压电陶瓷，厚度切变压电效应最好，尽量取用；对于二维空间力场的测量，压电陶瓷的体积压缩压电效应显示了独特的优越性。

1. 压电元件的结构与组合形式

根据压电传感器的应用需要和设计要求，以某种切型从压电材料切得的晶片（压电元件），其极化网经过镀覆金属（银）层或加金属薄片后形成电极，这样就构成了可供选用的压电器件。压电元件的结构形式很多，如图 5.14 所示。按结构形状分，有圆形、长方形、环形、柱状和球壳状等；按元件数目分，有单晶片、双晶片和多晶片；按极性连接方式分，有串联［图 5.14 （g）、（h）］或并联［图 5.14 （f）、（i）］。为提高压电输出灵敏度，通常多采用双晶片（有时也采用多晶片）串联、并联组合方式[11]。

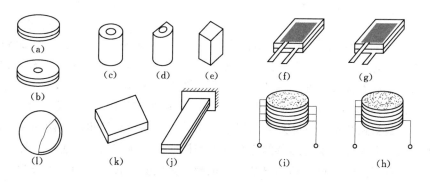

图 5.14　压电元件的结构与组合形式

2. 应用特点

凡是能转换成力的机械量，如位移、压力、冲击、振动加速度等，都可用相应的压电传感器测量。

压电式传感器的应用特点如下：

（1）灵敏度和分辨力高，线性范围大，结构简单、牢固，可靠性好，寿命长。

（2）体积小，重量轻，刚度、强度、承载能力和测量范围大，动态响应频带宽，动态误差小。

（3）易于大量生产，便于选用，使用和校准方便，并适用于近测、遥测。

目前压电式传感器应用最多的仍是测力，尤其是对冲击、振动加速度的测量。迄今在众多形式的测振传感器中，压电加速度传感器占 80% 以上。因此，下面主要介绍压电式加速度、力和压力传感器。

5.4.2 压电式加速度传感器

1. 结构类型

目前，压电式加速度传感器的结构形式主要有压缩型、剪切型和复合型三种。

（1）压缩型。图 5.15 所示为常用的压缩型压电式加速度传感器结构，压电元件取用 d_{11} 和 d_{33} 形式。

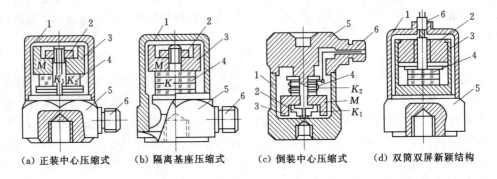

（a）正装中心压缩式　（b）隔离基座压缩式　（c）倒装中心压缩式　（d）双筒双屏新颖结构

图 5.15　压缩型压电式加速度传感器

1—外壳；2—弹簧；3—质量块；4—压电元件；5—基座；6—夹持环

图 5.15（a）正装中心压缩式的结构特点是，质量块和弹性元件通过中心螺栓固紧在基座上形成独立的体系，与易受非振动环境干扰的壳体分开，具有灵敏度高，性能稳定，频响好，工作可靠等优点，但受基座的机械和热应变影响。为此，设计出改进型如图 5.15（b）所示的隔离基座压缩式和图 5.15（c）所示的倒装中心压缩式。图 5.15（d）是一种双筒双屏蔽新颖结构，它除外壳起屏蔽作用外，内预紧套筒也起屏蔽作用。由于预紧筒横向刚度大，大大提高了传感器的综合刚度和横向抗干扰能力，改善了特性。这种结构还在基座上设有应力槽，可起到隔离基座的机械和热应变干扰的作用，不失为一种采取综合抗干扰措施的好设计，但工艺较复杂[12]。

（2）剪切型。剪切压电效应以压电陶瓷为佳，且理论上不受横向应变等的干扰和无热释电输出。因此，剪切型压电式加速度传感器多采用极化压电陶瓷作为压电转换元件。图 5.16 示出了几种典型的剪切型压电式加速度传感器结构[13]。

图 5.16（a）为中空圆柱形结构。其中柱状压电陶瓷可取两种极化方案，见图 5.16（b）：一是取轴向极化，呈现图 5.6（c）中 d_{24} 剪切压电效应，电荷从内外表面引出；二是取径向极化，呈现图 5.16（c）中剪切压电效应，电荷从上下端而引出。剪切型结构简单，轻小，灵敏度高；存在的问题是压电元件作用面（结合面）需通过黏结（d_{24} 方案需

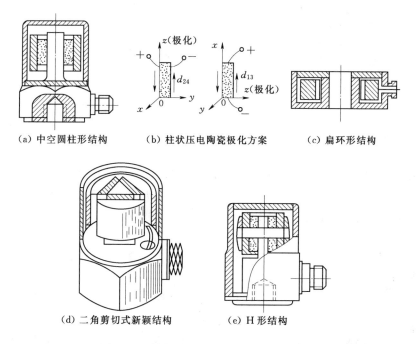

（a）中空圆柱形结构　　（b）柱状压电陶瓷极化方案　　（c）扁环形结构

（d）二角剪切式新颖结构　　（e）H 形结构

图 5.16　剪切型压电式加速度传感器结构

用导电胶黏结），装配困难，且不耐高温和高载。图 5.16（c）为扁环形结构。图 5.16（d）为二角剪切式新颖结构。三块压电片和扇形质量块呈等三角空间分布，由预紧筒固紧在三角中心柱上，取消了胶结，改善了线性和温度特性，但材料的匹配和制作工艺要求高。图 5.16（e）为 H 形结构。左右压电组件通过横螺栓固紧在中心立柱上。它综合了上述各种剪切式结构的优点，具有更好的静态特性、更高的信噪比和更宽的高低频特性，装配也方便[12]。

（3）复合型。复合型加速度传感器泛指那些具有组合结构、差动原理、组合一体化或复合材料的压电式传感器。现列举几种介绍如下。

图 5.17 为多晶片三向压电式加速度传感器的结构。压电组件由三组（双晶片）具有 x、y、z 三向互相正交压电效应的压电元件组成。三向加速度通过质量块前置转换成 x、y、z 三向力作用在三组压电元件上，分别产生正比于三向加速度的电流输出。其作用原理同图 5.17 所示的三向测力传感器[14]。

在民用方面，诸如对洗衣机滚筒的不平衡，关门时的冲击，车辆与障碍物之间的碰撞等进行检测时，就需要价廉、简单的加速度计。图 5.18 所示的由 PVF_2 高分子压电薄膜做成的加速度传感器，不仅价廉、简单，而且可做成任何形状，实现软接触测量。它由支架夹持一片 PVF_2 压电薄膜构成，薄膜中央有一圆管状物体，为质量块，感应上下方向的加速度，并转换成相应的惯性力作用于薄膜，产生电荷，由电极输出。国外已采用 $d=5\times10^{-12}C/N$ 的 PVF_2 研制成 $\Phi=2mm$，$t=20\mu m$，$l_1\times l_2=0.5cm\times1cm$，输出灵敏度为 3pC/g 的加速度传感器。

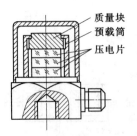

图 5.17 多晶片三向压电式加速度传感器

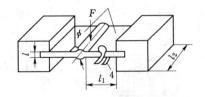

图 5.18 压电薄膜加速度传感器

20 世纪 70 年代以来,国外开始研制集传感器与电子线路于一身的组合一体化压电-电子传感器(压电管)。80 年代以来,又利用集成工艺开始研制完全集成化压电加速度传感器。图 5.19 为一典型的组合一体化压电式加速度传感器结构。

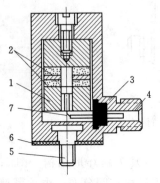

图 5.19 组合一体化压电式
加速度传感器

1—质量块;2—压电石英片;3—超小型加速度传感器;4—电缆插座;5—绝缘螺钉;6—绝缘垫圈;7—引线

2. 工作原理和特性

振动存在于所有具有动力设备的各种工程或装置中,并成为这些工程装备的工作故障源,以及工况监测信号源。目前对这种振动的监控检测,多数采用压电式加速度传感器。

(1) 工作原理。图 5.20 为电厂汽轮发电机组工况(振动)监测系统工作示意图。众多的加速度传感器布点在轴承等高速旋转的要害部位,并用螺栓刚性固连在振动体上。其工作原理如图 5.21 所示。

以图 5.15(a)所示的压缩型加速度传感器为例。当加速度传感器感受振动体的振动加速度时,质数块产生的惯性力 F 作用于压电元件上,从而产生电荷 Q 输出。当这种传感器所包含的质量-弹簧-阻尼系统能实现线性转换时,传感器输出 Q 或电压 U_0 与输入加速度 a

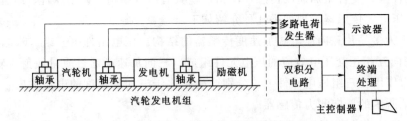

图 5.20 汽轮发电机组工况监测系统

成正比。这时传感器的电荷灵敏度和电压灵敏度分别为

$$K_q = \frac{Q}{a} = dm \tag{5.24}$$

和

$$K_u = \frac{U_t}{a} = \frac{dm}{C} \tag{5.25}$$

其中
$$C = C_a + C_i + C_c$$
式中　C——回路等效电容。

由式（5.25）可见，可通过选用较大的 m 和 d 来提高灵敏度。但质量的增大将引起传感器固有频率下降，频宽减小，而且随之带来体积、重量的增加，构成对被测对象的影响，应尽量避免。通常多采用较大压电常数的材料或多晶片组合的方法来提高灵敏度[15]。

（2）动态特性。动态特性分析的目的，就是要揭示上述线性变换的条件。为此以图 5.15（b）所示加速度传感器为例，并把它简化成如图 5.21 所示的"$m-k-c$"力学模型。其中 k 为压电器件的弹性系数，被测加速度 $a = \ddot{x}$ 为输入。设质量块 m 的绝对位移为 x_a，质量块对壳体的相对位移 $y = x_a - x$ 为传感器的输出。由此列出质量块的动力学方程：

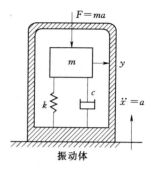

图 5.21　压电加速度传感器的力学模型

$$m \ddot{x}_a + c(\dot{x}_a - \dot{x}) + k(x_a - x) = 0$$

或整理成
$$m \ddot{y} + c \dot{y} + ky = -ma \tag{5.26}$$

复数形式为
$$(ms^2 + cs + k)y = -ma \tag{5.27}$$

设 $\omega_n = \sqrt{k/m}$，$\varepsilon = c/2\sqrt{km}$，代入式（5.27）可得传递函数：
$$\frac{y}{a}(j\omega) = \frac{-m}{ms^2 + cs + k} = \frac{-1}{s^2 + 2\xi\omega_n s + \omega_n^2} \tag{5.28}$$

和频率特性
$$\frac{y}{a}(j\omega) = \frac{-1/\omega_n^2}{1 - (\omega/\omega_n)^2 + 2\xi(\omega/\omega_n)j} \tag{5.29}$$

由式（5.29）可得系统对加速度响应的幅频特性：
$$A(\omega)_a = \left| \frac{y}{a} \right| = \frac{1/\omega_n^2}{\sqrt{[1 - (\omega/\omega_n)^2]^2 + [2\xi(\omega/\omega_n)]^2}} = A(\omega_n) \frac{1}{\omega_n^2} \tag{5.30}$$

$$A(\omega_n) = \frac{1}{\sqrt{[1 - (\omega/\omega_n)^2]^2 + [2\xi(\omega/\omega_n)]^2}}$$

式中　$A(\omega_n)$——表征二阶系统固有特性的幅频特性。

由于质量块相对振动体的位移 y，即是压电器件（设压电常数为 d_{33}）受惯性力 F 作用后产生的变形，在其线性弹性范围内有 $F = ky$。由此产生的压电效应为
$$Q = d_{33}F = d_{33}ky$$

将上式代入式（5.30）即得压电式加速度传感器的电荷灵敏度幅频特性，为
$$A(\omega)_a = \left| \frac{Q}{a} \right| = A(\omega_n) \frac{1}{\omega_n^2} d_{33}k/\omega_n^2 \tag{5.31}$$

若考虑传感器接入两种测量电路的情况：

1) 接入反馈电容为 C_f 的高增益电荷放大器，则将式（5.23）代入式（5.31）得带电荷放大器的压电式加速度传感器的幅频特性为

$$A(\omega)_q = \left| \frac{U_0}{a} \right|_q = A(\omega_n) \frac{1}{\omega_n^2 C_f} d_{33} k \tag{5.32}$$

2) 接入增益为 A，回路等效电阻和电容分别为 R 和 C 的电压放大器后，由式（5.17）可得放大器的输出为

$$|U_0| = \frac{A d_{33} F_m \omega R}{\sqrt{1+(\omega R C)^2}} = \frac{1}{\sqrt{1+(\omega_1 + \omega)^2}} \frac{A d_{33} F_m}{C} = A(\omega_1) \frac{A d_{33} F_m}{C} \tag{5.33}$$

式中 $A(\omega_1) = \dfrac{1}{\sqrt{1+(\omega_1+\omega)^2}}$ 为由电压放大器回路角频率 ω_1 决定的，表征回路固有特性的幅频特性。

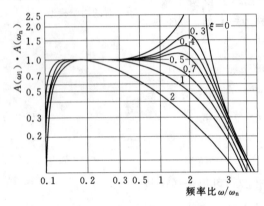

图 5.22 压电式加速度传感器的幅频特性

由式（5.33）和式（5.31）不难得到，带电压放大器的压电加速度传感器的幅频特性为

$$A(\omega)_u = \left| \frac{U_0}{a} \right|_u = A(\omega_1) A(\omega_n) \frac{A}{\omega_n^2 C} d_{33} k \tag{5.34}$$

由式（5.34）描绘的相对频率特性曲线如图 5.22 所示。

综上所述：

（1）由图 5.22 可知，当压电式加速度传感器处于 $\omega/\omega_n \ll 1$，即 $A(\omega_n) \to 1$ 时，可得到灵敏度不随 ω 而变的线性输出，这时按式（5.31）和式（5.32）得到的传感器的灵敏度近似为一常数：

$$\frac{Q}{a} \approx \frac{d_{33} k}{\omega_n^2} \quad \text{（传感器本身）}$$

或

$$\frac{U_0}{a} \approx \frac{d_{33} k}{C_f \omega_n^2} \quad \text{（带电荷放大器）} \tag{5.35}$$

这是我们所希望的，通常取 $\omega_n > (3 \sim 5)\omega_0$。

（2）由式（5.34）知，带电压放大器的加速度传感器特性由低频特性 $A(\omega_1)$ 和高频特性 $A(\omega_n)$ 组成。高频特性由传感器机械系统固有特性所决定；低频特性由电回路的时间常数 $\tau = 1/\omega_1 = RC$ 所决定。只有当 $\omega/\omega_n \ll 1$ 和 $\omega_1/\omega \ll 1$（即 $\omega_1 \ll \omega \ll \omega_n$）时，传感器的灵敏度为常数，即

$$\frac{U_0}{a} \approx \frac{d_{33} k A}{C \omega_n^2} \tag{5.36}$$

满足此线性输出的条件要进行合理选择，否则将产生动态幅值误差：

高频段 $\qquad\qquad\qquad \delta_H = [A(\omega_n) - 1]$

低频段 $$\delta_L = [A(\omega_1) - 1]$$

此外，在测量具有多种频率成分的复合振动时，还受到相位误差的限制。

5.4.3 压电式力和压力传感器

1. 压电式力（矩）传感器

压电式力传感器是利用压电元件直接实现力-电转换的传感器，在拉力、压力和力矩测量场合，通常较多地采用双片或多片石英晶片作压电元件。它刚度大，动态特性好；测量范围宽，可测 10^{-3} N～10^{4} kN 范围内的力；线性及稳定性高；可测单向力，也可测多向力。当采用大时间常数的电荷放大器时，可测量静态力[16]。

（1）压电石英三向测力传感器。三向测力传感器主要用于三向动态测力系统中，如机床刀具切削测试。图 5.23（a）为三向力压电式加速度传感器结构。压电组件为三组石英双晶片叠成并联方式，如图 5.23（b）所示。其中一组取 $x0°$ 切型晶片，利用厚度压缩纵向压电效应 d_{11} 来测量主切削力 F_τ；另外两组取 $y0°$ 切型晶片。利用压电系数 d_{26} 来分别测量纵横向抗力 F_y 和 F_τ，见图 5.23（c），由于 F_τ 与 F_y 正交，因此这两组晶片安装时应使其最大灵敏轴分别取 x 向和 y 向。

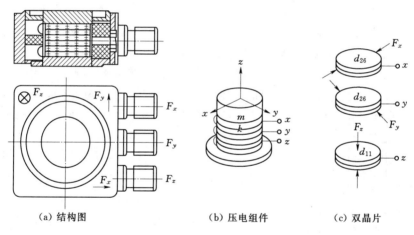

| (a) 结构图 | (b) 压电组件 | (c) 双晶片 |

图 5.23 三向力压电式加速度传感器

压电式力传感器的工作原理和特性与压电式加速度传感器基本相同。以单向力 F_z 作用为例，由图 5.23（a）可知，它仍可由图 5.22 和式（5.26）描述的典型二阶系统加以说明。参照式（5.31）代入 $F_z = ma$，即可得单向压缩型压电式力传感器的电荷灵敏度幅频特性：

$$\left| \frac{Q}{F_z} \right| = A(\omega_n) d_{11} = \frac{d_{11}}{\sqrt{\left[1 - \left(\dfrac{\omega}{\omega_n}\right)^2\right]^2 + \left(2\xi \dfrac{\omega}{\omega_n}\right)^2}} \qquad (5.37)$$

可见，当 $\omega/\omega_n \ll 1$，即 $\omega \ll \omega_n$ 时，式（5.37）可变为

$$\frac{Q}{F_z} \approx d_{11} \quad \text{或} \quad Q \approx d_{11} F_z \qquad (5.38)$$

这时，力传感器的输出电荷 Q 与被测力 F_z 成正比。

（2）压电石英双向测力和扭矩传感器。上述三向测力传感器的设计原理可推广应用于力和扭矩的测量。图 5.24 为 D_n-829Y 型双向力、扭矩传感器结构图。该传感器可用来测量 Z 向力 F_z 和绕 Z 轴的扭矩 M_z。在直径 $d_0=$ 47.6mm 的中心圆上、下各均匀分布 6 组石英双晶片压电器件。其中上面 6 组采用 xy 切型双晶片，利用厚度压缩纵向压电效应 d_{11} 来测量 F_z，且使 y 晶轴正向设置成：上层片取离心方向，下层片取向心方向。这样布局的目的在于减小 M_z 对 xy 晶组引起横向干扰影响。下面 6 组采用 yx 切型双晶片，利用剪切压电效应 d_{26} 来测量 M_z，且使 z 晶轴取向心排列；这样，x 晶轴向则为中心切向，从而确保 yx 晶组有最大的输出。

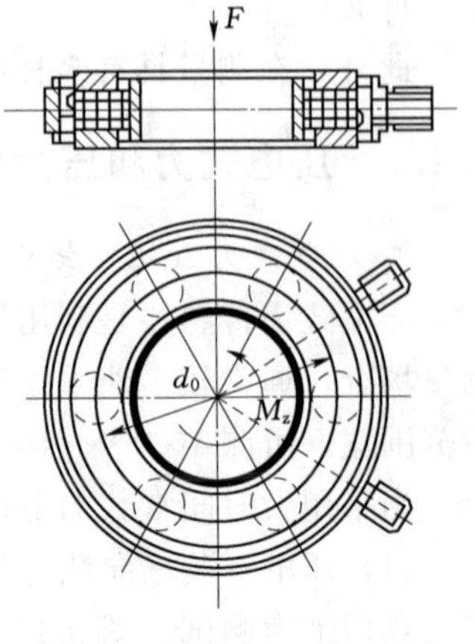

图 5.24 D_n-829Y 型双向力、扭矩传感器结构图

2．压电式压力传感器

压电式压力传感器的结构类型很多，但它们的基本原理与结构仍与前述压电式加速度和力传感器大同小异。突出的不同点是，它必须通过弹性膜、盒等把压力收集、转换成力，再传递给压电元件。为保证静态特性及其稳定性，通常多采用石英晶体作压电元件[16]。在结构设置中，必须注意：①确保弹性膜片与后接传力件间有良好的面接触，否则，接触不良会造成滞后或线性恶化，影响静态、动态特性；②传感器基体和壳体要有足够的刚度，以保证被测压力尽可能传递到压电元件上；③压电元件的振动模式选择要考虑到频率覆盖、弯曲（0.4～100kHz）、压缩（40kHz～15MHz）、剪切（100kHz～125MHz）；④涉及传力的元件，尽量采用高音速材料和扁薄结构，以快速、无损地传递弹性元件的弹性波，提高动态性能；⑤考虑加速度、温度等环境干扰的补偿。

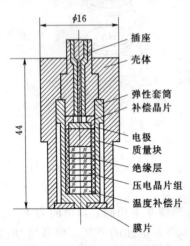

图 5.25 kistler7031 型压电式压力传感器的结构

图 5.25 所示为综合考虑了上述设计思想的 kistler7031 型压电式压力传感器的结构。压电式串行石英晶片组通过薄壁厚底的弹件会施加预载，其厚底起着传力件的作用。被测压力通过膜片和预紧筒传递给压电组件。在压电组件和膜片间垫有陶瓷与铁镍铰青铜两种材料制成的温度补偿片[17]。

图 5.26 所示为血压计采用的两种不同形式的压电式血压传感器。图 5.26（a）采用了 PZT-5H 压电陶瓷，是双晶片悬梁结构。双晶片热极化方向相反，并联连接。在敏感振膜中央上下两侧各胶粘有半圆柱塑料块。被测动脉血压通过上塑料块、振膜、下塑料块传递到压电悬梁的自由端。压电梁弯曲变形产生的电荷经前置电荷放大器输出。

图 5.26（b）为采用复合材料的血压传感器结构。压电元件为掺杂 PZT 陶瓷的 PVE 复合压电薄膜。它的韧性好，易于与皮肤吻合，力阻抗与人体匹配，可消除外界脉功干

扰。这种传感器结构简单，组装容易，体积小，可靠耐用，输出再现性好，适用于人体脉压、脉率的检测或脉波再现。

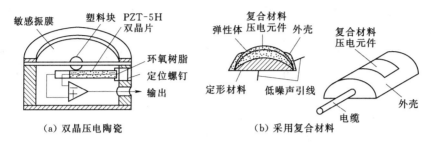

(a) 双晶压电陶瓷　　　　　　　(b) 采用复合材料

图 5.26　血压传感器结构

习 题 与 工 程 设 计

一、选择题（单选题）

1. 压电材料的主要特性参数包括（　　）。

（a）压电常数、弹性常数、介电常数、机电耦合系数、电阻、居里点

（b）压电常数、压力常数、绝缘常数、机电耦合系数、电阻、居里点

（c）压电常数、弹性常数、介电常数、机电耦合系数、湿度、居里点

（d）压电常数、弹性常数、介电常数、机电耦合系数、电阻、温度点

2. 目前经常使用的压电材料包括三大类，它们是（　　）。

（a）压电晶体、压电陶瓷、压电导体或有机高分子材料

（b）压电晶体、压电陶瓷、压电半导体或有机高分子材料

（c）压电晶体、压电电极、压电半导体或有机高分子材料

（d）压电多晶体、压电陶瓷、压电半导体或有机高分子材料

3. 压电石英的主要性能特点是（　　）。

（a）压电常数大，居里点低、温度稳定性好。机械特性好、重复性好、承受应力高。固有频率高、动态特性好，绝缘性好，且无热释电性

（b）压电常数小，居里点高、温度变化快。机械特性好、重复性好、承受应力低。固有频率高、动态特性好，绝缘性好，且无热释电性

（c）压电常数小，居里点高、温度稳定性好。机械特性好、重复性好、承受应力高。固有频率高、动态特性好，绝缘性好，且无热释电性

（d）压电常数小，居里点高、温度稳定性好。机械特性好、重复性好、承受应力高。固有频率低、动态特性好，绝缘性好，且有热释电性

4. 压电陶瓷的特点是（　　）。

（a）压电常数小，灵敏度高，工艺成熟，难达到性能要求；成本低，具有热释电性，利于广泛应用，稳定性差

（b）压电常数大，灵敏度低，工艺成熟，易达到性能要求；成本低，具有热释电性，利于广泛应用，稳定性差

（c）压电常数大，灵敏度高，工艺成熟，易达到性能要求；成本高，具有热释电性，利于广泛应用，稳定性好

（d）压电常数大，灵敏度高，工艺成熟，易达到性能要求；成本低，具有热释电性，利于广泛应用，稳定性差

5. 各向异性压电晶体的压电特性，即机械弹性与电的介电性之间的耦合特性，可用压电常数矩阵表示，下面表示压电常数矩阵正确的为（　　）。

（a）$[d_{ij}]=\begin{bmatrix} d_{11} & d_{12} & d_{13} & d_{14} & d_{15} & d_{16} \\ d_{21} & d_{22} & d_{23} & d_{24} & d_{25} & d_{26} \\ d_{31} & d_{32} & d_{33} & d_{34} & d_{35} & d_{36} \end{bmatrix}$

（b）$[d_{ij}]=\begin{bmatrix} d_{11} & d_{12} & d_{13} & d_{14} & d_{15} & d_{16} \\ d_{21} & d_{22} & d_{23} & d_{24} & d_{25} & d_{26} \\ d_{31} & d_{32} & d_{33} & d_{34} & d_{35} & d_{36} \end{bmatrix}\begin{bmatrix} T_1 \\ T_2 \\ T_3 \\ T_4 \\ T_5 \\ T_6 \end{bmatrix}$

（c）$[d_{ij}]=\begin{bmatrix} T_1 \\ T_2 \\ T_3 \\ T_4 \\ T_5 \\ T_6 \end{bmatrix}$

（d）$\sigma_i=\sum_{j=1}^{6} d_{ij}T_j$

6. 压电器件输出电压时，可以把它等效成一个与电容串联的电压源，如习题图 5.1 所示。在压电器件上作用外力 F。在开路状态，其输出端电压和灵敏度分别为（　　）。

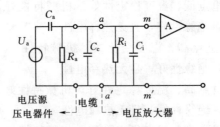

习题图 5.1　压电器件输出电压

（a）$U_a=Q/C_u$，$K_u=U_a/F=Q/C_aF$

（b）$U_a=Q/C_a$，$K_u=U_a/F=Q/C_aF$

（c）$U_a=Q/C_a$，$K_u=U_u/F=Q/C_aF$

（d）$U_a=Q/C_a$，$K_u=U_a/F=Q/C_uF$

7. 在习题图 5.2 中，电压放大器简化电路测量回路等效电阻测量回路等效电容分别

是（　　）。

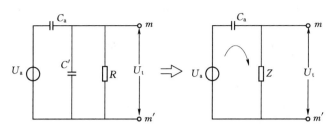

习题图 5.2　电压放大器简化电路

(a) $R = R_a R_i / (R_a - R_i)$，$C = C_a + C = C_a + C_i + C_c$

(b) $R = R_a R_i / (R_a + R_i)$，$C = C_a + C = C_a - C_i + C_c$

(c) $R = R_a R_i / (R_a + R_i)$，$C = C_a + C = C_a + C_i + C_c$

(d) $R = R_a R_i / (R_a + R_i)$，$C = C_a + C = C_a + C_i - C_c$

8. 假设压电器件取压电常数为 d_{33} 的压电陶瓷，并在其极化方向上受有角频率为 ω 的交变 $F = F_m \sin\omega t$。其幅值和相位分别为（　　）。

(a) $K_{um} = \left| \dfrac{U_t}{F_m} \right| = \dfrac{d_{33}\omega R}{\sqrt{1 + (\omega RC)^2}}$，$\varphi = \dfrac{\pi}{2} - \arctan(RC)$

(b) $K_{um} = \left| \dfrac{U_t}{F_m} \right| = \dfrac{d_{33}\omega R}{\sqrt{1 + (\omega RC)^2}}$，$\varphi = \dfrac{\pi}{2} - \arctan(\omega C)$

(c) $K_{um} = \left| \dfrac{U_t}{F_m} \right| = \dfrac{d_{33}\omega R}{\sqrt{1 + (\omega C)^2}}$，$\varphi = \dfrac{\pi}{2} - \arctan(\omega RC)$

(d) $K_{um} = \left| \dfrac{U_t}{F_m} \right| = \dfrac{d_{33}\omega R}{\sqrt{1 + (\omega RC)^2}}$，$\varphi = \dfrac{\pi}{2} - \arctan(\omega RC)$

二、思考题

1. 何谓压电效应？何谓纵向压电效应和横向压电效应？

2. 压电材料的主要特性参数有哪些？试比较三类压电材料的应用特点。

3. 为了提高压电式传感器的灵敏度，设计中常采用双晶片或多晶片组合，试说明其组合的方式和适用场合。

4. 简述压电式传感器前置放大器的作用，两种形式各自的优缺点及如何合理选择回路参数。

三、工程与设计题

设计一个利用压电式传感器控制汽车安全气囊的控制系统。（要求包括开启安全气囊的条件，信号检测、传输、控制电路，画出原理图，并说明。）

参 考 文 献

[1]　曹丽曼. 压电式加速度传感器振动测量应用研究［J］. 自动化与仪器仪表，2015（7）：164 - 166.

[2]　孙倩，尹菲，尚晶. 基于压电式加速度传感器的船用振动测量仪设计［J］. 传感器与微系统，

2013, 32 (5): 71 - 73.

[3] 马鸿文, 王艳芬, 于国防, 等. 压电惯性式振动加速度虚拟仪器测控系统 [J]. 压电与声光, 2013, 35 (1): 63 - 65, 69.

[4] 贺江平, 钟发春. 基于压电效应的减振技术和阻尼材料 [J]. 振动与冲击, 2005 (4): 9 - 13, 133 - 134.

[5] 甘宽, 李敏, 孔岳. 电极非对称对压电材料驱动性能的影响 [J]. 压电与声光, 2015, 37 (3): 430 - 436.

[6] 刘永刚, 沈星, 赵东标, 等. 压电纤维复合材料的静电场分析 [J]. 人工晶体学报, 2007 (3): 596 - 600.

[7] 张国安. 基于对称阶梯阻抗 K 变换器的双频电桥耦合器 [J]. 舰船电子对抗, 2018, 41 (4): 107 - 110, 120.

[8] 石稳. 一种新型宽带环形电桥耦合器设计 [J]. 微波学报, 2014, 30 (增刊 1): 533 - 535.

[9] 张迎春. 电桥输出线性化方法分析 [J]. 山东轻工业学院学报 (自然科学版), 1996 (3): 11 - 15.

[10] 尚亮, 周先国, 韩新红. 基于 Labview 的加速度传感器运动信息采集平台设计 [J]. 计算机测量与控制, 2009, 17 (9): 1790 - 1792.

[11] 耿苏燕, 胡宴如. 新型加速度计集成芯片的原理及其应用 [J]. 电子技术应用, 1999 (9): 60 - 62, 65.

[12] 孙敏. 1 - 3 型压电复合材料及换能器研究 [D]. 济南: 济南大学, 2012.

[13] 李星, 王丽坤, 仲超, 等. 陶瓷体积分数对压电换能器性能影响 [J]. 压电与声光, 2019, 41 (3): 400 - 404.

[14] 周兴林, 盛中华, 袁琛琦, 等. 光纤光栅三向力传感器的应变传递特性研究 [J]. 仪表技术与传感器, 2019 (5): 9 - 13.

[15] 张贻恭, 孙宝元. 压电石英三向力传感器的原理与设计 [J]. 仪器制造, 1980 (6): 25 - 29.

[16] 李东. 集成式压电六维力传感器测量原理与技术研究 [D]. 大连: 大连理工大学, 2015.

[17] 鲍爱建. 可实现温度补偿的压电式微压传感器研究 [D]. 长春: 吉林大学, 2017.

第6章 热电式传感器

内容摘要： 本章主要介绍热电偶传感器的工作原理和结构，为了方便学习，先期熟悉相关内容，首先引入电阻传感器的基础知识和热敏电阻的相关内容，重点研究了热电偶传感器热电效应及其工作定律，以及热电偶的基本结构及组成材料，最后，讨论了热电式传感器的主要工程应用，并介绍了热电式继电器。

理论教学要求： 新型材料是智能传感器的基础，是实现产业转移升级的重要支撑，通过学习热电式传感器的基础知识，熟练掌握热电式传感器的等效电路及测量电路，能创新地将热电式传感器的原理应用到工程实践中。熟悉电阻传感器的基础知识和热敏电阻，熟练掌握热电偶传感器的基本原理和结构，重点掌握热电偶传感器热电效应及其定律，以及热电偶的基本结构及组成材料，掌握电偶传感器热电效应及其定律在复杂工程中的应用。

实践教学要求： 通过学习电阻传感器的基础知识和基本定律，将其用到复杂的工程中，要求具备解决复杂工程实际问题的能力；通过研究热电偶传感器的应用，达到举一反三的目的，并且在解决复杂的工程实际问题中有实践创新。

热电式传感器是利用转换元件电磁参量随温度变化的特性对温度和与温度有关的参量进行检测的装置。其中将温度变化转换为电阻变化的称为热电阻传感器；将温度变化转换为热电势变化的称为热电偶传感器。这两种热电式传感器在工业生产和科学研究工作中已得到广泛使用，并有相应的定型仪表可供选用，以实现温度检测的显示和记录。

6.1 热电阻传感器

6.1.1 热电阻材料的特点

作为测量温度用的热电阻材料，必须具有以下特点：

（1）高温度系数、高电阻率。这样在同样条件下可加快反应速度，提高灵敏度，减小体积和重量。

（2）化学、物理性能稳定，可以保证在使用温度范围内热电阻的测量准确性。

（3）良好的输出特性，即必须有线性的或者接近线性的输出。

（4）良好的工艺性，以便于批量生产、降低成本。

适宜制作热电阻的材料有铂、铜、镍、铁等。

6.1.2 铂、铜热电阻的特性

铂、铜为应用最广的热电阻材料。虽然铁、镍的温度系数和电阻率均比铂、铜要高，但由于存在着难以提纯和非线性严重的缺点，因而用得不多。

铂容易提纯，在高温和氧化性介质中化学、物理性能稳定，制成的铂电阻输出-输入特性接近线性，测量精度高。

铂电阻阻值与温度变化之间的关系可以近似用下式表示。

在 0~660℃ 温度范围内：

$$R_t = R_0(1 + At + Bt^2) \tag{6.1}$$

在 -190~0℃ 温度范围内：

$$R_t = R_0[1 + At + Bt^2 + C(t - 100)t^3] \tag{6.2}$$

式中　R_0、R_t——0℃ 和 t℃ 的电阻值；

　　　　A——常数，为 $3.96847 \times 10^{-3}/℃$；

　　　　B——常数，为 $-5.847 \times 10^{-7}/℃^2$；

　　　　C——常数，为 $-5.847 \times 10^{-12}/℃^4$。

铂电阻制成的温度计，除作标准温度计外，还广泛应用于高精度的工业测量。由于铂为贵金属，一般在测量精度要求不高和测温范围较小时，均采用铜电阻。

铜容易提纯，在 -50~150℃ 范围内纯铜电阻化学、物理性能稳定，输出-输入特性接近线性，价格低廉。

铜电阻阻值与温度变化之间的关系可以近似下式表示：

$$R_t = R_0(1 + At + Bt^2 + Ct^3) \tag{6.3}$$

式中　A——常数，为 $4.28899 \times 10^{-3}/℃$；

　　　　B——常数，为 $-2.133 \times 10^{-7}/℃^2$；

　　　　C——常数，为 $1.233 \times 10^{-9}/℃^3$。

由于铜电阻的电阻率仅为铂电阻的 1/6 左右，当温度高于 100℃ 时易被氧化，因此，适用在温度较低和没有侵蚀性的介质中工作。

6.1.3 热敏电阻

1. 热敏电阻的特点

热敏电阻是用半导体材料制成的热敏器件。其物理特性可分为三类：①负温度系数热敏电阻（NTC）；②正温度系数热敏电阻（PTC）；③临界温度系数热敏电阻（CTR）。

由于负温度系数热敏电阻应用较为普遍，本书只介绍这种热敏电阻。

负温度系数热敏电阻是一种氧化物的复合烧结体。通常用它测量 -100~300℃ 范围内的温度，与热电阻相比其特点是：①电阻温度系数大，灵敏度高，约为热电阻的 10 倍；②结构简单，体积小，可以测量点温度；③电阻率高，热惯性小，适宜动态测量；④易于维护和进行远距离控制；⑤制造简单，使用寿命长。其不足之处为互换性差，非线性严重。

2. 负温度系数热敏电阻的特性

图 6.1 为负温度系数热敏电阻的电阻-温度曲线，可以用如下经验公式描述：

$$R_T = A e^{\frac{B}{T}} \tag{6.4}$$

式中 R_T——温度为 $T(\mathrm{K})$ 时的电阻值；

$\quad\quad$ A——与热敏电阻的材料和几何尺寸有关的常数；

$\quad\quad$ B——热敏电阻常数。

若已知 T_1 和 T_2 的电阻为 R_{T1} 和 R_{T2}，则可通过公式求取 A、B 的值，即

$$A = R_{T_1} e^{-\frac{B}{T_1}} \tag{6.5}$$

$$B = \frac{T_1 T_2}{T_2 - T_1} \ln \frac{R_{T_1}}{R_{T_2}} \tag{6.6}$$

图 6.2 表示出热敏电阻的伏安特性曲线。由图 6.2 可见，当流过热敏电阻的电流较小时，曲线呈直线状，服从欧姆定律；当电流增加时，热敏电阻自身温度明显增加，由于负温度系数的关系，阻值下降，于是电压上升速度减慢，出现了非线性；当电流继续增加时，热敏电阻自身温度上升更快[1]，阻值幅度下降，其减小速度越过电流增加速度，于是出现电压随电流增加而降低的现象[2]。

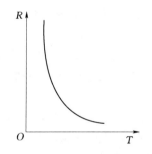

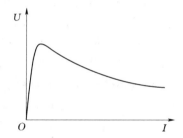

图 6.1　热敏电阻的电阻特性曲线　　　　图 6.2　热敏电阻的伏安特性

热敏电阻特性的严重非线性，是扩大测温范围和提高精度必须解决的关键问题。解决办法是，将温度系数很小的金属电阻与热敏电阻串联或并联，使热敏电阻阻值在一定范围内呈线性关系，图 6.3 介绍了一种金属电阻与热敏电阻串联以实现非线性校正的方法。只要金属电阻 R_x 选得合适，在一定温度范围内得到近似双曲线特性，即温度与电阻的函数成线性关系，就可使温度与电流呈线性关系。近年来已出现利用微机实现较宽温度范围内线性化校正的方案。

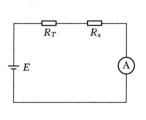
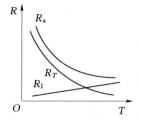
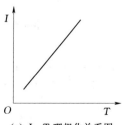

（a）串联电路图　　　（b）金属电阻与热敏电阻特性比较图　　　（c）I-T 理想化关系图

图 6.3　金属电阻与热敏电阻串联非线性校正

图 6.4 为柱形热敏电阻的结构组成。热敏电阻除柱形外，还有珠状、探头式、片状等，见图 6.5。

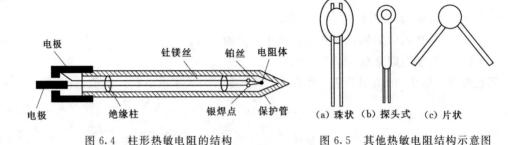

图 6.4 柱形热敏电阻的结构

(a) 珠状 (b) 探头式 (c) 片状

图 6.5 其他热敏电阻结构示意图

3. 近代热敏电阻的特性

(1) 近年来研制的玻璃封装热敏电阻具有较好的耐热性、可靠性、频响特性。图 6.6 为玻璃封装热敏电阻的结构示意图[3]。它适用于作高性能温度传感器的热敏器件。当测量温度由 125℃ 上升到 300℃ 时，响应时间由 30s 变为 6s，工作稳定性由 ±5% 改善为 ±3%。

(2) 氧化物热敏电阻的灵敏度都比较高，但只能在低于 300℃ 时工作。近期用硼卤化物与氢还原研制成的硼热敏电阻，在 700℃ 高温时仍能满足灵敏度、互换性、稳定性的要求，可用于测量液体流速、压力、成分等。

(3) 负温度系数热敏电阻的特性曲线非线性严重。近期研制的 $CdO - Sb_2O_3 - WO_3$ 和 $CdO - SnO_2 - WO_3$ 两种热敏电阻，在 $-100 \sim 300℃$ 温度范围内，特性曲线呈线性关系，解决了负温度系数热敏电阻存在的非线性问题。

(4) 近年来发现四氰醌二甲烷新型有机半导体材料具有电阻率随温度迅速变化的特性，如图 6.7 所示。当温度自低温上升至 T_H 时，因电阻率迅速下降，电阻值相应减小，直至温度等于或高于 T_H 时，电阻值变为 R_0。当温度自高温下降至 T_H 附近直至 T_H 时，电阻率变化较小，电阻值变化不大。当温度继续下降至 T_L 时，由于电阻率迅速增加，电阻位达到 R_p 位。利用上述特性可制成定时器，通过保持材料的温度在 T_H 与 T_L 之间，即可使定时时间限制在 R_0 至 R_p 的持续时间里[4]。

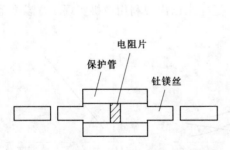

图 6.6 玻璃封装热敏电阻的结构示意图

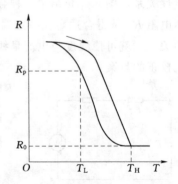

图 6.7 有机热敏电阻的特性曲线

这种有机热敏材料不仅可以制成厚膜，还可以制成薄膜或压成杆形。用它制成的电子定时元件，具有定时时间宽（从数秒至数十小时）、体积小、造价低的优点[5]。

6.1.4 其他热电阻

铂、铜热电阻不适宜用于低温和超低温的测量。近年来一些新颖的热电阻材料相继被采用。

铜电阻适宜在 $-265 \sim -258℃$ 温度范围内使用，测温精度高，灵敏度是铀铂电阻的 10 倍，但是发现性差。

锰电阻适宜在 $-271 \sim -210℃$ 温度范围内使用，灵敏度高，但是质脆，易损坏。

碳电阻适宜在 $-273 \sim -268.5℃$ 温度范围内使用，热容量小，灵敏度高，价格低廉，操作简便，但是热稳定性较差。

除了普通工业用热电阻外，近年来为了提高响应速度，发展了一些新品种。例如，封装在金属套管内的嵌装热电阻。这种热电阻外径直径小（最小仅 1mm），除感温元件外，可以任意弯曲，特别适合在复杂结构中安装。由于封装良好，它具有良好的抗振动、抗冲击性能和耐腐蚀性能。又如线绕薄片型铂热电阻和利用 IC 工艺制作的厚膜铂电阻与薄膜铂电阻[6]。

6.2 热 电 偶 传 感 器

热电偶传感器是目前接触式测温中应用最广的热电式传感器，具有结构简单、制造方便、测温范围宽、热惯性小、准确度高、输出信号便于远传等优点。

6.2.1 热电效应及其工作定律

1. 热电效应

将两种不同性质的导体 A、B 组合成闭合回路，如图 6.8 所示。若节点（1）、（2）处于不同的温度（$T \neq T_0$）时，两者之间将产生热电势，在回路中形成一定大小的电流，这种现象称为热电效应。分析表明，热电效应产生的热电势由接触电势（珀尔帖电势）和温差电势（汤姆逊电势）两部分组成。

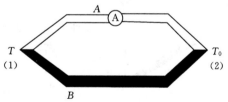

图 6.8 热电效应示意图

当两种金属接触在一起时，由于不同导体的自由电子密度不同，在节点处就会发生电子迁移扩散。失去自由电子的金属呈正电位，得到自由电子的金属呈负电位。当扩散达到平衡时，在两种金属的接触处形成电势，称为接触电势。其大小除与两种金属的性质有关外，还与节点温度有关，可表示为

$$E_{AB}(T) = \frac{kT}{e} \ln \frac{N_A}{N_B} \tag{6.7}$$

式中　$E_{AB}(T)$——A、B 两种金属在温度 T 时的接触电势；

　　　k——波尔茨曼常数，$k = 1.38 \times 10^{-23} \mathrm{J/K}$；

e——电子电荷，$e = 1.6 \times 10^{-19} \text{J/K}$；

N_A、N_B——金属 A、B 的自由电子密度；

T——节点处的绝对温度。

对于单一金属，如果两端的温度不同，则温度高端的自由电子向低端迁移，使单一金属两端产生不同的电位，形成电势，称为温差电势。其大小与金属材料的性质和两端的温差有关，可表示为

$$E_A(T, T_0) = \int_{T_0}^{T} \sigma_A \, dT \tag{6.8}$$

式中 $E_A(T, T_0)$——金属两端温度分别为 T 与 T_0 时的温差电势；

σ_A——温差系数；

T、T_0——高低温端的绝对温度。

对于图 6.8 所示 A、B 两种导体构成的闭合回路，总的温差电势为

$$E_A(T, T_0) - E_B(T, T_0) = \int_{T_0}^{T} (\sigma_A - \sigma_B) \, dT \tag{6.9}$$

于是，回路的总热电势为

$$E_{AB}(T, T_0) = E_{AB}(T) - E_{AB}(T_0) + \int_{T_0}^{T} (\sigma_A - \sigma_B) \, dT \tag{6.10}$$

由此可以得出如下结论[7]：

(1) 如果热电偶两电极的材料相同，即 $N_A = N_B$，$\sigma_A = \sigma_B$，虽然两端温度不同，但闭合回路的总热电势仍为 0。因此，热电偶必须用两种不同材料作热电极。

(2) 如果热电偶两电极材料不同，而热电偶两端的温度相同，即 $T = T_0$，闭合回路中也不产生热电势。

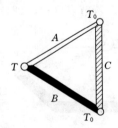

图 6.9 三导体热电回路

2. 工作定律

(1) 中间导体定律。设在图 6.8 的 T_0 处断开，接入第三种导体 C 如图 6.9 所示。

若三个节点温度均为 T_0''，则回路中的总热电势为

$$E_{ABC}(T_0) = E_{AB}(T_0) + E_{BC}(T_0) + E_{CA}(T_0) = 0 \tag{6.11}$$

若 A、B 节点温度为 T，其余结点温度为 T_0，而且 $T > T_0$，则回路中的总热电势为

$$E_{ABC}(T_0) = E_{AB}(T) + E_{BC}(T_0) + E_{CA}(T_0) \tag{6.12}$$

由式 (6.11) 可得

$$E_{AB}(T_0) = -[E_{BC}(T_0) + E_{CA}(T_0)] \tag{6.13}$$

将式 (6.13) 代入式 (6.12) 得

$$E_{ABC}(T, T_0) = E_{AB}(T) - E_{AB}(T_0) = E_{AB}(T, T_0) \tag{6.14}$$

由此得出结论：对于导体 A、B 组成的热电偶，当引入第三导体时，只要保持其两

端温度相同，则对回路总热电势无影响，这就是
中间导体定律。利用这个定律可以将第三种导体
换成毫伏表，只要保证两个节点温度一致，就可
以完成热电势的测量而不影响热电偶的输出[7]。

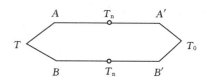

图 6.10 热电偶连接导线示意图

（2）连接导体定律与中间温度定律。在热电
偶回路中，若导体 A、B 分别与连接导线 A'、B'
相接，接点温度分别为 T、T_n、T_0，如图 6.10 所示，则回路的总热电势为

$$E_{ABB'A'}(T, T_n, T_0) = E_{AB}(T) + E_{BB'}(T_n) + E_{B'A'}(T_0) + E_{A'A}(T_n)$$
$$+ \int_{T_n}^{T} \sigma_A dT + \int_{T_0}^{T_n} \sigma_{A'} dT - \int_{T_0}^{T_n} \sigma_{B'} dT - \int_{T_n}^{T} \sigma_B dT \quad (6.15)$$

因为

$$E_{BB'}(T_n) + E_{A'A}(T_n) = \frac{kT_n}{e} \ln\left(\frac{N_B}{N_{B'}} \frac{N_{A'}}{N_A}\right) = \frac{kT_n}{e}\left(\ln\frac{N_{A'}}{N_{B'}} - \ln\frac{N_A}{N_B}\right)$$
$$= E_{A'B'}(T_n) - E_{AB}(T_n) \quad (6.16)$$
$$E_{B'A'}(T_0) = E_{A'B'}(T_0) \quad (6.17)$$

将式（6.17）和式（6.16）代入式（6.15）可得

$$E_{ABB'A'}(T, T_n, T_0) = E_{AB}(T, T_n) + E_{A'B'}(T_n, T_0) \quad (6.18)$$

式（6.18）为连接导体定律的数学表达式，即回路的总热电势等于热电偶电势
$E_{AB}(T, T_n)$ 与连接导线电势 $E_{A'B'}(T_n, T_0)$ 的代数和。连接导体定律是工业广泛运用补
偿导线进行温度测量的理论基础。

当导体材料 A 与 A'、B 与 B' 分别相同时，则式（6.18）可写为

$$E_{AB}(T, T_n, T_0) = E_{AB}(T, T_n) + E_{AB}(T, T_0) \quad (6.19)$$

式（6.19）为中间温度定律的数学表达式，即回路的总热电势等于 $E_{AB}(T, T_n)$ 与
$E_{AB}(T_n, T_0)$ 的代数和。T_n 称为中间温度。中间温度定律为
制定分度表奠定了理论基础，只要求得参考端温度为 0℃ 时的
热电势-温度关系，就可以根据式（6.19）求出参考温度不等
于 0℃ 时的热电势。

6.2.2 热电偶

1. 热电偶材料

（1）标准化热电偶，指已经国家定型批量生产的热电偶。

（2）非标准化热电偶，指特殊用途、专门生产的热电偶，
如钨铼系、铱铑系、镍铬-金铁、镍钴-镍铝和双铂钼等热电偶。

2. 热电偶的分类

（1）普通热电偶。工业上常用的普通热电偶的结构由热电极、
绝缘套管、保护套管、接线、反接线盒盖组成，如图 6.11 所示。

普通热电偶主要用于测量气体、蒸汽和液体等介质的温
度。这类热电偶已做成标准形式。可根据测温范围和环境条件

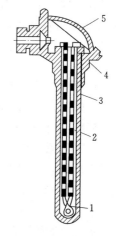

图 6.11 普通热电偶
的结构示意图
1—热电极；2—绝缘套管；
3—保护套管；4—接线；
5—反接线盒盖

来选择合适的热电极材料和保护套管[8]。

（2）铠装热电偶。图 6.12 为铠装热电偶的结构示意图，根据测量端的形式，可分为碰底型［图 6.12（a）］、不碰底型［图 6.12（b）］、露头型［图 6.12（c）］、帽型［图 6.12（d）］等。铠装（又称缆式）热电偶的主要特点是：动态响应快，测量端热容量小，挠性好，强度高，种类多（可制成双芯、单芯和四芯等）。

（3）薄膜热电偶。薄膜热电偶的结构可分为片状、针状等。图 6.13 为片状薄膜热电偶结构示意图。薄膜热电偶的主要特点是：热容量小，动态响应快，适宜测量微小面积和瞬时变化的温度。

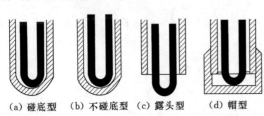

(a) 碰底型　(b) 不碰底型　(c) 露头型　(d) 帽型

图 6.12　铠装热电偶的结构示意图

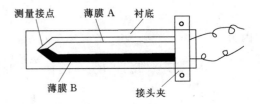

图 6.13　片状薄膜热电偶结构示意图

（4）表面热电偶。表面热电偶有永久性安装和非永久性安装两种。这种热电偶主要用来测量金属块、炉壁、橡胶筒、涡轮叶片等团体的表面温度[9]。

（5）浸入式热电偶。浸入式热电偶主要用来测量钢水、铜水、铝水以及熔融合金的温度。浸入式热电偶的主要特点是可以直接插入液态金属中进行测量。

（6）特殊热电偶。例如测量火箭固态推进剂燃烧温度分布，火箭燃烧时表面温度及温度梯度的一次性热电偶。

（7）热电堆。它由多对热电偶串联而成，其热电势与被测对象的温度的四次方成正比。这种薄膜热电堆常制成显形及梳形结构，用于辐射温度计进行非接触式测温。

3. 热电偶的温度补偿

热电偶输出的电势是两结点温度差的函数。为了使输出的电势是被测温度的单一函数，一般将 T 作为被测温度端，T_0 作为固定冷端。通常 T_0 要求保持为 0℃，但是在实际使用中要做到这一点比较困难，因而产生了热电偶冷端温度补偿问题[10]。

（1）0℃恒温法，即在标准大气压下，将清洁的水和冰混合后放在保温容器内，可使 T_0 保持 0℃。近年来已研制出一种能使温度恒定在 0℃的半导体制冷器件。

（2）补正系数修正法。利用中间温度定律可以求出 $T_0 \neq 0℃$ 时的电势。该法较精确，但烦琐。因此，工程上常用补正系数修正法实现补偿。设冷端温度为 t_n 时，测得的温度为 t_1，其实际温度为

$$t = t_1 + kt_n$$

式中　k——补正系数。

例如用镍铬-康铜热电偶测得介质温度为 600℃，此时参考端温度为 30℃，则通过相关手册，查得 k 值为 0.78，故介质的实际温度为

$$t = 600 + 0.78 \times 30 = 623.4(℃)$$

（3）延伸热电极法（即补偿导线法）。热电偶长度一般只有 1m 左右，在实际测量时，

需要将热电偶输出的电势传输到数十米以外的显示仪表或控制仪表，根据连接导体定律即可实现上述要求。一般选用直径粗、导电系数大的材料制作延伸导线，以减小热电偶回路的电阻，节省电极材料。图 6.14 为延伸热电极法示意图。具体使用时，延伸导线的型号与热电偶材料相对应[8]。

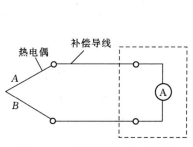

图 6.14　延伸热电极法示意图

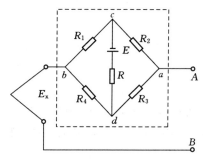

图 6.15　补偿电桥法示意图

（4）补偿电桥法。该法利用不平衡电桥产生的电压来补偿热电偶参考端温度变化引起的电势变化。图 6.15 为补偿电桥法示意图，电桥四个桥臂与冷端处于同一温度，其中 $R_1 = R_2 = R_3$ 为锰钢线绕制的电阻，R_4 为铜导线绕制的补偿电阻，E 是电桥的电源，R 为限流电阻，阻值取决于热电偶材料。使用时选择 R_4 的阻值使电桥保持平衡，电桥输出 $U_{ab} = 0$。当冷端温度升高时，R_4 阻值随之增大，电桥失去平衡，U_{ab} 相应增大，此时热电偶电势 E_x 由于冷端温度升高而减小。若 U_{ab} 的增量等于热电偶电势 E_x 减小量，回路总电势的值就不会随热电偶冷端温度变化而变化，即

$$U_{AB} = U_{ab} + E_x \tag{6.20}$$

6.3　热电式传感器的应用

热电式传感器最直接的应用是测量温度。本节介绍其他几种典型应用。

6.3.1　测量管道流量

应用热敏电阻测量管道流量的工作原理如图 6.16 所示。R_{t1} 和 R_{t2} 为热敏电阻，R_{t1} 放入被测流量管道中；R_{t2} 放入不受流体流速影响的容器内，R_1 和 R_2 为一般电阻，四个电阻组成桥路。当流体静止时，电桥处于平衡状态，电流计 A 上设有指示。当流体流动时，R_{t1} 上的热量被带走，R_{t1} 因温度变化而阻值变化，电桥失去平衡，电流计出现示数，其值与流体流速 v 成正比[11]。

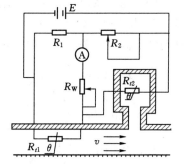

图 6.16　测量管道流量的工作原理

6.3.2　热电式继电器

图 6.17 是一种应用热敏电阻的电机过热保护线路。三只特性相同的负温度系数热敏电阻串联在一起，固定在

电机三相绕组附近。

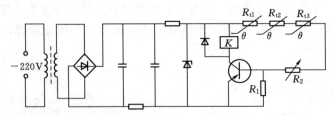

图 6.17 热电式过热保护电路

当电机正常运行时绕组温度较低，热敏电阻阻值较高，三极管不导通，继电器 K 不吸合。当电机过载或其中一相与地短路时，电机绕组温度剧增，热敏电阻阻值相应减小，三极管导通，继电器 K 吸合，电机电路被断开，起到过热保护作用[12]。

习 题 与 工 程 设 计

一、选择题（单选题）

1. 热电阻材料的主要特点是（　　）。

（a）高温度系数、高电阻率；化学、物理性能稳定；良好的输出特性；易生产、成本低

（b）低温度系数、高电阻率；化学、物理性能稳定；良好的输出特性；易生产、成本低

（c）高温度系数、低电阻率；化学、物理性能稳定；良好的输出特性；易生产、成本低

（d）高温度系数、高电阻率；化学、物理性能稳定；输入阻抗小；易生产、成本低

2. 热敏电阻是用半导体材料制成的热敏器件，根据材料的温度特性，可分为三类：（　　）。

（a）负温度系数（NTC）；正温度系数热（PTC）；居里点温度系数（TC）

（b）负温度系数（NTC）；正温度系数热（PTC）；临界温度系数（CTR）

（c）负温度系数（NTC）；温度系数热（TC）；临界温度系数（CTR）

（d）温度系数（NTC）；正温度系数热（PTC）；临界熔点系数

3. 当两种金属接触在一起时，会形成接触电势。其大小除与两种金属的性质有关外，还与结点温度有关，接触电势可表示为（　　）。

（a）$E_{AB}(T) = \dfrac{kT}{N_A} \ln \dfrac{N_A}{N_B}$

（b）$E_{AB}(T) = \dfrac{k}{e} \ln \dfrac{N_B}{N_A}$

（c）$E_{AB}(T) = \dfrac{kT}{e} \ln \dfrac{N_A}{N_B}$

（d）$E_{AB}(T) = \dfrac{T}{e} \ln \dfrac{N_A}{N_B}$

4. 在接触电势表达式中，K、E、N_A 和 N_B、T 分别是（　　）。

（a）电子电荷、波尔茨曼常数、金属 A、B 的自由电子密度、结点处的绝对温度

（b）波尔茨曼常数、金属 A、B 的自由电子密度、电子电荷、结点处的绝对温度

（c）波尔茨曼常数、金属 A、B 的自由电子密度、结点处的绝对温度、电子电荷

（d）波尔茨曼常数、电子电荷、金属 A、B 的自由电子密度、结点处的绝对温度

5. 关于热电偶中间导体定律的正确表述是（　　）。

（a）导体 A、B 组成的热电偶，当引入第三导体时，只要保持其两端温度相同，则对回路总热电势无影响

（b）导体 A、B 组成的热电偶，当引入第三导体时，保持两端温不相同，则对回路总热电势无影响

（c）导体 A、B 组成的热电偶，当引入第三导体时，只要保持两端温度相同，则对回路总热电势有影响

（d）导体 A、B 组成的热电偶，当引入第三、四导体时，只要保持各端点温度不相同，则对回路总热电势无影响

二、思考题

1. 热电式传感器有哪几类？它们各有什么特点？

2. 热敏电阻与热电阻各有什么优缺点？用热敏电阻进行线性温度测量时应注意什么？

3. 什么是中间导体定律和连接导体定律？它们在利用热电偶测温时有什么实际意义？

4. 利用热电偶测温必须具备哪两个条件？

5. 常用的热电阻有哪几种？适用范围如何？

三、工程与设计题

设计一个热电式传感器和温度自动控制系统，包括原理说明和电路图。

参 考 文 献

［1］袁杰. 加热式热电偶液位测量传感器的研究 ［J］. 装备制造技术，2014（9）：4-6.

［2］崔云先，郭立明，盛晓幸，等. 薄膜热电偶瞬态温度传感器 Al-2O-3 绝缘膜制备工艺及性能表征 ［J］. 功能材料，2014，45（7）：7139-7142.

［3］张晓霞. 热电偶传感器的原理与发展应用 ［J］. 电子技术与软件工程，2016（6）：107.

［4］张根甫，郝晓剑，桑涛，等. 热电偶温度传感器动态响应特性研究 ［J］. 中国测试，2015，41（10）：68-72.

［5］王鹏，Demirel Mustafa，Molimard Jerome，等. 通过光纤传感器和微型热电偶简单耦合方法测量内部平均应变和温度的变化来监测复合材料液体树脂灌注成型工艺 ［J］. 纤维复合材料，2011，28（1）：3-7.

［6］赵慧芳，李伟，扈春玲，等. 热电偶温度传感器灌封工艺方法 ［J］. 火箭推进，2019，45（3）：70-74.

［7］彭俊珍. 热电偶传感器冷端温度补偿技术 ［J］. 科技信息，2012（18）：230-231.

［8］凌振宝，王君，朱凯光，等. 数字温度传感器在热电偶冷端补偿中的应用 ［J］. 传感器技术，2003（6）：45-46.

［9］王魁汉，崔传孟，孙玉芳. 热电偶保护管及特种温度传感器 ［J］. 仪表技术与传感器，1995（5）：

37 - 39.

[10]　罗文广，兰红莉，陆子杰. 基于单总线的多点温度测量技术 [J]. 传感器技术，2002 (3)：
　　　47 - 50.

[11]　张庆玲. 热电偶传感器测温系统的设计应用 [J]. 西北轻工业学院学报，2000 (1)：82 - 85.

[12]　程冬. 浅析热电偶传感器的测温原理 [J]. 景德镇学院学报，2016，31 (6)：6 - 8.

第7章 磁电式传感器

内容摘要：本章主要学习和研究三个内容：①磁电感应式传感器的工作原理和结构形式、基本特性、测量电路和工程应用；②霍尔元件的误差及补偿，霍尔元件的工程应用；③磁敏电阻传感器及工程应用。

理论教学要求：磁电感应式传感器、霍尔传感器、磁敏电阻传感器是智能传感器的基础。本章理论教学的主要任务是掌握磁电感应式传感器、霍尔传感器、磁敏电阻传感器工作原理和结构形式、基本特性、测量电路，以利用磁电感应式传感器、霍尔传感器、磁敏电阻传感器检测到的信号，对所要控制的系统进行控制。

实践教学要求：通过对磁电感应式传感器、霍尔传感器、磁敏电阻传感器的理论学习，能将磁电感应式传感器、霍尔传感器、磁敏电阻传感器的工作原理和结构形式、基本特性、测量电路用到工程实践中，要求具备解决复杂的工程实际问题能力，通过研究磁电感应式传感器的应用，达到举一反三的目的，并且在解决复杂的工程实际问题中有实践创新。

磁电感应式传感器是利用电磁感应原理，将被测物体运动速度、位移转换成线圈中的感应电动势输出。磁电感应式传感器工作时不需要外加电源，可直接将被测物体的机械能转换为电量输出，是典型的有源传感器。这类传感器的特点是：输出功率大，稳定可靠，结构简单，可简化二次仪表；但传感器尺寸大，频率响应低。工作频率在 $10\sim500\,\mathrm{Hz}$ 范围，适合做机械振动测量和转速测量。

7.1 磁电感应式传感器

7.1.1 工作原理和结构形式

磁电感应式传感器的工作原理类似于三相异步电动机。磁电感应式传感器利用导体和磁场发生相对运动在导体两端输出感应电动势。根据法拉第电磁感应定律可知，导体在磁场中运动切割磁力线，或者通过闭合线圈的磁通发生变化时，在导体的端或线圈内将产生感应电动势，电动势的大小与穿过线圈的磁通变化率有关。当导体在均匀磁场中沿垂直磁场方向运动时（图7.1），导体内产生的感应电动势为

$$e = N\frac{\mathrm{d}\varPhi}{\mathrm{d}t}$$

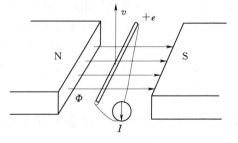

图 7.1 磁电感应式传感器原理示意图

磁电感应式传感器有恒磁通式和变磁通式两种结构形式图 7.1 是磁电感应式传感器的基本工作原理。

1. 恒磁通式

图 7.2 为恒磁通式磁电感应式传感器结构图。磁路系统产生恒定的磁场,工作气隙中的磁通也恒定不变,感应电动势是由线圈相对永久磁铁运动时切割磁力线而产生的。运动部件可以是线圈或是磁铁。因此结构上又分为动钢式和动圈式两种[2]。

图 7.2 (a) 中,永久磁铁和传感器壳体固定,线圈相对于传感器壳体运动,称动圈式。图 7.2 (b) 中,线圈组件和传感器壳体固定,永久磁铁相对于传感器壳体运动,称动钢式。

动圈式和动钢式的工作原理相同,感应电动势大小与磁场强度、线圈匝数以及相对速度有关,若线圈和磁铁有相对运动,则线圈产生的感应电动势为

$$e = -BlNv \tag{7.1}$$

式中　B——为磁感应强度;

　　　l——每匝线圈长度;

　　　N——线圈匝数;

　　　v——运动速度。

传感器的结构尺寸确定后,式 (7.1) 中的 B、l、N 均为常数。

2. 变磁通式

变磁通式磁电感应式传感器结构原理如图 7.3 所示。线圈和磁铁都静止不动,感应电动势由变化的磁通产生。由导磁材料组件构成的被测体运动时,如转动物体引起变化,则通过线圈的磁通量变化,从而在线圈产生感应电动势,所以这种传感器也称变磁阻式。根据磁路系统的不同它又分为开磁路和闭磁路两种[3]。

图 7.3 (a) 是外磁路变磁通式转速传感器,安装在被测转轴上的齿轮旋转时衔铁的间隙随之变化,引起气隙磁阻

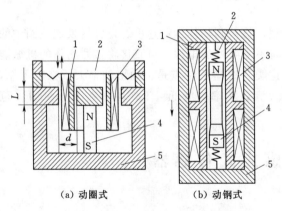

图 7.2　恒磁通式磁电感应式传感器结构

1—金属骨架;2—弹簧;3—线圈;4—永久磁铁;5—壳体

和穿过气隙的磁通发生变化,使线圈中产生感应电动势,感应电动势的频率取决于齿轮的齿数 z 和转速 n,测出频率就可求得转速。

图 7.3 (b) 是闭磁路变磁通式转速传感器,其中内齿数和外齿数相同。连接在被测试的转轴转动时,外齿轮 2 不动,内齿轮运动,内外齿轮相对运动使磁路气隙发生变化从而产生交变的感应电动势。

7.1.2　磁电感应式传感器基本特性

传感器的结构尺寸确定后,传感器输出电动势根据式 (7.1) 可表示为

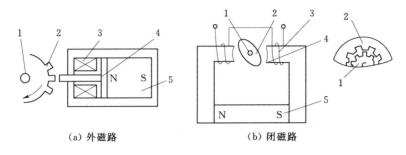

图 7.3 变磁通式转速传感器结构原理

1—被测转轴；2—铁齿轮；3—线圈；4—软铁；5—永久磁铁

$$e = -NBlv = Sv \qquad (7.2)$$

式中 S——传感器灵敏度，为常数。

传感器输出电动势正比于运动速度。

传感器的电流灵敏度和电压灵敏度分别定义如下：

电流灵敏度为单位速度引起的输出电流变化，即

$$S_i = \frac{I_v}{v}$$

电压灵敏度为单位速度引起的输出电压变化，即

$$S_v = \frac{U_v}{v}$$

显然，为提高灵敏度可设法增大磁场强度 D、每匝线圈长度 j 和线圈匝数 r。但在选择参数时要综合考虑传感器的材料、体积、重量、内阻和工作频率。

图 7.4 为磁电感应式传感器的灵敏度特性，由式

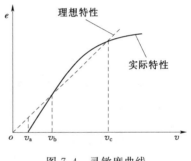

图 7.4 灵敏度曲线

(7.2) 得出的理论特性是一直线，而实际的灵敏度特性是非线性关系。特性曲线在 $v < v_a$ 时，运动速度太小不足以克服构件内的静摩擦力，没有感应电动势输出；运动速度 $v > v_a$ 时，才能克服静摩擦力做相对运动；$v > v_c$ 时惯性太大，超过弹性形变范围，内线开始弯曲。传感器运动速度通常工作在 $v_b < v < v_c$ 范围之间，可以保证有足够的线性范围[4]。

7.1.3 磁电感应式传感器测量电路

磁电感应式传感器可直接输出感应电动势，而且具有较高的灵敏度，对测量电路无特殊要求，一般用于测量振动速度时，能量全被弹簧吸收。磁铁与线圈之间相对运动速度接近振动速度，磁路气隙中的线圈切割磁力线时，产生正比于振动速度的感应电动势，直接输出速度信号。如果要近一步获得振动位移和振动加速度，可接入积分电路和微分电路[5]。

图 7.5 是磁电感应式传感器测量电路框图。为便于各种阻抗匹配，将积分电路和微分电路置于两级放大器之间。信号输送测量电路后，可通过开关选择，完成不同物理量的测量。接入积分电路时，感应电动势正比于位移信号；接入微分电路时，感应电动势正比于

加速度。

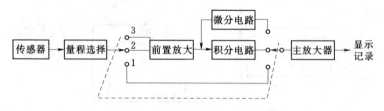

图 7.5　磁电感应式传感器测量电路

1. 积分电路

已知加速度和位移与时间关系为

$$v = \mathrm{d}x/\mathrm{d}t \ 或 \ \mathrm{d}x = v\mathrm{d}t$$

磁电感应式传感器输出电压 $U_i = e$，通过积分电路输出电压为

$$U_0(t) = -\frac{1}{C}\int i\,\mathrm{d}t = -\frac{1}{C}\int\frac{U_i}{R}\mathrm{d}t = -\frac{1}{RC}\int U_i\,\mathrm{d}t$$

式中　RC——积分时间常数。

积分电路的输出电压 U_0 正比于输入信号对时间的积分值，即正比于位移。

2. 微分电路

已知加速度与速度、时间关系为

$$a = \mathrm{d}v/\mathrm{d}t$$

同样有传感器输出 $U_i = e$，通过微分电路输出电压为

$$U_0(t) = Ri = RC\frac{\mathrm{d}U_i(t)}{\mathrm{d}t}$$

微分电路的输出电压正比于输入信号对时间的微分值，即正比于加速度 a。

7.1.4　磁电感应式传感器的应用

磁电式振动传感器是惯性式传感器，不需要静止的基准参考。可直接安装在被测体上的传感器是发电型传感器，工作时可不加电压，直接将机械能转化为电能输出。触电式传感器从根本上讲是速度传感器，速度传感器的输出电压信号正比于速度信号，便于放大输出[6]。

磁电式振动传感器应用十分广泛，例如在兵器工业上，火炮发射要产生振动，振动要持续一定时间，若振动未停连续发射，将造成第二次发射产生偏离，降低命中率。坦克行进中的振动研究，主要是针对行进中发射炮弹如何减小振动，受振后如何恢复平静。在民用工业上，机床、车辆、建筑、桥梁、大坝、大型电机、空气压缩机都需要监测振动状态。

航空动力学中，飞机发动机运转不平衡，空气动力作用会引起飞机各部件振动，振动过程损坏部件，设计时须在地面进行振动试验。机械振动监视系统是监测飞机在飞行中发

动机振动变化趋势的系统：磁电式振动传感器固定在发动机上，直接感受发动机的机械振动，并输出正比于振动速度的电压信号。传感器接收飞机上各种频率的振动信号，必须经滤波电路将其他频率信号衰减后，才可能准确测量出发动机的转动速度。当振动量超过规定值时，发出报警信号，飞行员可随时采取紧急措施，避免事故发生[7]。

7.2　霍尔式传感器

霍尔式传感器属于磁敏元件，磁敏传感器把磁学物理量转换成电信号，广泛用于自动控制、信息传递、电磁测量、生物医学等领域。随着半导体技术的发展，磁敏传感器正向薄膜化、微型化和集成化方向发展[8]。

7.2.1　霍尔效应

将通电的导体（半导体）放在磁场中，使电流与磁场垂直，在导体另外两侧会产生感应电动势，这种现象称为霍尔效应。

1879 年，美国物理学家霍尔首先发现金属中的霍尔效应，因为金属中的霍尔效应太弱没有得到应用。随着半导体技术的发展，人们开始用半导体材料制成霍尔元件，发现半导体材料的霍尔效应非常明显，并且体积小，功耗低，有利于微型化和集成化。利用霍尔效应制成的元件称为霍尔元件，还可将霍尔元件与测量电路集成在一起，制成霍尔集成电路。

霍尔效应的原理如图 7.6 所示。在一个长度为 L，宽度为 b，厚度为 d 的导体或半导体薄片两端通过控制电流 I，在薄片垂直方向施加磁感强度为 B 的磁场，在

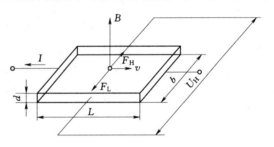

图 7.6　霍尔效应原理图

薄片的另外两侧将会产生一个与控制电流 I 和磁场强度 B 的乘积成比例的电动势 U_H[9]。

通电的导体（半导体）放在磁场中，电流 I 与磁场 B 垂直，在导体另外两侧会产生感应电动势，这种现象称为霍尔效应。

设薄片为 N 型半导体，其多数载流子电子的运动方向与电流相反。在磁场 B 中，导体的自由电子在磁场的作用下做定向运动。每个电子受洛仑兹力 F_L 的作用，F_L 的大小为

$$F_L = evB$$

由于 F_L 的作用，电子向导体的一侧偏转，该侧形成电子积累，另一侧形成正电荷积累。电子运动的结果使导体基片两侧积累电荷形成静电场 E_H，称为霍尔电场。另外电子还受到霍尔电场力 F_H 的作用，F_H 与洛仑兹力 F_L 方向相反，F_H 阻止电子偏转，大小与霍尔电势 U_H 有关。

$$F_H = eE_H = e\frac{U_H}{b}$$

霍尔电势为

$$U_H = vBb \tag{7.3}$$

设（半）导体薄片的电流为 I，载流子浓度为 n（金属代表电子浓度），电子运动速度为 v。

其中，R_H 为霍尔常数，且有

$$R_H = -\frac{1}{ne} \tag{7.4}$$

R_H 是由霍尔元件材料性质决定的一个常数。任何材料在一定条件下都能产生霍尔电势，但不是都可以制造霍尔元件。绝缘材料电阻率极高，电子迁移率很小；金属材料电子浓度很高，但电阻率 R_H 很小，U_H 很小。只有半导体材料的电子迁移率和载流子浓度适中，适于制作霍尔元件。又因一般电子迁移率大于空穴的迁移率，所以霍尔元件多采用 N 型半导体制造。

7.2.2 霍尔元件

霍尔元件为矩形薄片，有四根引线，两端加激励电流，称为激励电极；另外两端为输出引线，称为霍尔电极[10]。其外面用陶瓷或环氧树脂封装。电路符号有两种表示方法，如图 7.7 所示。国产霍尔元件符号用 H 代表，后面字母代表元件材料，数字代表产品序号。

图 7.8 为霍尔元件的基本测量电路，电源 E 提供激励电流 I，电位器及 R_p 可调节激励电流的大小，保证控制电流。负载电阻 R_L 可以是放大器输入阻抗，磁场 B 与元件面垂直，磁场方向相反时霍尔电势方向反向。实测中，可以把 $I \times B$ 作为输入，也可把 I 或 B 单独作为输入，各函数关系可通过测量霍尔电势输出获得结果。

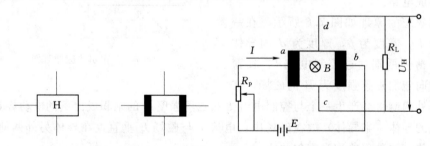

图 7.7 霍尔元件电路符号   图 7.8 霍尔元件的基本测量电路

7.2.3 霍尔元件的误差及补偿

霍尔元件应用中产生误差的两个主要来源是温度影响和不等位电势的影响，在要求较高测量精度的情况下，需要进行温度补偿和不等位电势补偿[11]。

1. 霍尔元件不等位电势的补偿

当霍尔元件通以激励电流时，若磁场强度为 0，霍尔电势应该为 0，但是实际上霍尔电势输出往往不等于 0，这时测得的空载电势称为不等位电势。霍尔电势不为 0 的原因主要有以下几方面：霍尔引出电极安装位置不对称，不在同一等电位向上，如图 7.9 (a) 所示；激励电极接触不良，半导体材料不均匀造成电阻率 ρ 不均匀，如图 7.9 (b) 所示。

不等位电压可以表示为

$$U_{H0} = r_0 I_H$$

式中 r_0——不等位电阻。

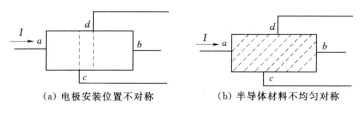

(a) 电极安装位置不对称   (b) 半导体材料不均匀对称

图 7.9 霍尔元件不等位电势

图 7.10 为霍尔元件结构示意图和等效电路,分析不等价电势时,可以把霍尔元件等效为一个电桥,所有能使电桥达到平衡的方法都可以用来补偿不等位电阻。极间分布电阻可以看成桥臂的 4 个电阻,分别是 R_1、R_2、R_3、R_4。理想情况下 $R_1 = R_2 = R_3 = R_4$,不等位电势为 0。存在不等位电势时,说明 4 个电阻不等,即电桥不平衡,不等位电压相当于桥路的初始不平衡输出,用桥路平衡的方法可以进行补偿。为使电桥平衡,可在阻值大的桥臂上并电阻或在两个桥臂上同时并电阻,调节 R_w 的阻值使 U_{h0} 为 0 或最小。

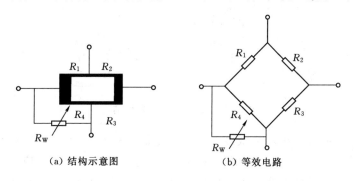

(a) 结构示意图   (b) 等效电路

图 7.10 霍尔元件结构示意图和等效电路

2. 温度误差及补偿

霍尔元件是用半导体材料制作的元件,因此,它的许多参数与温度有关。当温度变化时,载流子浓度 n 有 1%/℃的温度系数;电阻率 ρ 大约有 1%/℃的温度系数,因此造成霍尔系数 R_H、霍尔灵敏度 K_H、输入电阻和输出电阻随温度变化。霍尔元件的温度误差可以通过外接温度敏感元件进行补偿。补偿方法有多种方式:图 7.11 给出了两种最基本的连接方式。图中 R_t 为温敏电阻,R_i 为电压源内阻。现以图 7.11 (a) 恒流源补偿为例说明补偿原理[12]。

由 $U_H = K_H I B$ 可见,恒流源供电是个有效方法,可保证电流恒定,从而使 U_H 稳定。但是霍尔元件的灵敏度系数 K_H 也是温度的函数。温度变化时,载流子浓度和电阻率都会变化,灵敏度 K_H 也随之变化。

对于正温度系数的霍尔元件,$U_H (= K_H I B)$ 会随温度升高,使霍尔电势灵敏度增加 $1 + \alpha \Delta T$ 倍。这时如果让激励电流 I 减小,保 $K_H I$ 乘积不变,抵消灵敏系数的增加,才能使输出的霍尔电势 U_H 稳定。

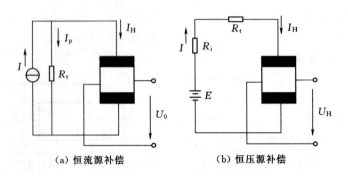

（a）恒流源补偿　　　　　　　（b）恒压源补偿

图 7.11　温度补偿电路

7.2.4　霍尔元件的应用

霍尔元件具有体积小、外围电路简单、动态特性好、灵敏度高、频带宽等许多优点，因此广泛应用于工业测量、端口控制等领域。霍尔元件的外形结构如图 7.12 所示。

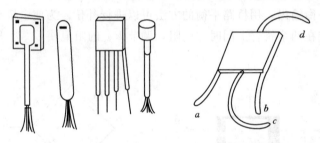

图 7.12　霍尔元件的外形结构

在霍尔元件确定后，霍尔灵敏度 K_H 为一定值，有 U_H、I、B 三个变量，控制其中一个就可以通过测量电压、电流、磁场来测量非电量，如力、爪力、应坐、振动、加速度等。霍尔元件应用有三种方式：①激励电流不变，霍尔电势正比于磁场强度，可进行位移、加速度、转速测量；②激励电流与磁场强度都为变量，传感器输出与两者乘积成正比，可测量乘法运算的物理量，如功率；③磁场强度不变时，传感器输出正比于激励电流，可检测与电流有关的物理量，并可直接测量 I_b。

1. 霍尔元件测位移

霍尔位移传感器工作原理如图 7.13（a）所示，霍尔元件测位移是向一对极性相反的电极共同作用，形成一梯度磁场，由电磁学理论可知，在磁铁中心位置磁场强度为 0，

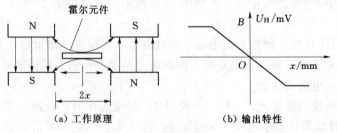

（a）工作原理　　　　　　　（b）输出特性

图 7.13　位移测量

$U_H=0$，可作为坐标原点。霍尔元件沿 x 轴方向移动时，霍尔元件的感应电势是位移的函数。霍尔电势的大小、符号分别表示位移变化的大小和方向，其输出特性如图 7.13（b）所示。磁场的梯度越均匀，输出线性越好；由于 $U_H=K_H IB$，所以磁场 B 越大，梯度越大，灵敏度越高。这种测量结构特别适用于测量 $\pm0.5mm$ 小位移的机械振动。

2. 霍尔元件测转速

图 7.14 是霍尔元件测转速的结构示意图。小磁铁固定安装在霍尔元件一侧，当转盘随转轴转动时，每转一周霍尔元件上的磁场变化一次，便检测出一个脉冲，计算出单位时间的脉冲数就可求出测量的转速；另外也可以检测磁转子的转数，磁极变化使霍尔电压的极性变化，转速变化时，霍尔元件的输出有周期性变化，通过测量信号频率检测转速。

3. 霍尔元件测压力、压差

图 7.15 为霍尔压力传感器的结构原理示意图。霍尔式压力、压差传感器一般由两部分组成：一部分是弹性元件，用来感受压力，并把压力转换成位移量；另一部分是霍尔元件的磁路系统，通常把霍尔元件固定在弹性元件上，当弹性元件产生位移时，将带动霍尔元件在具有均匀梯度的磁场中移动，从而使霍尔电势产生变化，完成将压力（或压差）变换成电量的转换过程。

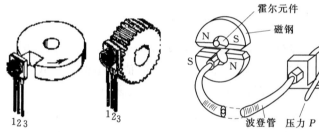

图 7.14 霍尔元件测转速
的结构示意图

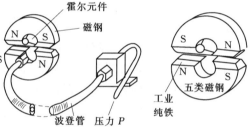

图 7.15 霍尔压力传感器的结构原理

7.2.5 霍尔集成传感器

霍尔集成传感器将霍尔元件和放大器等集成在一个芯片上。霍尔集成电路主要由霍尔元件、放大器、触发器、电压调整电路、失调调整及线性度调整电路等几部分组成[13]。目前市场上的霍尔集成电路主要分为两类：线性型和开关型。封装形式有三端 T 型单端输出、八脚双列直插型双端输出等不同形式。

1. 线性型

线性型霍尔集成电路主要用于测量位移、振动等，其内部电路框图和输出特性见图 7.16。电路特点是霍尔集成传感器输出电压 U_{OUT} 在一定范围内与磁感应强度 B 呈线性关系，有单端输出和双端输出（差动输出）两种形式，广泛用于磁场检测。

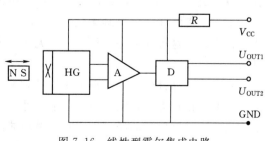

图 7.16 线性型霍尔集成电路

2. 开关型

开关型霍尔集成电路主要用于测量转速计数、开关控制、判断磁极性等，其内部电路框图如图 7.17 所示。开关型霍尔集成电路有单稳态输出和双稳态输出两种形式，输出有单端输出和双端输出。由图 7.17 可见元件输出有高（H）、低（L）两种状态，高、低电平转变所对应的磁感应强度 B 值不同，$B' \rightarrow BB''$ 之间形成转换回差，这是位置式传感器的特点，切换回差特征可防止干扰引起的误动作。这种传感器可用作无触点开关，利用磁场进行开关工作。

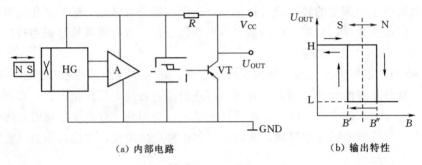

(a) 内部电路　　　　　　　　　　　　　(b) 输出特性

图 7.17　开关型霍尔集成电路

3. 霍尔集成传感器的应用

图 7.18 为霍尔集成电路引脚及接口电路。霍尔集成传感器输出是集电极开路结构，应用时必须接入上拉电阻，提供输出电流。上拉电阻的阻值大小根据负载的要求选择，TTL、CMOS、LED 器件的典型值分别见图 7.18（b）、（c）、（d）。

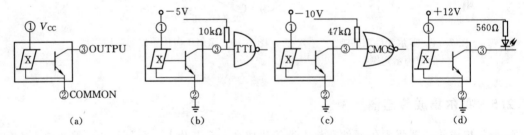

(a)　　　　　　　(b)　　　　　　　(c)　　　　　　　(d)

图 7.18　霍尔集成电路引脚以及接口电路

（1）霍尔无触点开关。图 7.19 中 HG3040 是开关型霍尔元件。当磁钢接近霍尔器件或磁场方向变化时，霍尔开关输出端晶体管 VT 导通或截止变化，输出高电平或低电平，可控制灯亮灭。HG3040 导通时，3、4 端有电流通过，继电器吸合接通 220V 电压，灯点亮；HG3040 截止时，3、4 端无电流，SSR 继电器释放，电压被切断，灯熄火。420Ω 为输出上拉电阻。这种开关是一种无抖动无触点开关，工作频率可达 100kHz，可用于大电流开关控制。

（2）导磁产品计数装置。霍尔元件可对黑色金属进行计数检测，图 7.20 为一种导磁产品计数装置设计方案，钢珠通过霍尔元件时，传感器可输出峰值为 20mV 的脉冲电压。绝缘传送带上的导磁产品经过磁钢时，磁钢端向上的霍尔元件感受到磁场的变化，输出信号经 LM741 放大整形后驱动三极管 VT 工作，输出端直接将脉冲信号送计数器计数一次，

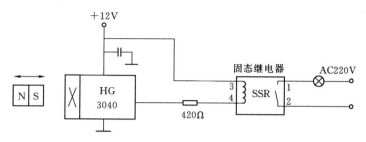

图 7.19 霍尔传感器作无触点开关

数据处理电路可采用微处理器实现自动计数和显示。

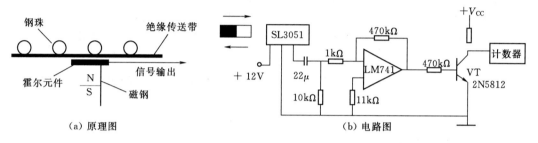

（a）原理图　　　　　　　　　　　　（b）电路图

图 7.20 导磁产品计数装置

可用霍尔集成传感器利用同样原理进行转速测量，图 7.21 为霍尔集成传感器转速测量原理示意图，转子在轴的周围等距离嵌有永久磁铁，相邻磁极性相反，霍尔集成传感器垂直安装在磁极附近的位置上。轴旋转时霍尔电压就是与转数成正比的脉冲信号电压[14]。

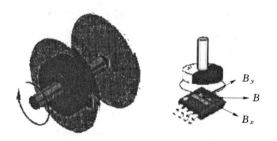

图 7.21 霍尔集传感器转速测量原理示意图

7.3 磁敏电阻传感器

7.3.1 磁敏电阻

1. 磁敏电阻工作原理和结构

（1）磁阻效应。载流导体置于磁场中，除了产生霍尔效应外，导体中载流子因受洛伦兹力作用要发生偏转，而载流子运动方向的偏转使电子流动的路径发生变化，起到了加大电阻的作用，磁场越强，增大电阻的作用越强。外加磁场使导体（半导体）电阻随磁场增加而增大的现象称为磁电阻效应，简称磁阻效应。利用这种效应制成的元件称为磁敏电阻。

一般金属中的磁阻效应很弱，半导体中较明显，用半导体材料制作磁敏电阻更便于集成。下面以半导体材料为例说明其原理。磁敏电阻的磁阻效应可表达为

$$\rho_H = \rho_0(1 + 0.273\mu^2 B^2) \tag{7.5}$$

式中　ρ_0——零磁场电阻率；

　　　μ——导磁率；

　　　B——磁场强度。

式（7.5）表示导磁率为 μ 的磁敏电阻的零磁场电阻率 ρ_0 随磁场强度 B 变化的特性。影响半导体电阻改变的原因如下：①载流子在磁场中运动受到洛仑兹力作用；②霍尔电场的作用，由于霍尔电场作用会抵消电子运动时受到的洛仑兹力作用，磁阻效应虽仍然存在，但已被大大减弱。

（2）磁敏电阻结构。磁阻元件的阻值与制作材料的几何形状有关，称几何磁阻效应。

1）长方形样品，如图 7.22（a）所示。电子运功的路程较远，霍尔电场对电子的作用力部分（或全部）抵消了洛仑兹力作用，即抵消磁场作用，电子基本为直线运动，电阻变化很小，磁阻效应不明显。

2）扁条状长形，如图 7.22（b）所示。因为扁条形状，其电子运动的路程较短，霍尔电势作用很小，洛仑兹力引起的电流磁场作用偏转厉害，磁阻效应显著。

3）圆盘样品（柯比诺 corbino 圆盘），如图 7.22（c）所示。这种结构与以上两种不同，它将一个电极焊在圆盘中央，另一个焊在外围，无磁场时电流向外围电极辐射，外加磁场时中央流出的磁流以螺旋形路径指向外电极，路径增大，电阻增加。这种结构的磁阻，在圆盘中任何地方都不会积累电荷，因此不会产生霍尔电场，这种结构的磁阻效应最明显。

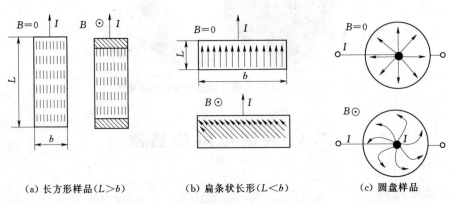

　　（a）长方形样品($L>b$)　　　　（b）扁条状长形($L<b$)　　　　（c）圆盘样品

图 7.22　磁敏电阻器的形状和磁敏效应

为了消除霍尔电场影响并获得大的磁阻效应，通常将磁敏电阻制成圆形或扁条长方形，实用价值较大的是扁条状方形元件。磁敏电阻与霍尔元件都是磁电转换元件，属同一类传感器。

2. 磁敏电阻的输出特性

磁敏电阻在无偏置磁场情况下检测磁场时与电磁极性无关，无偏置磁场时磁敏电阻的输出特性如图 7.23 所示。可见磁敏电阻只有大小的变化，不能判别磁极极性。无偏置磁场时磁敏电阻的磁场强度与磁阻关系为

$$R = R_0(1 + MB^2)$$

式中　R_0——零磁场内阻；

　　　M——零磁场系数。

磁敏电阻在外加偏置磁场时，相当于在检测磁场中外加了偏置磁场，其输出特性见图 7.24。由于偏置磁场的作用工作点从零点移到线性区，这时磁场灵敏度提高，磁极性也作为电阻值变化表现出来。磁敏电阻的阻值变化可表示为

$$R = R_h(1 + MB^2)$$

式中　R_h——加入偏量磁场时的内阻。

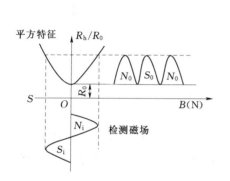

图 7.23　无偏置磁场时的磁阻特性　　图 7.24　外加偏置磁场时的磁敏电阻输出特性

3. 磁敏电阻的应用

磁阻式传感器可由磁阻元件、磁钢及放大整形电路构成，加入偏量磁场可用于磁场强度测量。

应用磁敏电阻时一般采用恒压源驱动 p 分压输出。三端差分型电路有较好的湿度特性，如图 7.25 所示。利用磁敏电阻中磁场改变阻值的特性，可将其应用于无触点开关、磁通计、编码器、计数器、电流计、电子水表、流量计、可变电阻、图形识别等。

例如：磁图形识别传感器由磁敏元件、放大整形检测电路组成，工作电压为 5V，输出电压为 0.3～0.8V，被测物体的距离

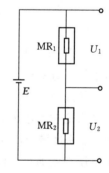

图 7.25　三端差分型电路

为 3mm，可测磁性齿轮、磁性墨水、磁性条形码、磁带，可用于识别磁性（自动售货机）等。

7.3.2　磁敏晶体管

磁敏晶体管是在霍尔元件和磁敏电阻之后发展起来的磁电转换器件，具有很高的磁灵

敏度，其灵敏度量级比霍尔元件高出数百甚至数千倍，可在弱磁场条件下获得较大的输出，这是霍尔元件和磁敏电阻所不及的。它不但能够测出磁场大小，还能测出磁场方向，目前已在许多方面获得应用。

1. 磁敏二极管

磁敏二极管与普通晶体二极管相似，也有锗管（2ACM）、硅管（2DCM）。它们都是长基区（I区）的 P-I-N 型二极管结构，由于注入形式是双注入的，所以也称为双注入长基区二极管。其特点是 P-N 为掺杂区，本征区（I区）为高纯度锗，长度较长，构成高阻半导体。

磁敏二极管结构及工作原理如图 7.26 所示，磁敏二极管结构特征是在长基区的一个侧面用打磨的方法设置了复合区 r 面，r 面是个粗糙面，载流子复合速度非常高。复合区 r 面对面是复合率很小的光滑面。一般基区长度要比载流子的扩散长度大 5 倍以上。

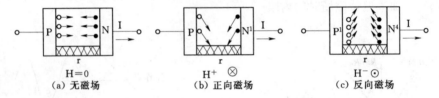

图 7.26　磁敏二极管结构及工作原理

磁敏二极管的工作原理叙述如下：

无外加磁场情况下，当磁敏二极管接入正向电压时［图 7.26（a）］，P 区的空穴、N区的电子同时注入 I 区，大部分空穴跑向 N 区，电子跑向 P 区，从而形成电流，只有少部分电子和空穴在 I 区复合。

当外加一个正向磁场时［图 7.26（b）］，磁敏二极管受 H+ 磁场作用。由于洛伦兹力的作用，空穴、电子偏向高复合区（复合区 r 面），并在复合区 r 面很快复合，导致本征区（I区）载流子减少，相当 I 区电阻增加，电流减少。结果外加电压在 I 区的压降增加了，而在 P-I 结和 N-I 结的电压却减小了。所以载流子注入效率减小，近一步使 I 区的电阻增加，直到达到某种稳定状态。

当外加一个反向磁场时，如图 7.26（c）所示，磁敏二极管受 H- 磁场作用，空穴和电子受洛伦兹力作用向复合区 r 面对面的光画面偏转，于是电子和空穴复合明显减少。I区载流子密度增加，电阻减少，电流增加，结果使 I 区电压降减少，而加在 P-I 结和 N-I结的电压却增加了，促使载流子进一步向 I 区注入，直到电阻减小到某一稳定状态为止。磁敏二极管反向偏置时，流过的电流很小，几乎与磁场无关。

上述原理说明，在正向磁场作用下，电阻增大，电流减小；在负向磁场作用下，电阻减小，电流增大，通过二极管的电流越大，灵敏度越高。磁敏二极管在弱磁场情况下可获得较大的输出电压，这是磁敏二极管的霍尔元件和磁敏电阻所不同之处。在一定条件下，磁敏二极管的输出电压与外加磁场的关系称为磁敏二极管的磁电特性，如图 7.27 所示。

在磁场作用下，磁敏二极管灵敏度大大提高，并具有正、反磁灵敏度，这是磁阻元件所欠缺的。单个使用时，正向磁灵敏度大于反向磁灵敏度，采用磁敏二极管温度补偿电路，正反向特征可基本对称。

磁敏二极管温度特性较差，使用时一般要进行补偿。温度补偿电路可以一组两只、二组四只磁敏二极管，磁敏感面相对，按反磁性组合。图 7.28 为互补电路。电路除进行温度补偿外还可提高灵敏度。图 7.28（a）为差分式温度补偿电路，若输出电压不对称可适当调节 R_1、R_3。图 7.28（b）为全桥温度补偿电路，具有更高的磁灵敏度。其工作点选在小电流区，有负阻现象的磁敏二极管不采用这种电路。

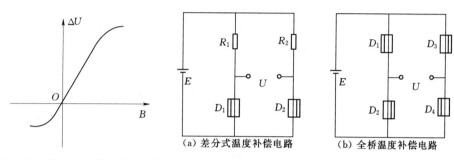

图 7.27 磁敏二极管的磁电特性   图 7.28 磁敏二极管温度补偿电路

（a）差分式温度补偿电路   （b）全桥温度补偿电路

磁敏二极管可用来检测交直流磁场，特别是弱磁场，可用作无触点开关。可用作箝位电流计对高压线不断线测电流，还可用作小量程高斯计、漏磁仪、磁力探伤仪等设备装置。

2. 磁敏三极管

磁敏三极管基于磁敏二极管的工艺技术，也有 NPN 和 PNP 型，有硅磁敏晶体管和锗磁敏晶体管两种。以锗管 NPN 型锗磁敏晶体管为例加以讨论。普通晶体管基区很薄，磁敏三极管的基区长得多，它也是以长基区为特征，有两个 P-N 结，发射极与基极之间的 P-N 结由长基区二极管构成，有一个高复合基区。磁敏三极管结构及工作原理如图 7.29 所示，集电极的电流大小与磁场有关。

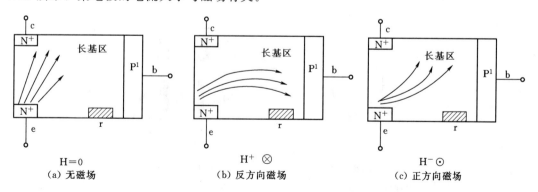

图 7.29 磁敏三极管结构及工作原理

无磁场作用时［图 7.29（a）］，从发射结 e 注入的载流子除少部分输入到集电极形成集电极电流 I_c 外，大部分受横向电场的作用，通过 e—I—b 形成基极电流 I_b。显然，磁敏三极管的基极电流大于集电极电流，所以发射极电流增益 $\beta < 1$。

当受到反方向磁场 H⁻ 作用时［图 7.29（b）］，由于洛伦兹力的作用，载流子偏向基极结的高复合区，使集电极 I_c 明显下降，电流减小，基极电流增加。另一部分电子在高复合区与空穴复合，不能达到基极，又使基极电流减小。基极电流既有增加又有减小的趋势，平衡后基本不变。但集电极电流下降了许多。

当受到正方向磁场作用时［图 7.29（c）］，由于洛伦兹力的作用，载流子背向高复合区，向集电结一侧偏转，使集电极电流 I_c 增加。

可见当基极电流 I_b 恒定时，靠外加磁场同样可以改变集电极电流 I_c，这是与普通三极管不同之处。由于基区长度大于扩散长度，而集电极电流有很高的磁灵敏度，所以电流放大系数 $\beta = I_c/I_b < l$。普通晶体管由 I_b 改变集电极电流 I_c，磁敏晶体管主要由磁场改变集电极电流 I_c。

磁敏三极管电路符号如图 7.30 所示。磁敏三极管主要应用于以下几个方面：

（1）磁场测量，特别适于 1×10^{-6} T 以下的弱磁场测量，不仅可测量磁场的大小，还可测出磁场方向。

（2）电流测量，特别是大电流不断线地检测和保护。

（3）制作无触点开关和电位器，如计算图 7.30 所示电路符号机无触点电键、机床接近开关等。

（4）漏磁探伤及位移、转速、流量、压力、速度等各种工业控制中参数测量。

3. 磁敏晶体管的应用

（1）测位移。图 7.31 为磁敏二极管位移测量原理示意图，其中 4 只磁敏二极管 $VD_{M1} \sim VD_{M4}$ 组成电桥磁铁（S、N），处于磁敏元件之间，假设磁敏二极管为理想二极管，有结电阻 $R_{M1} = R_{M2} = R_{M3} = R_{M4}$，电桥平衡时输出 $U_0 = 0$。当位移变化 ΔX 时，磁敏元件感受的磁场强度不同，结电阻 R_{M1}、R_{M2} 的阻值发生变化，流过二极管的电流不同，使电桥头失衡。在磁场作用下输出与位移大小和方向有关，位移方向相反时，输出的极性发生变化，可判别位移方向。

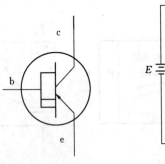

图 7.30 磁敏三极
管电路符号

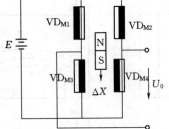

图 7.31 位移测量原理图

（2）涡流流量计。图 7.32（a）为磁敏晶体管涡流流量计结构原理图。传感器安装在齿轮上方，齿轮必须采用磁性齿轮，液体流动时涡轮转动。流速与涡轮转速成正比。磁敏二极管或三极管感受磁铁周期性远近变化时输出电流大小变化，输出波形近似正弦信号，经整形输出为方波，输出波形近似如图 7.32（b）所示，其信号频率与齿轮的转速成正比。因转速正比于流量，频率正比于转速，即正比于流量，经电路整形放大，计算后将计数转换成流量。

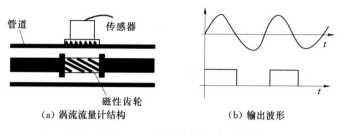

（a）涡流流量计结构　　　　　　（b）输出波形

图 7.32　磁敏晶体管涡流流量计结构与输出波形

习 题 与 工 程 设 计

一、选择题（单选题）

1. 磁电感应式传感器结构原理如习题图 7.1 所示，外磁路变磁通式转速传感器是
（　　）。

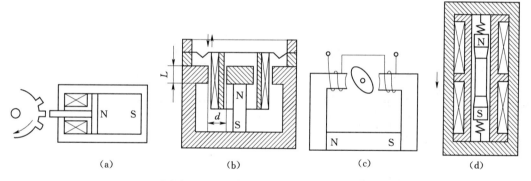

习题图 7.1　识别开磁路变磁通式转速传感器

2. 霍尔传感器的结构尺寸确定后，传感器输出电动势、电流灵敏度、电压灵敏度分别是（　　）。

（a）$e=-BlNv=sv$，$S_v=\dfrac{Uv}{v}$，$S_t=\dfrac{I_v}{v}$

（b）$e=-BlNv=sv$，$S_t=\dfrac{Iv}{v}$，$S_v=\dfrac{U_v}{v}$

（c）$e=-BlNv=sv$，$S_t=\dfrac{Uv}{v}$，$S_v=\dfrac{U_i}{v}$

（d）$St=\dfrac{Iv}{v}$，$e=-BlNv=sv$，$S_v=\dfrac{U_v}{v}$

3. 霍尔式传感器基于霍尔效应。在习题图 7.2 中，在一个长度为 L，宽度为 b，厚度为 d 的导体或半导体薄片两端通过控制电流 I，在薄片垂直方向施加磁感强度为 B 的磁场，则霍尔电动势 U_H 为（   ）。

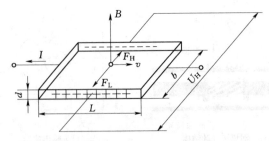

习题图 7.2 霍尔效应原理图

(a) $U_H = evB$

(b) $U_H = -eE_H = e\dfrac{U_H}{b}$

(c) $U_H = -eBb$

(d) $U_H = -\dfrac{1}{ne}$

4. 习题图 7.3 中，霍尔传感器基本测量电路是（   ）。

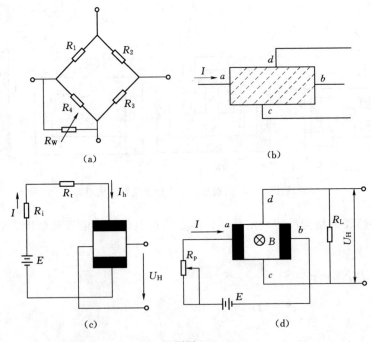

习题图 7.3

5. 用半导体材料制作的磁敏电阻磁阻效应可表达为（   ）。

(a) $\rho_H = \rho_0(1+0.273\mu^2 B^2)$

(b) $\rho_H = \rho_0(1+0.253\mu^2 B^2)$

(c) $\rho_H = \rho_0(1+0.273\mu B^2)$

(d) $\rho_H = \rho_0(1 + 0.273\mu^2 B)$

二、思考题

1. 试述磁电感应式传感器的工作原理和结构形式。

2. 说明磁电感应式传感器产生误差的原因及补偿方法。

3. 为什么磁电感应式传感器的灵敏度在工作频率较高时，将随频率增加而下降？

4. 霍尔元件不等位电势产生的原因有哪些？

5. 比较霍尔元件、磁敏电阻、磁敏晶体管，它们有哪些相同之处和不同之处？简述其各自的特点。

三、工程与设计题

设计一个利用磁电感应式传感器控制的汽车安全气囊。（包括原理电路、方框图，并作简要说明）

参 考 文 献

［1］ 黎廷云. 磁电式转速传感器的电压特性与 xc 90i‐o 应用［J］. 自动化仪表，1989（9）：21‐27，45‐46.

［2］ 张根源，陈芳华. 磁电感应式传感器在轴承振动测量中的应用［J］. 传感器技术，2000（5）：27‐29.

［3］ 田新良，钱麒羽，付伟. 磁通门电流传感器的多点零磁通技术［J］. 电测与仪表，2018，55（增刊1）：21‐25.

［4］ 欧阳涛，段发阶，张玉贵，等. 磁电式脉冲传感器原理与叶尖定时误差分析［J］. 计量技术，2008（4）：3‐6.

［5］ 董清波，刘妍，马超，等. 一种高性能磁电式凸轮转速传感器的设计［J］. 电子世界，2017（18）：150‐151.

［6］ 卢长根，周友佳. 磁电式速度传感器设计与应用［J］. 机车电传动，2008（5）：48‐50.

［7］ 刘平. 对某车用霍尔式传感器的优化设计［J］. 北京汽车，2014（5）：4‐7.

［8］ 李巧真，李伟锋，白瑞峰，等. 霍尔式传感器实验开发与应用［J］. 高校实验室工作研究，2014（2）：35‐37.

［9］ 刘建林，冯垚径，罗德荣，等. 基于梯形波反电动势的 BLDCM 霍尔位置矫正策略［J］. 湖南大学学报（自然科学版），2018，45（10）：87‐92.

［10］ 李文庆，段萍，胡翔，等. 霍尔推力器分割高偏压电极等离子体放电特性［J］. 中国空间科学技术，2018，38（5）：17‐29.

［11］ 刘德滨. 补偿霍尔元件不等位电势的有效方法［J］. 电测与仪表，1985（4）：54‐55.

［12］ 韩洪豆，曲小慧，Wong Siuchung，等. 基于恒流源补偿网络的电磁感应式非接触能量传输的 LED 驱动电路［J］. 中国电机工程学报，2015，35（20）：5286‐5292.

［13］ 贾晓倩，张凯悦，李秉阳，等. 集成霍尔开关传感器液体黏度测定仪的设计与测试［J］. 物理实验，2019，39（4）：53‐56.

［14］ 刘凤艳，丁晓红，杨红卫，等. 半导体的霍尔电压［J］. 物理与工程，2015，25（4）：57‐59.

第8章 光电式传感器

内容摘要：本章主要学习和研究四个内容：①光电式传感器的基础知识——光源；②常用光电器件，包括外光电效应和光电器件及其特性；③各类常见的光敏器件的工作原理及其应用；④光电式传感器原理与应用。

理论教学要求：光电式传感器是目前应用广泛而且是实现产业转移升级的重要器件。通过对光电式传感器基础知识的学习，掌握光源的结构和光谱特性；理解内、外光电效应，掌握光电器件结构、原理和特性；掌握各类常见的光敏器件的工作原理及其应用。

实践教学要求：通过对光电式传感器的基础知识的学习，能理解光源结构与特点，并在理解内、外光电效应，光电器件、常见的光敏器件的工作原理的基础上，通过研究光电式传感器的应用，能解决复杂的工程实际问题中有实践创新。

光电式传感器（photoelectric sensor）是基于光电效应的传感器，在受到可见光照射后即产生光电效应，将光信号转换成电信号输出。它除能测量光强之外，还能利用光线的透射、遮挡、反射、干涉等测量多种物理量，如尺寸、位移、速度、温度等，因而是一种应用极广泛的重要敏感器件。光电测量时不与被测对象直接接触，光束的质量又近似为零，在测量中不存在摩擦和对被测对象几乎不施加压力。因此在许多应用场合，光电式传感器比其他传感器有明显的优越性。其缺点是在某些应用方面，光学器件和电子器件价格较贵，并且对测量的环境条件要求较高。

随着社会的进步、科学技术的飞速发展，人们对现代技术和自动化应用越来越重视。光电子产业成为当今发展最快、最有前途的行业之一，光电式传感器广泛应用于航空、石化、军工、农业等各个领域，为人类社会的快速发展发挥了不可磨灭的作用。目前，光电式传感器已在国民经济和科学技术各个领域得到广泛应用，并发挥着越来越重要的作用[1]。

光电式传感器的直接被测量就是光本身，即可以测量光的有无，也可以测量光强的变化。光电式传感器的一般组成形式如图 8.1 所示，主要包括光源、光通路、光电器件和测量电路四个部分。

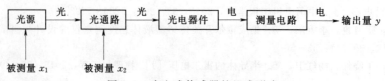

图 8.1 光电式传感器的组成形式

光电器件是光电式传感器的最重要的环节，所有的被测信号最终都变成光信号的变化。可以说，有什么样的光电器件，就有什么样的光电式传感器。因此，光电传感器的种

142

类繁多，特性各异。

光源是光电式传感器必不可缺的组成部分。没有光源，也就不会有光产生，光电式传感器就不能工作。因此，良好的光源是保障光电传感器性能的重要前提，也是光电式传感器设计与使用过程中容易被忽视的一个环节。

光电式传感器既可以测量光信号，也可以测量其他非光信号，只要这些信号最终能引起到达光电器件的光的变化。根据被测量引起光变化的方式和途径的不同，可以分为两种形式：一种是被测量（图 8.1 中的 x_1）直接引起光源的变化，改变了光源的强弱或有无，从而实现对被测量的测量；另一种是被测量（图 8.1 中的 x_2）对光通路产生作用，从而影响到达光电器件的光的强弱或有无，同样可以实现对被测量的测量。

测量电路的作用主要是对光电器件输出的电信号进行放大或转换，从而达到便于输出和处理的目的。不同的光电器件应选用不同的测量电路。

光电式传感器的使用范围非常广泛，它既可以测量直接引起光量变化的量，如光强、光照度、辐射测温、气体成分分析等，也可以测量能够转换为光量变化的被测量，如零件尺寸、表面粗糙度、应力、应变、位移、速度、加速度等[2]。

8.1　光　　源

8.1.1　对光源的要求

光是光电式传感器的测量媒介，光质量的好坏对测量结果具有决定性的影响。因此，无论哪一种光电式传感器，都必须仔细考虑光源的选用问题。

一般而言，光电式传感器对光源具有如下几方面的要求。

1. 光源必须具有足够的照度

光源发出的光必须具有足够的照度，保证被测目标有足够的亮度和光通路，具有足够的光通性，以利于获得高的灵敏度、信噪比以及提高测量精度和可靠性。光源照度不足将影响测量稳定性，甚至导致测量失败。另外，光源的照度还应当稳定，尽可能减小能量变化和方向漂移。

2. 光源应保证均匀、无遮挡或阴影

在很多场合下，光电式传感器所测量的光应当保证亮度均匀、无遮光、无阴影，否则将会产生额外的系统误差或随机误差。因此，光源的均匀性也是比较重要的一个指标。

3. 光源的照射方式应符合传感器的测量要求

为了实现对特定被测量信号的测量，传感器一般会要求光源发出的光具有一定的方向或角度，从而构成反射光、投射光、透射光、漫反射光、散射光等，此时，光源系统的设计显得尤为重要，对测量结果的影响较大。

4. 光源的发热量应尽可能小

一般各种光源都存在不同程度的发热，因而对测量结果可能产生不同程度的影响。因此，应尽可能采用发热量较小的冷光源，例如发光二极管（LED）、光纤传输光源等，或者将发热量较大的光源进行散热处理并远离敏感单元。

5. 光源发出的光必须具有合适的光谱范围

光是电磁波谱中的一员。不同波长光的分布如图 8.2 所示。其中，光电式传感器主要使用的光的波长范围处在紫外至红外之间的区域，一般多用可见光和近红外光。在应用时，选择较大的光源光谱范围，保证包含光电器件的光谱范围（主要是峰值点）在内即可[3]。

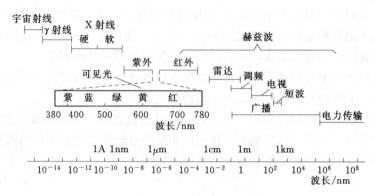

图 8.2　电磁波谱图

8.1.2　常用光源

1. 热辐射光源

热辐射光源是通过将一些物体加热后产生热辐射来实现照明的。温度越高，光越亮。

最早的热辐射光源就是钨丝灯（即白炽灯）。近年来，卤素灯的使用越来越普遍。它在钨丝灯内充入卤素气体（常用碘），同时在灯杯内壁镀以金属钨，用以补充长期受热而产生的钨丝损耗，从而大大延长了灯的使用寿命。

热辐射光源的特点为：①光源谱线丰富，主要涵盖可见光和红外光，峰值约在近红外区，因而适用于大部分光电式传感器；②发光效率低，一般仅有 15% 的光谱处在可见光区；③发热大，约超过 80% 的能量转化为热能，属于典型的热光源；④寿命短，一般为1000h 左右；⑤易碎，电压高，使用有一定危险[4]。

热辐射光源主要用作可见光光源，它具有较宽的光谱，适应性强。当需要窄光带光谱时，可以使用滤色片来实现，且可同时避免杂光干扰，尤其适合于各种光电仪器。有时热辐射光源也可以用作近红外光源，运用于红外检测传感器。

2. 气体放电光源

气体放电光源是通过气体分子受激发后产生放电而发光的。气体放电光源光辐射的持续，不仅要维持其温度，而且有赖于气体的原子或分子的激发过程。原子辐射光谱呈现许多分离的明线条，称为线光谱。分子辐射光谱是一段段的带，称为带光谱，线光谱和带光谱间结构与气体成分有关。

气体放电光源主要有碳弧灯、水银灯、钠弧灯、氙弧灯等。这些灯的光色接近日光而且发光效率高。另一种常用的气体放电光源就是荧光灯，它是在气体放电的基础上加入荧光粉，从而使光强更高，波长更长。由于荧光灯的光谱分布与日光十分接近，因此被称为日光灯。荧光灯效率高，省电，因此也被称为节能灯，可以制成各种各样的形状。

气体放电光源的特点如下：效率高，省电，功率大；有些气体发电光源含有丰富的紫外线和频谱；有的废弃物含有汞，容易污染环境，玻璃易碎，发光调制频率较低。

气体放电光源一般应用于有强光要求且色温接近日光的场合。

3. 发光二极管

发光二极管（LED）是一种电致发光的半导体器件。发光二极管的种类很多，常用材料与发光波长见表 8.1。

表 8.1   发光二极管的材料与发光波长

材　料	Ge	Si	GaAs	GaAs1-xPx	GaP	SiC
λ/nm	1850	1110	867	867－550	550	435

与热辐射光源和气体放电光源相比，发光二极管具有以下极为突出的特点：①体积小，可平面封装，属于固体光源，耐振动；②无辐射，无污染，是真正的绿色光源；③功耗低，仅为白炽灯的 1/8，是荧光灯的 1/2，发热少，是典型的冷光源；④寿命长，一般可达 10 万 h，是荧光灯的数十倍；⑤响应快，一般点亮只需 1ms，适于快速通断或光开关；⑥供电电压低，易于数字控制，与电路和计算机系统连接方便；⑦在达到相同照度的条件下，发光二极管价格较白炽灯贵，单只发光二极管的功率低，亮度小。

目前，发光二极管的应用越来越广泛。特别是随着白色 LED 的出现和价格的不断下降，发光二极管的应用将越来越多，越来越普遍。

4. 激光器

激光（light amplification by stimulated emission of radiation，LASER）是受激辐射放大产生的光。激光具有以下极为特殊而卓越的性能：①激光的方向性好，一般激光的发散角很小（约 0.18°），比普通光小 2～3 数量级；②激光的亮度高，能量高度集中，其亮度比普通光高几百万倍；③激光的单色性好，光谱范围极小，频率几乎可以认为是单一的（例如 He-Ne 激光器的中心波长约为 632.8nm，而其光谱宽度仅有 1×10^{-6}nm）；④激光的相干性好，受激辐射后的光传播方向、振动方向、频率、相位等参数的一致性极好，因而具有极强的时间相干性和空间相干性，是干涉测量的最佳光源。

常用的激光器有氦氖激光器、半导体激光器、固体激光器等。其中，氦氖激光器由于亮度高、波长稳定而被广泛使用。而半导体激光器由于体积小、使用方便而用于各种小型测量系统和传感器中[5]。

8.2　常用光电器件

光电器件是光电传感器的重要组成部分，对传感器的性能影响很大。光电器件是基于光电效应工作的，种类很多。所谓光电效应，是指物体吸收了光能后将其转换为该物体中某些电子的能量而产生的电效应。一般地，光电效应分为外光电效应和内光电效应两类。

因此，光电器件也随之分为外光电器件和内光电器件两类。

8.2.1　外光电效应及器件

在光的照射下，电子逸出物体表面并产生光电子发射的现象称为外光电效应。

爱因斯坦假设：一个电子只能接受一个光子的能量。因此要使一个电子从物体表面逸出，必须使光子能量 ε 大于该物体的表面逸出功 A。各种不同的材料具有不同的逸出功 A，因此对某特定材料而言，将有一个频率限 v_0（或波长限 λ_0），称为红限，不同金属光电效应的红限见表 8.2。当入射光的频率低于 v_0（或波及大于 λ_0）时，不论入射光有多强，也不能激发电子；当入射频率高于 v_0 时，不管它多么微弱也会使被照射的物体激发电子，光越强则激发出的电子数目越多。红限波长可用下式求得：

$$\lambda_0 = \frac{hc}{A} \qquad\qquad (8.1)$$

式中　c——光速。

外光电效应从光开始照射至金属释放电子几乎在瞬间发生，所需时间不超过 $1 \times 10^{-9}\,\mathrm{s}$。

基于外光电效应原理工作的光电器件有光电管和光电倍增管。

表 8.2　　　　　　　　　　　　　　　　　光 电 效 应 的 红 限

金　属	铯（Cs）	钠（Na）	锌（Zn）	银（Ag）	铂（Pt）
v_0/s^{-1}	4.545×10^{14}	6.00×10^{14}	8.065×10^{14}	1.153×10^{14}	1.929×10^{14}
$\lambda_0=\dfrac{c}{v_0}/\mathrm{nm}$	660	500	372	260	196.2

光电管种类很多，它是个装有阴极和阳极的真空玻璃管，如图 8.3 所示。阴极有多种形式：①在玻璃管内壁涂上阴极涂料即成；②在玻璃管内装入涂有阴极涂料的柱面形极板构成。阳极为置于光电管中心的环形金属板或置于柱面小中心线的金属柱。

光电管的阴极受到适当的照射后便发射光电子。这些光电子被具有一定电位的阳极吸引，在光电管内形成空间电子流。如果在外电路中串入一适当阻值的电阻，则该电阻上将产生正比于空间电流的电压降，其值与照射在光电管阴极上的光成函数关系。

在玻璃管内充入惰性气体（如氩、氖等）可构成充气光电管，由于光电子流对惰性气体进行轰击使其电离，产生更多的自由电子，从而提高光电变换的灵敏度。

光电管的主要特点如下：结构简单，灵敏度较高（可达 $20\sim220\,\mu\mathrm{A/lm}$），暗电流小（最低可达 $1\times10^{-14}\,\mathrm{A}$），体积比较大，工作电压高达几百伏到数千伏，玻壳容易破碎。

光电倍增管的结构如图 8.4 所示。在玻璃管内除装有阴极和阳极外，还装有若干个光电倍增极。光电倍增极上涂有在电子轰击下能发射出多电子的材料。光电倍增极的形状及分量设置得正好能使前一级倍增极发射的电子继续轰击后一级倍增极，在每个倍增极间均依次增大加速电压。

光电倍增管的主要特点如下：光电流大；灵敏度高；倍增率为 $N=\delta^n$，其中 δ 为单极倍增率（$3\sim6$），n 为倍增极数（$4\sim14$）。

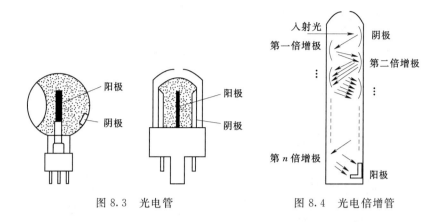

图 8.3 光电管　　　　　　图 8.4 光电倍增管

8.2.2 内光电效应及器件

光照射在半导体材料上，材料中处于价带的电子吸收光子能量，通过禁带跃入导带，使导带内电子浓度和价带内空穴增多，即激发出光生电子-空穴对，从而使半导体材料产生光电效应。光子能量必须大于材料的禁带宽度 ΔE_g（图 8.5）才能产生内光电效应。由此可得内光电效应的临界波长 $\lambda_0 = 1293/\Delta E_g$（nm）。通常纯净半导体的禁带宽度为 1eV 左右。例如锗的 $\Delta E_g = 0.75eV$，硅的 $\Delta E_g = 1.2eV$。

内光电效应按其工作原理可分为两种：光电导效应和光生伏特效应。

1. 光电导效应及器件

半导体受到光照时会产生光生电子-空穴对，导电性能增强。光线越强，其阻值越低。这种光照后电阻率变化的现象称为光电导效应。基于这种效应的光电器件有光敏电阻和反向偏置工作的光敏二极管与光敏三极管[6]。

（1）光敏电阻。光敏电阻是一种电阻器件，其工作原理如图 8.6 所示。使用时加直流偏压（无固定极性），或加交流电压。

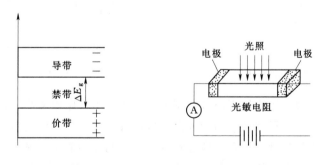

图 8.5 半导体能带图　　　图 8.6 光敏电阻的工作原理图

光敏电阻中光电导作用的强弱是用其电导的相对变化来标志的。禁带宽度较大的半导体材料，在室温下热激发产生的光生电子-空穴对较少，无光照时的电阻（暗电阻）较大。因此光照引起的附加电导就十分明显，表现出很高的灵敏度。光敏电阻常用的半导体有硫化镉（CdS，禁带宽度 $\Delta E_g = 2.4\text{eV}$）和硒化镉（CdSe，禁带宽度 $\Delta E_g = 1.8\text{eV}$）等。

为了提高光敏电阻的灵敏度，应尽量减小电极间的距离。对于面积较大的光敏电阻，通常采用光敏电阻薄膜上蒸镀金属形成梳状电极，如图 8.7 所示。为了减小潮湿对灵敏度的影响，光敏电阻必须带有严密的外壳封装，如图 8.8 所示。光敏电阻灵敏度高，体积小，重量轻，性能稳定，价格便宜，因此在自动化技术中应用广泛[7]。

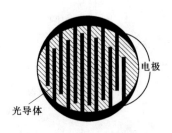

图 8.7 光敏电阻梳状电极

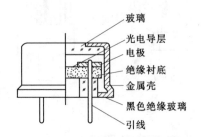

图 8.8 金属封装的 CdS 光敏电阻

（2）光敏二极管。P－N 结可以光电导效应工作，也可以光生伏特效应工作。如图 8.9 所示，处于反向偏置的 P－N 结，在无光照时具有高阻特性，反向暗电流很小。当光照时，结区产生光生电子-空穴对，在结电场作用下，电子向 N 区运动，空穴向 P 区运动，形成光电流，方向与反向电流一致。光的照度越大，光电流越大。由于无光照时的反偏电流很小，一般为纳米数量级，因此光照时的反向电流基本上与光强度成正比。

（3）光敏三极管。它可以看成是一个 b－c 结为光敏二极管的三极管。其原理和等效电路见图 8.10。在光照作用下，光敏二极管将光信号转换成电流信号，该电流信号被晶体三极管放大。显然，在晶体管增益为 β 时，光敏三极管的光电流要比相应的光敏二极管大 β 倍。

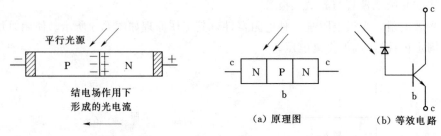

图 8.9 光敏二极管原理图　　　　图 8.10 光敏三极管原理和等效电路图

光敏二极管和光敏三极管均用硅或锗制成。由于硅器件暗电流小、温度系数小，又便于用平面工艺大量生产，尺寸易于精确控制，因此硅光敏器件比锗光敏器件更为普遍。

使用光敏二极管和光敏三极管时应注意保持光源与光敏管的合适位置（图 8.11）。因为只有在光敏晶体管管壳轴线与入射光方向接近的某一方位（取决于透镜的对称性和管芯偏离中心的程度），入射光恰好聚在管芯所在的区域，光敏管的灵敏度才最大。为避免灵敏度变化，使用中必须保持光源与光敏管的相对位置不变。

2. 光生伏特效应及器件

光生伏特效应是光照引起 P－N 结两端产生电动势的效应。当 P－N 结两端没有外加电场时，在 P−N 结势垒区内仍然存在着内结电场，其方向是从 N 区指向 P 区，如图 8.12 所示。当光照射到结区时，光照产生的光生电子-空穴对在结电场作用下，电子推向 N 区，空穴推向 P 区；电子在 N 区积累，空穴在 P 区积累，使 P−N 结两边的电位发生变化，P−N 结两端出现一个因光照而产生的电动势，这一现象称为光生伏特效应。由于它可以像电池那样为外电路提供能量，因此常称为光电池[8]。

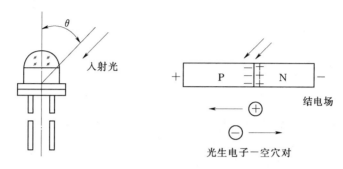

图 8.11 入射光方向与管壳轴   图 8.12 光生伏特效应原理图
线夹角示意图

光电池与外电路的连接方式有两种（图 8.13）：一种是把 P−N 结的两端通过外导线短接，形成流过外电路的电流，这电流称为光电池的输出短路电流（I_L），其大小与光强成正比；另一种是开路电压输出，开路电压与光照度之间呈非线性关系，光照度大于 1000lx 时呈现饱和特性。因此使用时应根据需要选用工作状态。

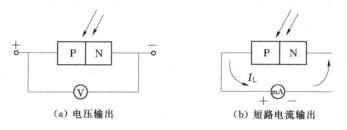

（a）电压输出   （b）短路电流输出

图 8.13 光电池的开路

硅光电池是用单晶硅制成的。在一块 N 型硅片上用扩散方法渗入一些 P 型杂质，从而形成一个大面积 P−N 结，P 层极薄，能使光线穿透到 P−N 结上。硅光电池也称为硅太阳能电池，为有源器件。它轻便、简单，不会产生气体污染或热污染，特别适用于宇宙飞行器做仪表电源。硅光电池转换效率较低，适宜在可见光波段工作。

8.2.3 光电器件的特性

光电式传感器的光照特性、光谱特性以及响应时间、峰值探测率等几个主要参数，属于光电器件的性能。为了合理选用光电器件，有必要对其主要特性作简要介绍。

1. 光照特性

光电器件的灵敏度可用光照特性来表征，它反映了光电器件输入光量与输出光电流

（光电压）之间的关系。光敏电阻的光照特性呈非线性，且大多数如图 8.14（a）所示。因此不宜用作线性检测元件，但仍可在自动控制系统中用作开关元件。

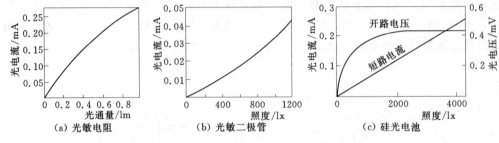

图 8.14 光电器件的光照特性

光敏二极管的光照特性如图 8.14（b）所示。它的灵敏度和线性度均好，因此在军事、工业自动控制及民用电器中应用极广，既可用作线性转换元件，也可用作开关元件。

硅光电池的光照特性如图 8.14（c）所示。短路电流在很大范围内与光照度呈线性关系。

开路电压与光照度的关系呈非线性，在照度为 2000lx 以上即趋于饱和，其灵敏度高，宜用作开关元件。硅光电池作为线性检测元件使用时，应工作在短路电流输出状态。由实验知，负载电阻越小，光电流与照度之间的线性关系越好，且线性范围越宽。对于不同的负载电阻，可以在不同的照度范围内使光电流与光照度保持线性关系。故用光电池做线性检测元件时，所用负载电阻的大小应根据光照的具体情况而定[9]。

光照特性常用响应率 R 来描述。对于光生电流器件，输出电流 I_p 与光输入功率 P_i 之比称为电流响应率 R_1，即

$$R_1 = I_p / P_i$$

对于光生伏特器件，输出电压 V_p 与光输入功率 P_i 之比称为电压响应率 R_v，即

$$R_v = V_p / P_i$$

2. 光谱特性

光电器件的光谱特性是指相对灵敏度 K 与入射光波长 λ 之间的关系，又称为光谱响应。

光敏晶体管的光谱特性如图 8.15（a）所示。由图可知，硅的长波限为 $1.1\mu m$，锗为 $1.8\mu m$，其大小取决于它们的禁带宽度。短波限一般在 $0.4 \sim 0.5\mu m$ 附近。这是由于波长过短，材料对光波的吸收剧增，使光子在半导体表面附近激发的光生电子-空穴对不能到达 P－N 结，因而使相对灵敏度下降。硅器件灵敏度的极大值出现在波长为 $0.8 \sim 0.9\mu m$ 处，而锗器件则出现在 $1.4 \sim 1.5\mu m$ 处，都处于近红外光波段。采用较浅的 P－N 结和较大的表面，可使灵敏度极大值出现的波长和短波限减小，以适当改善短波响应。

光敏电阻和光电池的光谱特性如图 8.15（b）、（c）所示。

由光谱特性可知，为了提高光电式传感器的灵敏度，对于包含光源与光电器件的传感器，应根据光电器件的光谱特性合理选择相匹配的光源和光电器件。对于被测物体本身可作光源的传感器，则应按被测物体辐射的光波波长选择光电器件。

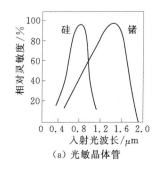
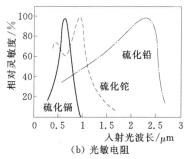
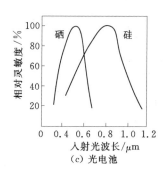

(a) 光敏晶体管   (b) 光敏电阻   (c) 光电池

图 8.15 光电器件的光谱特性

3. 响应时间

光电器件的响应时间反映它的动态特性。响应时间小，表示动态特性好。对于采用调制光的光电式传感器，调制频率上限受响应时间的限制。

光敏电阻的响应时间一般为 $1 \times 10^{-3} \sim 1 \times 10^{-1}$ s，光敏晶体管约为 2×10^{-5} s，光敏二极管的响应速度比光敏三极管高一个数量级，硅管比锗管高一个数量级。

图 8.16 为光敏电阻、光电池及硅光敏三极管的频率特性。

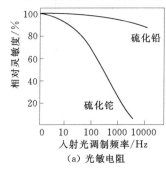
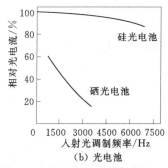
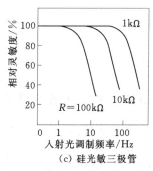

(a) 光敏电阻   (b) 光电池   (c) 硅光敏三极管

图 8.16 光电器件的频率特性

4. 峰值探测率

峰值探测率源于红外探测器，后来沿用到其他光电器件，无光照时，由于器件存在着固有的散粒噪声以及前置放大器输入端的热噪声，光探测器件将产生输出。这一噪声输出常以噪声平均功率 P_{NE} 表征。P_{NE} 定义为：产生与器件暗电流大小相等的光电流的入射光量。它等于入射到光敏器件上能产生信号噪声比为 1 的辐射功率。P_{NE} 与光敏器件的有效光敏面积 A 和探测系统带宽 Δf 有关，而且是平方根关系。因此探测器件的性能常用峰值探测率 D^* 表征，D^* 值大，噪声等效功率小，光电器件性能好。即

$$D^* = \frac{1}{P_{NE}/\sqrt{A \Delta f}} = \frac{\sqrt{A \Delta f}}{P_{NE}}$$

光电二极管的暗电流是反向偏置饱和电流，而光敏电阻的暗电流是无光照时偏置电压与导体电阻之比。一般用暗电流产生的散粒噪声计算器件的 P_{NE}，即

$$P_{NE} = \sqrt{2qI_D/R_1} \quad (\text{W} \cdot \text{Hz}^{-\frac{1}{2}})$$

式中 q——电子电荷，1.6×10^{-19} C；

I_D——暗电流，A；

R_1——电流响应率，A/W。

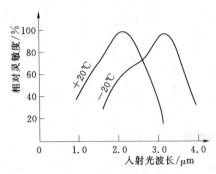

图 8.17 硫化铅光敏电阻的
光谱温度特性

5. 温度特性

温度变化不仅影响光电器件的灵敏度，同时对光谱特性也有很大影响。图 8.17 为硫化铅（PbS）光敏电阻的光谱温度特性。由图可见，光谱响应峰值随温度升高向短波方向移动。因此，采取降温措施，往往可以提高光敏电阻对长波长的响应。

在室温条件下工作的光电器件由于灵敏度随温度而变，因此高精度检测时有必要进行温度补偿或使它在恒温条件下工作[10]。

6. 伏安特性

在一定的光照下，对光电器件所加端电压与光电流之间的关系称为伏安特性。它是传感器设计时选择电参数的依据。使用时应注意不要超过器件的最大允许功耗。

限于篇幅，本书不可能一一介绍各种光电器件的性能，读者可参阅有关手册。

8.3 光 敏 器 件

8.3.1 光位置敏感器件

光位置敏感器件是利用光线检测位置的光敏器件，如图 8.18 所示。当光照射到硅光电二极管的某一位置时，结区产生的空穴载流子向 P 层漂移，而光生电子则向 N 层漂移。到达 P 层的空穴分成两部分：一部分沿表面电阻 R_1 流向 1 端形成光电流 I_1；另一部分沿表面电阻 R_2 流向 2 端形成光电流 I_2。当电阻层均匀时，$R_2/R_1 = x_2/x_1$，则光电流 $I_1/I_2 = R_2/R_1 = x_2/x_1$，故只要测出 I_1 和 I_2 便可求得光照射的位置。

上述原理同样适用于平面位置检测，其原理如图 8.19 （a）所示。a、b 极用于检测 x 方向，a'、b' 极用于检测 y 方向。其结构见图 8.19 （b）。目前上述器件用于感受一维位置的尺寸已越过 100mm；平面位置的也达数十毫米乘以数十毫米。

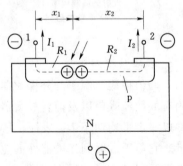

图 8.18 光位置敏感器件原理

光二维平面位置检测器在机械加工中可用作定位装置，也可用来对振动体、回转体做运动分析及作为机器人的眼睛。

8.3.2 集成光敏器件

为了满足差动输出等应用的需要，可以将两个光敏电阻对称布置在同一光敏面上 ［图

8.20（a）]，也可以将光敏三极管制成对管形式［图8.20（b）]，构成集成光敏器件。

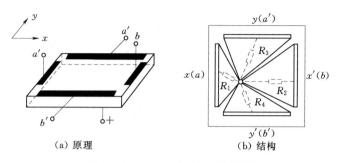

（a）原理　　　　　　　（b）结构

图 8.19　光二维平面位置检测器

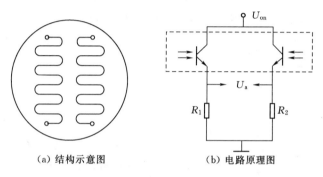

（a）结构示意图　　　　　（b）电路原理图

图 8.20　集成光敏器件

光电池的集成工艺较简单，它不仅可制成两元件对称布置的形式，也可制成多个元件的线阵或 10×10 的二维面阵。光敏元件阵列传感器相对后面将要介绍的 CCD 图像传感器而言，每个元件都需要相应的输出电路，故电路较庞大，但是用 HgCdTe 元件、InSb 等制成的线阵和面阵红外传感器，在红外检测领域中获得较多的应用[11]。

8.3.3　固态图像传感器

图像传感器是电荷转移器件，将增光、感光敏阵列元件集为一体，是具有自扫描功能的摄像器件。它与传统的电子束扫描真空摄像管相比，具有体积小、重量轻、使用电压低（<20V）、可靠性高和不需要强光照明等优点。因此，它在军用、工业控制和民用电器中均有广泛使用。

图像传感器的核心是电荷转移器件（charge transfer debice，CTD），其中最常用的是电荷耦合器件（charge coupled debice，CCD）。

1. CCD 的基本原理

CCD 的最小单元是在 P 型（或 N 型）硅衬底上生长一层厚度约 20nm 的 SiO_2 层，再在 SiO_2 层上依一定次序沉积金属（Al）电极而构成金属-氧化物-半导体（MOS）的电容式转移器件。这种排列规则的 MOS 阵列再加上输入与输出端，即组成 CCD 的主要部分，如图 8.21 所示。

当向 SiO_2 上表面的电极加正偏压时，P 型硅衬底中形成耗尽区。较高的正偏压形成

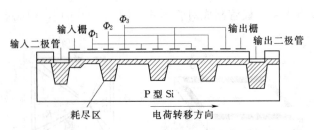

图 8.21 MOS 结构组成

较深的耗尽区。其中的少数载流子—电子被吸收到最高正偏压电极下的区域内（如图 8.21 中 Φ_2 电极下），形成电荷包。人们把加偏压后在金属电极下形成的深耗尽层称为势阱。阱内存储少子（少数载流子）。对于 P 型硅衬底的 CCD 器件，电极加正偏压，少子为电子；对于 N 型硅衬底的 CCD 器件，电极加负偏压，少子为空穴。

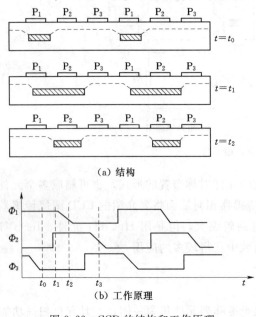

(a) 结构

(b) 工作原理

图 8.22 CCD 的结构和工作原理

实现电极下电荷有控制的定向转移，有二相、三相等多种控制方式。图 8.22 为三相时钟控制方式。所谓三相，是指在线阵列的每一级（即像素）有三个金属电极 P_1、P_2 和 P_3，在其上依次施加三个相位不同的时钟脉冲电压 Φ_1、Φ_2、Φ_3。CCD 电荷注入的方法有光注入法（对摄像器件）、电注入法（对移位寄存器）和热注入法（对热像器件）等。如图 8.22（b）所示，采用输入二极管电注入法，可在高电位电极 P_1 下产生一电荷包（$t=t_0$）。当电极 P_2 加上同样的高电位时，由于两电极下势阱间的耦合，原来在 P_1 下的电荷包将在这两个电极下分布（$t=t_1$）；而当 P_1 回到低电平时，电荷包就全部流入 P_2 下的势阱中（$t=t_2$）。然后 P_3 的电位升高且 P_2 的电位回到低电平，电荷包又转移到 P_3 下的势阱

中（即 $t=t_3$ 的情况）。图 8.22（a）中只表示电极 P_1 下势阱的电荷转移到电极 P_2 下势阱的过程。可见，经过一个时钟脉冲周期，电荷将从前一级的一个电极下转移到下级的同号电极下。这样，随着时钟脉冲有规则的变化，少子将从器件的一端转移到另一端，然后通过反向偏置的 P-N 结（如图 8.21 中的输出二极管）对少子进行收集，并送入前置放大器。由于上述信号输出的过程中没有借助扫描电子束，故称为自扫描器件。

应用 CCD 可制成移位寄存器、串行存储器、模拟信号延迟器及电视摄像机等。CCD 自 1970 年问世以来，由于它的低噪声等独特性能而发展迅速，并在微光电视摄像、信息处理和信息存储等方面得到了日益广泛的应用。

2. 电荷耦合器件（CCD）图像传感器

利用电荷耦合技术制成的图像传感器称为电荷耦合图像传感器。它由成排的感光元件

与电荷耦合移位寄存器等构成。电荷耦合图像传感器通常可分为线型 CCD 图像传感器和面型、传感器。

CCD 图像传感器于 1969 年在贝尔试验室研制成功，之后由日本的公司开始量产，它的像素从初期的 10 多万个已经发展至目前主流应用的两千多万个。CCD 又可分为线阵（linear）与面阵（area）两种，其中线阵应用于影像扫描器及传真机上，而面阵主要应用于工业相机、数码相机（DSC）、摄录影机、监视摄影机等多项影像输入产品上[12]。

伴随着数码相机、带有摄像头的手机等电子设备风靡全球，人类已经进入了全民数码影像的时代，每一个人都可以随时、随地、随意地用影像记录每一瞬间。带领我们进入如此五彩斑斓世界的，就是美国科学家威拉德·博伊尔和乔治·史密斯发明的 CCD（电荷耦合器件）图像传感器[13]。

100 多年来，伴随着暗箱、镜头和感光材料的制作不断取得突破，以及精密机械、化学技术的发展，照相机的功能越来越强大，使用越来越方便。但是，直到几十年前，人们依然只能将影像记录在胶片上。拍摄影像慢慢普及，但即时欣赏、分享、传递影像还非常困难。1969 年，博伊尔和史密斯极富创意地发明了一种半导体装置，可以把光学影像转化为数字信号，这一装置，就是 CCD 图像传感器。

CCD 图像传感器作为一种新型光电转换器现已被广泛应用于摄像、图像采集、扫描仪以及工业测量等领域。作为摄像器件，与摄像管相比，CCD 图像传感器有体积小、重量轻、分辨率高、灵敏度高、动态范围宽、光敏元件的几何精度高、光谱响应范围宽、工作电压低、功耗小、寿命长、抗震性和抗冲击性好、不受电磁场干扰和可靠性高等一系列优点[14]。

CCD 图像传感器除了大规模应用于数码相机外，还广泛应用于摄像机、扫描仪，以及工业领域等。此外，在医学中为诊断疾病或进行显微手术等而对人体内部进行的拍摄中，也大量应用了 CCD 图像传感器及相关设备。

CCD 是数码相机的电子眼，它革新了摄影技术，使光可以被电子化地记录下来，取代了胶片。这一数字形式极大地方便了对图像的处理和发送，诺贝尔奖评选委员会称赞说："无论是我们大海中的深邃之地，还是宇宙中的遥远之处，它都能给我们带来水晶般清晰的影像。"

8.3.4 高速光电器件

光电式传感器的响应速度是重要指标。随着光通信及光信息处理技术的提高，一批高速光电器件应运而生。

1. PIN 结光电二极管（PIN - PD）

PIN 结光敏二极管是以 PIN 结代替 P - N 结的光敏二极管，在 P - N 结中间设置一层较厚的 I 层（高电阻率的本征半导体）而制成，故简称为 PIN - PD。其结构原理如图 8.23 所示。

PIN - PD 与普通 PD 不同之处是入射信号光由很薄的 P 层照射到较厚的 I 层时，大部分光能被 I 层吸收，激发产生少数载流子形成光电流，因此 PIN - PD 比 PD 又有更高的光电转换效率。此外，使用 PIN - PD 时往往可加较高的反向偏置电压，这样一方面使 PIN

结的耗尽层加宽，另一方面可大大加强 P-N 结电场，使光生载流子在结电场中的定向运动加速，减小了漂移时间，大大提高了响应速度。

PIN-PD 具有响应速度快、灵敏度高、线性较好等特点，适用于光通信和光测量技术。

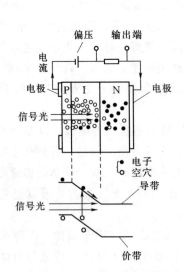
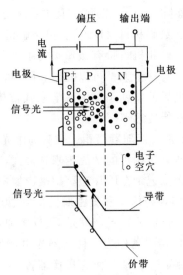

图 8.23　PIN-PD 结构原理图　　　　图 8.24　APD 结构原理图

2. 雪崩式光电二极管

雪崩式光电二极管是在 P-N 结的 P 型区一侧再设置一层掺杂浓度极高的 P$^+$ 层而构成。使用时，在元件两端加上近于击穿的反向偏压，如图 8.24 所示。此种结构由于加上强大的反向偏压，能在以 P 层为中心的结构两侧及其附近形成极强的内部加速电场（可达 10^5 V/cm）。受光照时，P 层受光子能量激发跃迁至导带的电子，在内部加速电场作用下，高速通过 P 层，使 P 层产生碰撞电离，从而产生出大量的新生电子-空穴对，而它们也从强大的电场获得高能，并与从 P 层来的电子一样两次碰撞 P 层中的其他原子，又产生新生电子-空穴对。这样，当所加反向偏压足够大时，不断产生二次电子发射，并使载流子产生雪崩倍增，形成强大的光电流。

雪崩式光电二极管具有很高的灵敏度和响应速度，但输出线性较差，故它特别适用于光通信中脉冲编码的工作方式。

由于 Si 长波长限较低，目前正研制适用于长波长、灵敏度高的，用 GaAs、GaAlSb、InGaAs 等材料构成的雪崩式光电二极管。

8.3.5　半导体色敏器件

半导体色敏器件是半导体光敏传感器件中的一种。它也是基于半导体的内光电效应，将光信号转变为电信号的光辐射探测器件。但是不管是光电导器件还是光生伏特效应器件，它们检测的都是在一定波长范围内光的强度或者光子的数目。而半导体色敏器件则可用来直接测量从可见光到近红外波段内单色辐射的波长。这是近年来出现的一种新型光敏器件。本节将对色敏传感器件的测色原理及其基本特性作简要介绍。半导体色敏器件相当于两只结深不同的光电二极管的组合，故又称双结光电二极管，其结构原理及等效电路见图 8.25。

在图 8.25 中所表示的 P^+-N-P 不是三极管，而是结深不同的两个 P-N 结二极管。浅结的二极管是 P^+-N 结；深结的二极管是 N-P 结。当有入射光照射时，P^+、N、P 三个区域及其间的势垒区都吸收光子，但效果不同。紫外光部分吸收系数大，经过很短距离已基本吸收完毕。因此，浅结的那只光电二极管对紫外光的灵敏度高，而对红外部分吸收系数较小。这类波长的光子则主要在深结区被吸收。因此，深结的那只光电二极管对红外光的灵敏度高。这就是说，在半导体中不同的区域对不同的波长分别具有不同的灵敏度。这一特性给我们提供了将这种器件用于颜色识别的可能性，也就是可以用来测量入射光的波长。利用上述光电二极管的特性，可得不同结深二极管的光谱响应曲线，如图 8.26 所示。图 8.26 中，PD_1 代表浅结二极管，PD_2 代表深结二极管。将两只结深不同的光电二极管组合，就构成了可以测定波长的半导体色敏器件。

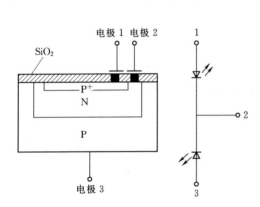

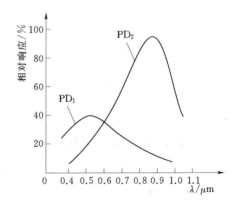

图 8.25　半导体色敏器件结构原理和等效电路　　图 8.26　硅色敏管中 PD_1 和 PD_2 光谱响应曲线

在具体应用时，应先对该色敏器件进行标定。也就是测定在不同波长的光照射下，该器件中两只光电二极管的短路电流的比值 I_{PD_2}/I_{PD_1}。I_{PD_1} 是浅结二极管的短路电流，它在短波区较大；I_{PD_1} 是深结二极管的短路电流，它在长波区较大。因而，两者的比值与入射单色光波长的关系就可以确定。根据标定的曲线，实测出某一单位光时的短路电流比值，即可确定该单色光的波长。

此外，这类器件还可用于检测光源的色温。对于给定的光源，色温不同，则辐射光的光谱分布不同。

例如，白炽灯的色温升高时，其辐射光中短波成分的比例增加，长波成分的比例减少。这将导致 I_{PD_1} 增大而 I_{PD_2} 减小，从而使 I_{PD_2} 与 I_{PD_1} 的比值减小。因此，只要将光敏器件短路电流比对某类光源定标后，就可由此直接确定该类光源中未知光源的色温[15]。

图 8.27 (a) 给出了国内研制的 CS-1 型半导体色敏器件的光谱特性，其波长范围是 400～1000nm。不同器件的光谱特性略有差别。

上述 CS-1 型半导体色敏器件的短路电流比-波长特性见图 8.27 (b)。该特性表征半导体色敏器件对波长的识别能力,是赖以确定被测波长的基本特性。

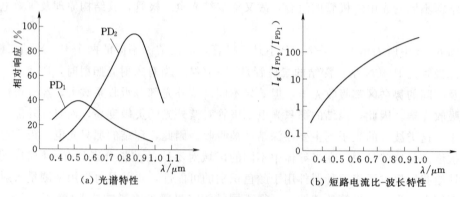

(a) 光谱特性　　　　　　　　(b) 短路电流比-波长特性

图 8.27　CS-1 型半导体色敏器件特性

由于半导体色敏器件测定的是两只光电二极管的短路电流之比,而这两只光电二极管是做在同一块材料上的,具有基本相同的温度系数。这种内部的补偿作用使半导体色敏器件的短路电流比对温度不十分敏感,所以通常可不考虑温度的影响[16]。

目前还不能利用上述色敏器件来测定复式光的颜色。此工作还有待进一步深入研究。

8.4　光电式传感器的类型与应用

8.4.1　光电式传感器的类型

光电式传感器按照其输出量的性质,可以分为模拟式和开关式两种。

1. 模拟式光电传感器

这类传感器将被测量转换成连续变化的光电流,要求光电元件的光照特性为单值线性,而且光源的光照均匀恒定。属于这一类的光电式传感器有下列几种工作方式。

(1) 透射式。如图 8.28 (a) 所示,由光源发出的一束光投射到被测目标并透射过去,透射光被光电器件接收。当被测目标的透光特性产生变化时,透射光的强度发生变化,由此可以测量气体、液体、透明或半透明固体的透明度、混浊度、浓度等参数,对气体成分进行分析,测定某种物质的含量等。

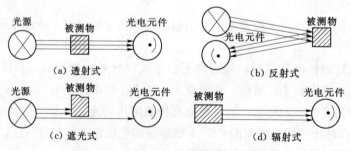

(a) 透射式　　　　　(b) 反射式

(c) 遮光式　　　　　(d) 辐射式

图 8.28　模拟式光电传感器的工作方式

（2）反射式。如图 8.28（b）所示，由光源发出的一束光投射到被测目标并被反射，反射光被光电器件接收。当被测目标的表面特性产生变化时，反射光的强度发生变化，由此可以测量物体表面反射率、粗糙度、距离、位移、振动、表面缺陷以及表面白点、露点、湿度等参数。

（3）遮光式。如图 8.28（c）所示，由光源发出的一束光可以直接投射到光电器件，在光通路上被测目标对光束进行部分遮挡，从而改变了光电器件接收到的光强。由此可以测量物体位移、振动、速度、孔径、狭缝尺寸、细丝直径等参数。

（4）辐射式。如图 8.28（d）所示，被测目标本身直接发出一定强度的光，并直接投射到光电器件上。当被测参数变化时，被测目标的发光强度相应产生变化，由此可以测量辐射温度光谱成分和放射线强度等参数。常用于红外侦察、遥感遥测、天文探测、公共安全等领域。

2. 开关式光电传感器

这类光电传感器利用光电器件受光照或无光照时"有""无"电信号输出的特性将被测量转换成断续变化的开关信号。为此，要求光电元件灵敏度高，而对光照特性的线性要求不高，这类传感器主要应用于零件或产品的自动计数、光控开关、电子计算机的光电输入设备、光电编码器以及光电报警装置等方面。

8.4.2 光电式传感器的应用

1. 光电式数字转速表

图 8.29 为光电式数字转速表工作原理图。图 8.29（a）表示转轴上涂黑白两种颜色的工作方式。当电机转动时，反光与不反光交替出现。光电元件间断地接收反射光信号，输出电脉冲，经放大整形电路转换成方波信号，由数字频率计测得电机的转速。图 8.29（b）为电机轴上固装一齿数为 z 的调制盘［相当图 8.29（a）电机轴上黑白相间的涂色］的工作方式。其工作原理与图 8.29（a）相同。若频率计的计数频率为 f，由式（8.2）即可测得转轴转速 n（r/min）：

$$n = 60f/z \tag{8.2}$$

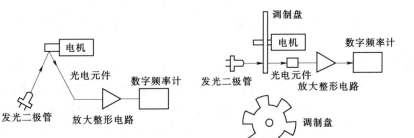

图 8.29　光电式数字转速表工作原理图

2. 光电式物位传感器

光电式物位传感器多用于测量物体的有无、个数，物体移动距离和相位等，按结构可分为遮光式、反射式两类，如图 8.30 所示。

这类传感器的检测精度常用物位检测精度曲线表征。图 8.31 是遮光式光电物位传感器检测精度曲线。该曲线用移动遮光薄板的方法来获得。如果考虑到首尾边缘效应的影响，可取输出电流值的 $10\%\sim90\%$ 所对应的移动距离作为传感器的测量范围[17]。

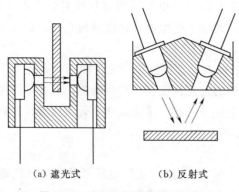

| (a) 遮光式　　　　(b) 反射式 | |
图 8.30　光电式物位传感器结构　　图 8.31　遮光式光电物位传感器检测精度曲线

当用光电式物位传感器进行计数时，对检测精度信噪比要求不高，但当用于精确测位（如光码盘开孔位置或其他设备的安装位置与相位）时，则必须考虑检测精度。为提高精度，可在传感器的光电器件前方加一开有 0.1mm 左右狭缝的遮光板。

反射式光电物位传感器光电器件接收的是反射光，因此输出电流受被测对象材料、形状及被测物与传感器端面距离等多种因素影响。当被测对象的材质和形状一定时，被测对象距传感器端面的距离 S 对检测精度和灵敏度影响较大。不同结构参数的传感器有不同的输出电流峰值，并对应于不同的 S 值。因此反射式光电传感器设计制成后应作标定曲线，然后视被测参数及具体工作情况合理选择距离 S。

3. 视觉传感器

在人类感知外部信息的过程中，通过视觉获得的信息占全部信息的 80% 以上，因此，能够模拟生物众观视觉功能的视觉传感器得到越来越多的关注。特别是 20 世纪 80 年代以来，随着计算机技术和自动化技术的突飞猛进，计算机视觉理论得到长足进步和发展。视觉传感器以及视觉检测与控制系统不断在各个领域得到应用，已成为当今科学技术研究领域十分活跃的热点内容之一[18]。

目前视觉传感器的应用日益普及，无论是工业现场，还是民用科技，到处可以看见视觉检测的足迹。例如工业过程检测与监控、生产线上零件尺寸的在线快速测量、零件外观质量及表面缺陷检测、产品自动分类和分组、产品标志及编码识别等。在机器人导航方面，视觉传感器还可用于目标辨识、道路识别、障碍判断、主动导航、自动导航、无人驾驶汽车、无人驾驶飞机、无人战车、探测机器人等。在医学临床诊断中，各种视觉传感器得到广泛应用，例如 B 超（超声成像）、CT（计算机层析）、核磁共振（MRI）胃窥镜等设备，为医生快速、准确地确定病灶提供了有效的诊断工具。各种遥感卫星，例如气象卫星、资源卫星、海洋卫星等，都是通过各种视觉传感器获取图像资料。在交通领域，视觉传感器可用于车辆自动识别、车辆牌照识别、车型判断、车辆监视、交通流量检测等。在安全防卫方面，视觉传感器可用于指纹判别与匹配、面孔与眼底识别、安全检查（飞机、海关）、超市防盗、停车场监视等场合。因此，视觉传感器应用领域日益扩大，应用层次逐渐加深，智能化、自动化、数字化的发展也越来越高。

视觉传感器的构成如图 8.32 所示，一般由光源、镜头、摄像器件、图像存储体、监视器以及计算机系统等环节组成。光源为视觉系统提供足够的照度，镜头将被测场景小的目标成像到视觉传感器（即摄像器件）的像面上，并转变为全电视信号。图像存储体负责将电视信号转变为数字图像，即把每一点的亮度转变为灰度级数据，并存储一幅或多幅图像。后面的计算机系统负责对图像进行处理、分析、判断和识别，最终给出测量结果。狭义的视觉传感器可以只包含摄像器件，广义的视觉传感器除了包括镜头和摄像器件外，还可以包括光源、图像存储体和微处理器等部分，而摄像器件相当于传感器的敏感元件。目前已经出现了将摄像器件与图像存储体以及微处理器等部分集成在一起的数字器件，这是完整意义上的视觉传感器。

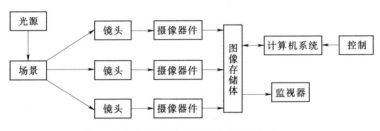

图 8.32　视觉传感器的一般组成

镜头是视觉传感器必不可缺的组成部分，它的作用相当于人眼的晶状体，主要具有成像、聚焦、曝光、变焦等功能。镜头的主要指标有焦距、光圈、安装方式。镜头的种类比较多，分类方法也多种多样，按焦距大小可以分为广角镜头、标准镜头、长焦距镜头；按变焦方式可以分为固定焦距镜头、手动变焦距镜头、电动变焦距镜头；按光圈方式可以分为固定光圈镜头、手动变光圈镜头、自动变光圈镜头。

摄像器件是视觉传感器的另一必不可缺的重要组成部分，它的作用相当于人眼的视网膜。摄像器件的主要作用是将镜头所成的像转变为数字或模拟电信号输出。它是视觉传感器的敏感元件。因此，摄像器件性能的好坏直接影响视觉检测质量。目前摄像器件的种类也比较多，按颜色分类可分为黑白器件、彩色器件和变色器件（可根据需要在彩色与黑白之间转换）；按工作维数分类可分为点式、线阵、面阵和立体摄像器件；按输出信号分类又可分为模拟式（只输出标准模拟电视信号）和数字式（直接输出数字信号）两种；按照工作原理可分为 CCD 式和 CMOS 式。

图像存储体是视觉传感器的主要组成部分，对传感器的性能影响很大。图像存储体的主要作用包括：接收来自模拟摄像机的模拟电视信号或数字摄像机的数字图像信号；存储一幅或多幅图像数据；对图像进行预处理，例如灰度变换、直方图拉伸与压缩、滤波、二值化以及图像图形叠加等；将图像输出到监视器进行监视和观察，或者输出到计算机内存中，以便进行图像处理、模式识别以及分析计算。

光源是视觉传感器必不可缺的组成部分。在视觉检测过程中，由于视觉传感器对光线的依赖性很大，照明条件好坏将直接影响成像质量，具体地讲，就是将影响图像清晰度、细节分辨率、图像对比度等。因此，照明光源的正确设计与选择是视觉检测的关键问题之一。用于视觉检测的光源应满足以下几点要求：照度要适中、亮度要均匀、亮度要稳定、不应产生阴影、照度可调等。

在视觉传感器获得一幅图像数据后，需要进行一系列图像处理工作。其中包括图像增强、图像滤波、边缘检测、图像描述与识别等。

图 8.33 为尺寸测量的一个实例，用于测量热轧铝板宽度。图 8.33（a）表示测量用传感器及其相关系统的构成，图 8.33（b）为测量原理。由图可知，板材左右晃动并不影响测量结果，因此适用于在线检测。图 8.33（a）中所示线型 CCD 图像传感器 3 用来摄取激光器在板上的反射像，其输出信号用以补偿由于板厚变化造成的测量误差。整个系统由微处理器控制，这样可以实现在线实测热轧板宽度。对于 2m 宽的热轧板最终测量精度可达 $\pm 0.025\%$。

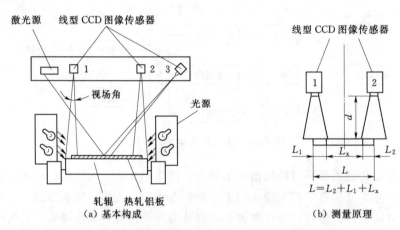

图 8.33　热轧铝板宽度测量的基本构成和原理

工件伤痕及表面污垢的检测原理与尺寸测量基本相同，见图 8.34。

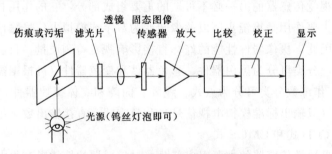

图 8.34　工件微小伤痕及污垢检测

肉眼往往难以发现工件伤痕或表面污垢。因此，光照射到工件表面后的输出与合格工件的输出之间的差异极其微小，加上线型 CCD 图像传感器像素输出的不均匀性，给测量造成特殊的困难。通常解决的方法是预先将传感器的输出均匀度特性输入微处理器，然后将实测值与其相比较而修正。

上述方法也可用于检测工件表间粗糙度。利用光线照射到工件表面产生漫反射形成散斑，采用线型或面型CCD图像传感器检测散斑情况，并与标准样板比较，可确定工件表面粗糙度等级。

利用带有高速快门的CCD摄像机对被测对象摄像，获得被测对象的图像，从而剔除不合格品或进行分选，是视觉传感器的又一应用领域。这种方法可用于剔除瓶盖、金属或玻璃容器的不合格品，也可用于禽蛋、水果、蔬菜和鲜鱼等物品的形状和鲜度判别（图8.35）。

与前述方法不同的是，需要根据不同的被测对象确定若干特征参数，并在某一电平上二值化。图8.36为视觉传感器的另一个应用实例。两个光源分别从不同方向向传送带发送两条水平缝隙光（即结构光），而且预先将两条缝隙光调整到刚好在传送带上重合的位置。这样，当传送带上没有零件时，两条缝隙光合成一条直线。当传送带上的零件通过缝隙光处时，缝隙光就变成两条分开的直线，其分开的距离与零件的高度成正比。视觉系统通过对摄取图像进行处理，可以确定零件位置、高度、类别与取向，并将此信息送入机器人控制器，使得机器人完成对零件的准确跟踪与抓取。

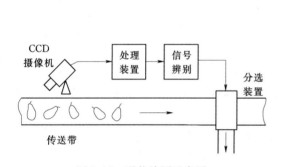

图 8.35　形状检测示意图

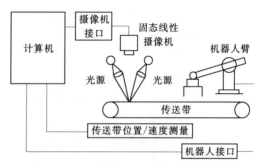

图 8.36　视觉传感器在机器人系统中的应用

4. 细丝类物件的在线检测

如图8.37所示，要求激光从轴线垂直方向照射被测对象，利用图示光学系统使激光光束平行扫描，并测出被测对象遮断光束的时间，经过运算求出直径值。由于细丝类物件在加工过程中会产生振动或抖动，因此需要通过运算进行修正。设 V 为扫描速度，v 为被测对象振动速度，D 为被测对象的直径，t 为扫描时间，则存在下列关系：

$$\left.\begin{array}{l} D_A = (V-v)t_A \\ D_B = (V+v)t_B \end{array}\right\}$$

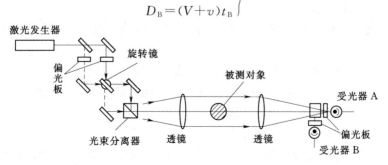

图 8.37　外径检测系统

于是，被测直径为

$$D=\frac{V}{2}(t_A+t_B) \tag{8.3}$$

上述系统中，旋转镜的旋转平稳性将影响测量精度，需要加以控制。

习 题 与 工 程 设 计

一、选择题（单选题）

1. 光电式传感器对光源具有如下几方面的要求：（   ）。

（a）具有足够的照度，均匀、无遮挡或阴影，照射方式应符合测量要求，发热量应尽可能小，光应具有合适的光谱范围

（b）照度不能过大，有均匀的遮挡或阴影，照射方式应符合测量要求，发热量应尽可能小，光应具有合适的光谱范围

（c）具有足够的照度，均匀、有可变的遮挡或阴影，照射方式应符合测量要求，发热量应尽可能小，光应具有合适的光谱范围

（d）具有足够的照度，均匀、无遮挡或阴影，照射方式应符合测量要求，发热量应尽可能大，光应具有广泛的光谱范围

2. 热辐射光源具有的特点是（   ）。

（a）（1）光源谱线丰富，涵盖可见光和紫外光，峰值在近红外区，适用于多数光电传感器；

（2）发光效率低，一般仅有 15％的光谱处在紫外光区；

（3）发热大，约超过 80％的能量转化为热能，属于典型的热光源；

（4）寿命短，易碎，一般为 1000h 左右；

（5）电压高，使用有一定危险

（b）（1）光源谱线丰富，涵盖可见光和红外光，峰值在近红外区，适用于多数光电传感器；

（2）发光效率低，一般仅有 15％的光谱处在可见光区；

（3）发热大，约超过 80％的能量转化为热能，属于典型的热光源；

（4）寿命短，易碎，一般为 1000h 左右；

（5）电压高，使用有一定危险

（c）（1）光源谱线丰富，涵盖可见光和红外光，峰值在近红外区，适用于多数光电传感器；

（2）发光效率低，一般仅有 15％的光谱处在可见光区；

（3）发热小，约超过 20％的能量转化为热能，属于典型的热光源；

（4）寿命短，结构牢固，一般为 1000h 左右；

（5）电压高，使用有一定危险

（d）（1）光源谱线丰富，涵盖可见光和红外光，峰值在近紫外区，适用于多数光电传感器；

（2）发光效率低，一般仅有15％的光谱处在可见光区；

（3）发热大，约超过80％的能量转化为热能，属于典型的热光源；

（4）寿命短，易碎，一般为1000h左右；

（5）电压低，使用有安

3. 气体放电光源的特点是（　　　　）。

（a）效率低，耗电，功率大；部分气体发电光源含有丰富的紫外线和频谱范围广；光强度大，光谱难调节；易碎，废弃物含有汞，有毒，易污染环境

（b）效率高，省电，功率大；部分气体发电光源含有丰富的红外线和频谱范围小；光强度大，光谱难调节；易碎，废弃物含有汞，有毒，易污染环境

（c）效率高，省电，功率大；部分气体发电光源含有丰富的紫外线和频谱范围广；光强度大，光谱难调节；易碎，废弃物含有汞，有毒，易污染环境

（d）效率高，省电，功率大；部分气体发电光源含有丰富的紫外线和频谱范围广；光强度小，光谱易调节；易碎，废弃物含无毒，环保

4. 发光二极管主要特点是（　　　　）。

（a）体积小、难安装，耐振动；无辐射，无污染；功耗低，发热少；寿命长；响应快；供电电压低，易数字控制；成本较低

（b）体积小、易封装，容易碎；无辐射，无污染；功耗低，发热少；寿命长；响应快；供电电压低，易数字控制；成本较高

（c）体积小、易封装，耐振动；无辐射，无污染；功耗低，发热多；寿命短；响应快；供电电压低，易数字控制；成本较低

（d）体积小、易封装，耐振动；无辐射，无污染；功耗低，发热少；寿命长；响应快；供电电压低，易数字控制；成本较高

5. 激光的特性是（　　　　）。

（a）方向性好，发散角小；亮度高，能量集中；单色性好，光谱范围极小；相干性好，具有极强的时间相干性和空间相干性

（b）方向性好，扩散角大；亮度高，能量集中；单色性好，光谱范围极小；相干性好，具有极强的时间相干性和空间相干性

（c）方向性好，发散角小；亮度低，能量发散性好；色谱广，光谱范围大；相干性好，具有极强的时间相干性和空间相干性

（d）方向性好，发散角小；亮度高，能量集中；单色性好，光谱范围极小；相干性差，时间相干性和空间相干性较差

6. 光电器件的主要特性是（　　　　）。

（a）光照特性、亮度特性、响应时间、峰值探测率、湿度特性、伏安特性

（b）光照特性、光谱特性、响应时间、峰值探测率、温度特性、伏安特性

（c）方向特性、光谱特性、延迟时间、峰值探测率、温度特性、伏安特性

（d）光照特性、光谱特性、响应时间、有效探测率、温度特性、居里特性

7. 光电式传感器按工作方式有（　　　　）。

（a）透光式、反光式、挡光式、烘烤式、光电式等五类

（b）漏射式、反光式、遮光式、直照式、开关式等五类

（c）透射式、反射式、遮光式、辐射式、开关式等五类

（d）干涉式、反射式、遮光式、辐射式、光电式等五类

8. 在习题图 8.1 中，光电式物位传感器是（　　　）。

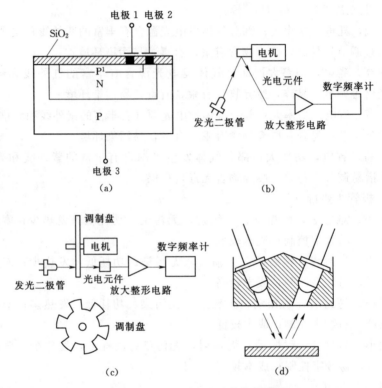

习题图 8.1　识别光电式物位传感器

二、思考题

1. 简述光电传感器的主要形式及其应用，用方框图表示光电式传感器的组成。

2. 简述 CCD 图像传感器的工作原理及应用。

3. 何为外光电效应、光电导效应和光生伏特效应？

4. 说明爱因斯坦光电效应方程的含义。

5. 怎样根据光照特性和光谱特性来选择光敏器件？试举例说明。

三、工程与设计题

设计一例光电传感器的应用，画出原理结构图并简单说明原理。

参 考 文 献

［1］　盛国林，黄平. 光电式传感器在现代工业生产中的应用 ［J］. 新技术新工艺，2014（7）：1-3.

［2］　张静. 浅谈光电式传感器 ［J］. 电子技术与软件工程，2014（3）：263.

［3］　包顺东，张轲，吴毅雄. 电弧光谱分布特征及激光传感器的光源选择 ［J］. 光电子激光，2009，

20（4）：504－508.

［4］ 张望，于清旭.基于红外热辐射光源的光声气体分析仪［J］.光谱学与光谱分析，2007（3）：614－618.

［5］ 程永师，陈瑰，李进延.高功率铒镱共掺光纤激光器研究进展［J］.激光与光电子学进展，2019，56（17）.

［6］ 邱宏，赵雪丹，于明鹏，等.把"薄膜光电导效应"引入探究型实验教学［J］.大学物理，2018，37（5）：57－61，67.

［7］ 毛奇.TiO－2阻变结构中的弛豫与光电导效应［D］.北京：中国科学院大学（中国科学院物理研究所），2016.

［8］ 丁幼春，朱凯，王凯阳，等.薄面激光-硅光电池中小粒径种子流监测装置研制［J］.农业工程学报，2019，35（8）：12－20.

［9］ 崔子浩，华文深，刘晓光，等.砷化镓光伏电池的激光光照特性研究［J］.光学仪器，2018，40（2）：50－55.

［10］ 何兴，王金伟，刘磊，等.动力电池充放电过程中温度特性研究［J］.电源技术，2019（6）：998－1000.

［11］ 刘源，李庆，梁艳菊.基于FPGA的红外目标自动检测系统［J］.红外技术，2019，41（6）：521－526.

［12］ 祝诗平.传感器与检测技术［M］.北京：北京大学出版社，中国林业出版社，2006.

［13］ 图像传感器最新新闻资讯［Z/OL］.［2016－07－21］.

［14］ 图像传感器的发展及应用现状［Z/OL］.［2016－05－24］.

［15］ 颜博霞，王延伟，亓岩，等.激光显示光源颜色配比和色温研究［J］.中国激光，2018，45（4）：49－53.

［16］ 姚其，顾蓓蓓.光源色温对物体反射亮度影响［C］//中国照明学会，台湾区照明灯具输出业同业公会.海峡两岸第二十一届照明科技与营销研讨会专题报告暨论文集.2014：9－13.

［17］ 张杰，江杰.矿用超声波物位传感器设计［J］.科技风，2019（1）：4.

［18］ 孙宝，杨世恩，彭章君.健康服务机器人室内导航视觉传感器研究与开发［J］.计算机测量与控制，2019，27（6）：271－275.

第9章　信号检测与传输放大电路

内容摘要： 本章主要学习和研究四个内容：（1）电压和电流放大电路，包括信号源及等效电路、集成运算放大器、比例放大电路、仪用放大器；（2）电桥及其放大电路，包括交流电桥和直流电桥放大器，对直流电桥只做简介；（3）高输入阻抗放大器，包括复合跟随器、高输入阻抗放大器及其计算、高输入阻抗放大器信号保护、高输入阻抗放大器制作装配工艺；（4）低噪声放大电路，包括噪声的基本知识、噪声电路计算、倍噪比与噪声系数、晶体三极管的噪声、低噪声电路设计。

理论教学要求： 信号检测与传输放大电路是传感器从信号检测到显示控制过程中重要的中间过程。通过学习电压和电流放大电路、电桥及其放大电路、高输入阻抗放大器和低噪声放大电路，掌握电压和电流放大电路、电桥及其放大电路、高输入阻抗放大器和低噪声放大电路的特点，并掌握电压和电流放大电路、电桥及其放大电路、高输入阻抗放大器和低噪声放大电路的计算和针对性应用。

实践教学要求： 通过对信号检测与传输放大电路理论知识的学习，掌握电压和电流放大电路、电桥及其放大电路、高输入阻抗放大器和低噪声放大电路的特点，并能将电压和电流放大电路、电桥及其放大电路、高输入阻抗放大器和低噪声放大电路应用到工程实践中，解决复杂的工程实际问题中有实践创新。

传感器的输出有各种形式，如热电偶的输出为直流电压，光电二极管的输出为直流电流，差分变压器或电磁流量计的输出为交流电压，热敏电阻、应变计和半导体气体传感器的输出为电阻的变化，电感式位移传感器将位移转换为电感的变化，晶体厚度传感器则把频率的变化转换成振动频率的变化等。而且传感器输出的信号往往都很微弱并混杂了多种干扰和噪声。为了便于信号的显示、记录和分析处理，检测装置的输出信号须转化成足够大的电压、电流或数字信号。信号变换就是通过对信号的转换、放大、解调、A/D 转换以及干扰抑制等各种变换得到所希望的输出信号的处理过程，是在测量中使用的通用技术。信号变换电路的形式多种多样[1]。本章对基本的信号变换单元电路进行分析和介绍，并讨论几种常用的信号处理电路。

9.1　电压和电流放大电路

传感器的输出电压或电流一般来说都比较小（电压为毫伏级或微伏级，电流为微安级或毫安级），通常采用集成运算放大器构成的放大电路将其放大或变换到伏特级电压输出。

9.1.1 信号源及等效电路

传感器的因变量为电源性参数时，其等效电路可归结为图 9.1 所示的三种形式。图 9.1 (a) 所示为电压源等效电路，信号源 U_S 与传感器的等效电阻 R_S 串联，热电偶的等效电路即属于此种类型；图 9.1 (b) 所示为电流源等效电路，电流源 I_S 与传感器的等效电阻 R_S 并联，光电二极管的等效电路即属于此种类型；在电压源的情况下，往往使用图 9.1 (c) 所示的参考电路，这种电路有两个电压源 U_S 和 U_C，U_C 同时加在两个输出端，称为共模 (common mode) 电压，U_S (或用 U_D 表示) 称为差模 (differential mode) 或常模 (normal mode) 电压。U_C 通常是无用信号，必须进行抑制，U_S 则是需要进行放大的有用信号。在一些测量场合，共模信号往往比差模信号大许多倍，因此，要求放大电路有极大的差模放大倍数 A_D 和极小的共模放大倍数 A_C，或者说有极大的共模抑制比 (common mode repression ratio，CMRR)，$CMRR = 20 \lg \dfrac{A_D}{A_C}$。

在心电波形的测量中，两测量电极上的电压即是这种情况，220V 供电及其输电线路与人体之间的分布电容会在两个测量电极上感应出十几伏甚至几十伏的共模电压，而两电极之间的心电信号 (差模信号) 最大只有几毫伏。高温炉使用的热电偶由于存在来自电源的漏电，在分析时也应采用图 9.1 (c) 所示的等效电路。采用差分原理的电感、电容和电阻式传感器的输出等效电路也是如此[2]。

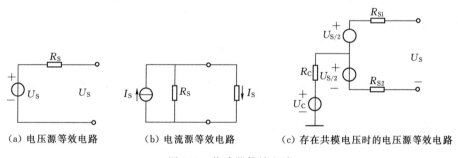

(a) 电压源等效电路　　(b) 电流源等效电路　　(c) 存在共模电压时的电压源等效电路

图 9.1　传感器等效电路

9.1.2 集成运算放大器

集成运算放大器是内部具有差分放大电路的集成电路[3]，国家标准规定的符号如图 9.2 (a) 所示，习惯的表示符号如图 9.2 (b) 所示，运算放大器有两个信号输入端和一个输出端，两个输入端中，标 "+" 的为同相输入端，标 "−" 的为反相输入端。所谓同相或反相是表示输出信号与输入信号的相位相同或相反。$U_{ID} = U_{I1} - U_{I2}$ 称为差模或差分输入信号，$U_{IC} = (U_{I1} + U_{I2})/2$ 则称为共模输入信号，输出信号为 U_0[4]，其参考点为信号地。

理想的运算放大器 (简称运放) 具有以下特性：

(1) 对差模信号的开环放大倍数为无穷大。

(2) 共模抑制比无穷大。

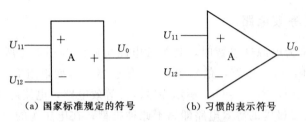

（a）国家标准规定的符号　　　　　　（b）习惯的表示符号

图 9.2　集成运算放大器表示符号

（3）输入阻抗无穷大[5]。

如果集成运放工作在线性放大状态，那么它具有以下两个特点：

（1）两输入端的电压非常接近，即 $U_{11} \approx U_{12}$，但不是短路，故称为"虚短"，在工程中分析电路时，可以认为 $U_{11} = U_{12}$。

（2）流入两个输入端的电流通常可视为 0，即 $i_- \approx 0$、$i_+ \approx 0$，但不是断开，故称为"虚断"。在工程中分析电路时，可以认为 $i_- = i_+ = 0$。

9.1.3　比例放大电路

运算放大器最基本的用法如图 9.3 所示。图 9.3（a）中，输入电压加在"＋"端，输出电压 U_0 经电阻 R_1 和 R_2 分压后得到反馈电压 U_F 加到"－"端，构成负反馈，R_1 称为反馈电阻[6]。应用运放"虚短"和"虚断"的概念，可得这种电压负反馈放大电路的放大倍数（又称为传输增益），为

$$A_u = 1 + R_1/R_2 \tag{9.1}$$

信号也可以从反相端输入，如图 9.3（b）所示，设 $R_S = 0$，这时的放大倍数为

$$A_u = -R_f/R_1 \tag{9.2}$$

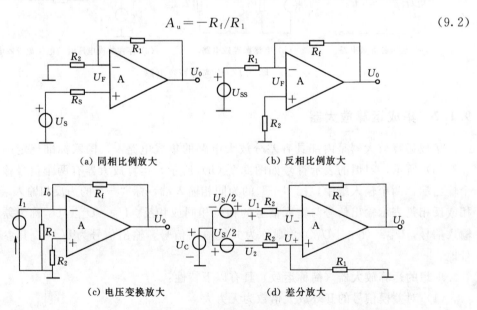

（a）同相比例放大　　　　　　　　（b）反相比例放大

（c）电压变换放大　　　　　　　　（d）差分放大

图 9.3　比例放大电路

电流信号通过图 9.3（c）所示的负反馈放大电路转换成电压。输出电压 U_0 通过电阻 R_f 反馈到"—"端，根据"虚短"概念，信号源被短路，R_1 上没有电流通过，从信号源流出的电流 i_1 与 i_s 相等，这个电流通过 R_f 得到的输出电压为

$$U_0 = -R_f i_s \tag{9.3}$$

存在共模电压时，运放接成差分放大器的形式，电路只对差分信号进行放大，如图 9.3（d）所示。电阻 R_1 和 R_2，组成反馈通道，根据"虚短"和"虚断"的概念，求得输出电压为

$$U_0 = \frac{R_1}{R_2}(U_1 - U_2) = \frac{R_1}{R_2} U_s \tag{9.4}$$

可见，共模电压 U_C 被抑制掉了，只有差模信号 U_s 得到放大。

9.1.4 仪用放大器

在信号很微弱而共模干扰很大的场合，放大电路的共模抑制比是个很重要的指标。例如在做常规心电图时，对人体的心电信号（为差模信号）需要分辨到 0.1mV，如果附近供电电网通过分布电容耦合到人体上的共模干扰高达 10V，则一个共模抑制比为 80dB 的放大器就满足不了要求[7]。因为 10V 的共模干扰作用于该放大器时，其等效差模误差为 1mV。若能将该放大器的共模抑制比提高到 120dB，对于相同的共模干扰，其等效差模误差仅为 0.01mV，这样就能用来放大 0.1mV 级的信号了[8]。

为了抑制干扰，运放常采用差动输入方式，对测量电路的基本要求如下：

（1）高输入阻抗，以减轻信号源的负载效应和抑制传输网络电阻不对称引入的误差。

（2）高共模抑制比，以抑制各种共模干扰引入的误差。

（3）高增益及宽的增益调节范围。

（4）非线性误差要小。

（5）零点的时间及温度稳定性要高。零位可调，或者能自动校零。

（6）具有优良的动态特性，即放大器的输出信号应尽可能快地跟随被测量的变化。

以上这些要求通常采用多运放组合的测量放大器来满足。典型的组合方式有：二运放同相串联式测量放大器（图 9.4）；三运放同相并联式测量放大器（图 9.5）；四运放高共模抑制测量放大器（图 9.6）[9]。

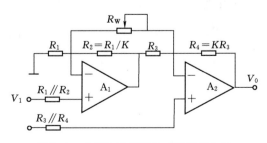

图 9.4 二运放同相串联式测量放大器

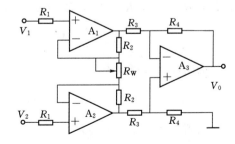

图 9.5 三运放同相并联式测量放大器

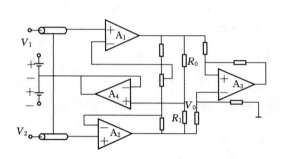

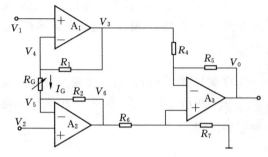

图 9.6　四运放高共模抑制测量放大器　　　　　　图 9.7　测量放大器

本节主要研究三运放同相并联式测量放大器。

1. 测量放大器的增益

三运放结构的测量放大器由两级组成，两个对称的同相放大器构成第一级，第二级为差动放大器-减法器，如图 9.7 所示[10]。

设加在运放 A_1 同相端的输入电压为 V_1，加在运放 A_2 同相端的输入电压为 V_2，若 A_1、A_2 都是理想运放，则 $V_1 = V_4$，$V_2 = V_5$，有

$$I_G = \frac{V_4 - V_5}{R_G} = \frac{V_1 - V_2}{R_G}$$

$$V_3 = V_4 + I_G R_1 = V_1 + \frac{V_1 - V_2}{R_G} R_1$$

$$V_6 = V_5 + I_G R_2 = V_2 + \frac{V_1 - V_2}{R_G} R_2$$

则测量放大器第一级的闭环放大倍数为

$$V_{F1} = \frac{V_3 - V_6}{V_1 - V_2} = 1 + \frac{R_1 + R_2}{R_G} \tag{9.5}$$

整个放大器的输出电压为

$$V_0 = V_6 \left[\frac{R_7}{R_6 + R_7} \left(1 + \frac{R_5}{R_4} \right) \right] - V_3 \frac{R_5}{R_4} \tag{9.6}$$

为了提高电路的抗共模干扰能力和抑制漂移的影响，应根据上下对称的原则选择电阻，若取 $R_1 = R_2$，$R_4 = R_6$，$R_5 = R_7$，则输出电压为

$$V_0 = \frac{R_5}{R_4}(V_6 - V_3) = -\left(1 + \frac{2R_1}{R_G} \right) \frac{R_5}{R_4} (V_1 - V_2) \tag{9.7}$$

第二级的闭环放大倍数为

$$A_{F2} = \frac{V_0}{V_6 - V_3} = \frac{R_5}{R_4} \tag{9.8}$$

整个放大器的闭环放大倍数为

$$A_F = \frac{V_0}{V_1 - V_2} = -\left(1 + \frac{2R_1}{R_G} \right) \frac{R_5}{R_4} \tag{9.9}$$

若取 $R_4 = R_5 = R_6 = R_7$，则 $V_0 = V_6 - V_3$，$A_{F2} = 1$，有

$$A_F = -\left(1 + \frac{2R_1}{R_G}\right) \tag{9.10}$$

由式（9.9）或式（9.10）可看出，改变电阻 R_G 的大小，可方便地调节放大器的增益。在集成化的测量放大器中，R_G 是外接电阻，用户可根据整机的增益要求来选择 R_G 的值[11]。

2. 失调参数的影响

假设由三个运放的失调电压 V_{OS} 及失调电流 I_{OS} 所引起的误差电压折算到各运放输入端的值分别为 ΔV_1、ΔV_2 和 ΔV_3，误差电压的极性如图 9.8 所示[12]。为分析简单，假设输入信号为 0，则输出误差电压为

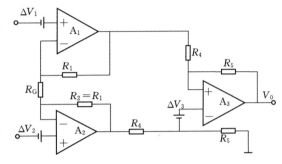

图 9.8 测量放大器的误差分析

$$\Delta V_0 = \left(1 + \frac{2R_1}{R_G}\right)\frac{R_5}{R_4}(\Delta V_1 - \Delta V_2) + \Delta V_3\left(1 + \frac{R_5}{R_4}\right)$$

若 $R_4 = R_5$，则

$$\Delta V_0 = \left(1 + \frac{2R_1}{R_G}\right)(\Delta V_1 - \Delta V_2) + 2\Delta V_3 \tag{9.11}$$

由式（9.11）可知，图示极性的 ΔV_1 和 ΔV_2 所引起的输入误差是相互抵消的。若运放 A_1 和 A_2 的参数匹配，则失调误差大为减小。ΔV_3 折算到放大器输入端的值为 $2\Delta V_3 / A_{F1}$，则等效失调参数很小，也就是说对运放 A_3 的失调参数要求可降低些。

3. 测量放大器的抗共模干扰能力

由式（9.7）可知，在共模电压作用下，输出电压 $V_0 = 0$。这是因为共模电压作用在 R_G 的两端不会产生电位差，从而在 R_G 上不存在共模分量对应的电流，也就不会引起输出。即使共模输入电压发生变化，也不会引起输出。因此，测量放大器具有很高的共模抑制能力。通常选取 $R_1 = R_2$，其目的是为了抵消运放 A_1 和 A_2 本身共模抑制比不等造成的误差和克服失调参数及其漂移的影响[13]。

然而，对于交流共模电压，一般接法的测量放大器不能完全抑制。因为信号的传输线之间和运放的输入端均存在寄生电容，如图 9.9 所示，分布电容 $C_1 + C_1'$、$C_2 + C_2'$ 和传输线的电阻 R_{11}、R_{12} 分别构成两个等效 RC 分压器，对直流共模电压，这两个分压器不起作用，但对交流共模电压，由于 $C_1 + C_1'$、R_{11} 和 $C_2 + C_2'$、R_{12} 不可能完全一样，所以在测量放大器的两个输入端不可能得到完全一样的共模电压，从而在测量放大器的输出端就存在共模误差电压，而且该电压随着共模电压频率的增高而增加[14]。

为了克服交流共模电压的影响，在电路中采用驱动屏蔽技术。该技术的实质是使传输线的屏蔽层不接地，而改为跟踪共模电压相对应的电位。这样，屏蔽层和传输线之间就不存在瞬时电位差，上述的不对称分压作用也就不再存在了。三运放测量放大器中，保护电位可取自运放 A_1 和 A_2 输出端的中点，其电位正好是交流共模电压 V_C 值，如图 9.10 所

173

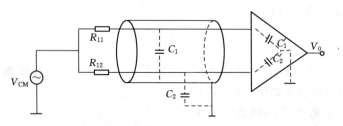

图 9.9　测量放大器的分布参数影响

示。所取得的电位经运放 A_4 组成的缓冲放大器放大后驱动电缆的屏蔽层，这样做较好地解决了抑制交流共模电压的干扰问题。

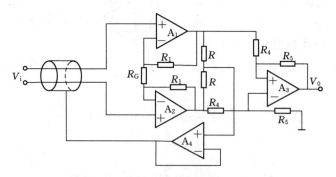

图 9.10　测量放大器的驱动屏蔽电路

测量放大器共模抑制能力还受到运放本身的共模抑制比的影响。设运放 A_1 和 A_2 的共模抑制比 $CMRR_1$、$CMRR_2$ 为有限值且不相等，则不难推出放大器第一级的共模抑制比为

$$CMRR_1 = \frac{CMRR_1 \cdot CMRR_2}{|CMRR_1 - CMRR_2|} \qquad (9.12)$$

当 $CMRR_1 = CMRR_2$ 时，第一级共模抑制比趋于无穷，所以提高第一级共模抑制比关键是使 $CMRR_1$ 尽量接近 $CMRR_2$。

第二级的电阻不匹配，会引起共模误差。设电阻的匹配公差分别为 $R_4 = R_{40}(1 \pm \delta)$，$R_5 = R_{50}(1 \pm \delta)$，在失配最严重的情况下，可推导出由于电阻的失配所引起的共模抑制比为

$$CMRR_R \approx \frac{1 + A_{F2}}{4\delta}$$

第二级共模抑制比经推导为

$$CMRR_{11} = \frac{A_{F3} \cdot CMRR_R \cdot CMRR_3}{CMRR_R + CMRR_3} \qquad (9.13)$$

式中 $CMRR_3$ 为运放 A_3 本身的共模抑制比，整个放大器的共模抑制比为

$$CMRR = \frac{A_{F1} \cdot CMRR_{11} \cdot CMRR_1}{A_{F1} \cdot CMRR_{11} + CMRR_1} \qquad (9.14)$$

当 $CMRR_1 \gg A_{F1} CMRR_{11}$ 时，式（9.14）可简化为

$$CMRR = A_{F1} \cdot CMRR_{11} \tag{9.15}$$

为提高测量放大器的共模抑制能力，通常将第一级的增益设计得大些，而第二级的增益设计得小些，把提高第二级的共模抑制比 $CMRR_{11}$ 放在首位，以提高整个放大器的共模抑制比[15]。

4. 测量放大器集成电路

美国 Analog Devices 公司生产的 AD612 型、AD614 型测量放大器就是根据上述原理设计的典型三运放结构单片集成电路，其他型号的测量放大器，虽然电路有所区别，但基本性能是一致的，如 AD521 型、AD522 型等。现以 AD612 型、AD614 型为例将测量放大器的集成电路做一简单介绍。

AD612、AD614 是高精度、高速度的测量放大器，能在恶劣环境下工作，它具有很好的交直流特性，其内部电路结构如图 9.11 所示。电路中所有电阻是采用激光自动修到工艺制作的高精度薄膜电阻，用这些网络电阻构成的放大器增益精度高，最大增益误差不超过 $\pm 10^{-5}/^{\circ}C$。用户可很方便地连接这些网络的引脚，获得 $1 \sim 1025$ 倍二进制关系的增益。这种测量放大器在数据采集系统中应用广泛。同时它具有如图 9.10 所示的驱动屏蔽技术，引脚 15 就是保护端，由 15 端接一跟随器去驱动输入电缆，从而得到屏蔽输入共模电压，提高共模抑制比，降低输入噪声[16]。

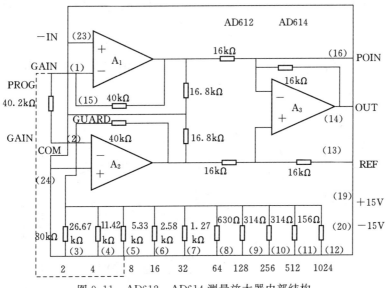

图 9.11 AD612、AD614 测量放大器内部结构

AD612、AD614 的增益可控，并有两种增益状态：一种是二进制，另一种是非二进制。二进制增益状态是利用精密电阻网络获得的。当 A_1 的反相端（1）和精密电阻网络的各引出端（3）～（12）不相连时，$R_G = \infty$，$A_F = 1$。当精密电阻网络引出端（3）～（10）分别和（3）端相连时，按二进制关系建立增益，其范围为 $2^1 \sim 2^8$。当要求增益为 2^9 时，须把引出端（10）、（11）均与（1）端相连。若要求增益为 2^{10} 时，需把（10）、（11）和（12）端均与（1）端相连。所以只要在（1）端和（3）～（12）端之间加一多路转换开关，用数码去控制开关的通与断，可方便地进行增益控制。

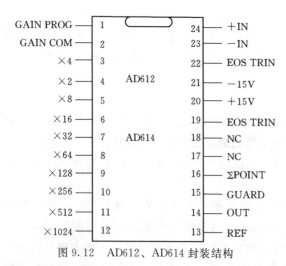

另一种非二进制增益关系与一般三运放测量放大器一样，只要在（1）端和（2）端之间外接一个电阻 R_G，则增益为

$$A_F = 1 + \frac{80\text{k}\Omega}{R_G}$$

如要求 $A_F = 10$，则 $R_G = 80\text{k}\Omega/9 = 8.89\text{k}\Omega$，要求 R_G 的温度系数 $\leqslant 10^{-5}/\text{℃}$，以保证增益精度。当外接电阻 R_G 达不到此精度时，采用 R_G 和精密薄膜电阻网络并联的方法来减少 R_G 对增益精度和漂移的影响，如图 9.11 中虚线所示。因为这时流过 R_G 的电流是总电流的一小部分，外接电阻 R_G 的影响被减少了

图 9.12　AD612、AD614 封装结构

$R_内/(R_内 + R_外)$ 倍，图中虚线用导线连接后即为增益等于 10 的接法。AD612、AD614 采用 24 脚双列直插式封装结构，如图 9.12 所示。

当 AD612、AD614 和测量电桥连接时，其接线如图 9.13 所示。信号地和电源地相连，使放大器的偏置电流形成通路，在 1 端和 3 端短接的情况下，输出电压的表达式为

$$V_0 = 2\left[(V_1 - V_2) + \frac{V_1 + V_2}{2}\frac{1}{\text{CMRR}}\right] \tag{9.16}$$

式中，$V_1 - V_2$ 为输入信号，$[(V_1 + V_2)/2][1/\text{CMRR}]$ 为共模误差，系数 2 为放大器的增益。

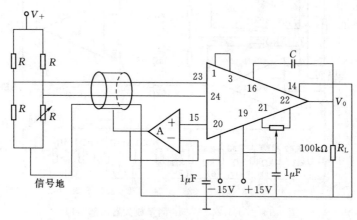

图 9.13　AD612、AD614 和测量电桥的接线图

9.2　电桥及其放大电路

9.2.1　交流电桥

电桥电路具有灵敏度高、线性好、测量范围宽和容易实现温度补偿等优点，常用于阻

抗发生变化的传感器。电桥按其激励电源的性质分为直流电桥和交流电桥两类,电阻应变式测力称重传感器大多采用交流电桥的形式,而电抗发生变化的传感器如电感式、差分变压器式或电容式传感器若采用电桥式测量电路则只能是交流激励[17]。

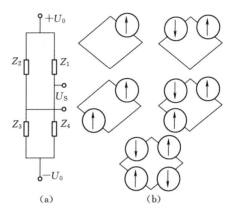

基本的交流电桥如图 9.14 (a) 所示,若电桥的激励电压为 U_s,则输出电压 U_0 由下式给出:

$$U_0 = \frac{Z_2 Z_4 - Z_1 Z_3}{(Z_1 + Z_2)(Z_3 + Z_4)} U_s \quad (9.17)$$

式中,Z_1、Z_2、Z_3 和 Z_4 可以是传感器的等效阻抗,也可以是集中参数的电阻、电容或电感。$Z_1 Z_3 = Z_2 Z_4$ 为电桥的平衡条件,通常在被测量为零时,电桥调至平衡位置,输出电压为 0。被

图 9.14 交流电桥与传感器接法

测量变化时,平衡被破坏,电桥输出电压即反映被测量的大小。传感器可以配置在单个桥臂上,也可以配置在多个桥臂上,见图 9.14 (b)。图中,箭头方向代表传感器阻抗随被测量变化而增减变化的方向。

假定 Z_1 为传感器阻抗,传感器将被测量的变化转换为阻抗的相对变化 δ,$Z_1 = Z(1+\delta)$,Z_2、Z_3 和 Z_4 为集中参数阻抗,且 $Z_2 = Z_3 = Z_4 = Z$,则电桥的输出电压为

$$U_0 = -\frac{\delta}{2(2+\delta)} U_s \approx -\frac{\delta}{4} U_s \quad (\delta \ll 1) \quad (9.18)$$

交流电桥的缺点是对激励电源的要求比较高,要求有稳定的幅值和频率。激励电压幅值的变化会引起电桥输出灵敏度的变化 [式 (9.18)],频率变化引起复阻抗的变化也会影响电桥的平衡。

9.2.2 电桥放大器

供桥输出电压的幅值与输入电压幅值比就是电桥的灵敏度系数。供桥电压受到桥臂传感元件温度特性和检测系统电源的限制,不可能太高,通常为 $10 \sim 20\text{V}$;而为了保证电桥输出的线性,阻抗的相对变化通常都设计得很小,所以电桥的输出电压很小,需要进行放大。下面主要介绍电阻型传感器(如电阻应变式测力称重传感器、电阻温度传感器等)使用的直流电桥放大器[18]。

$$U_0 = -\frac{R_1 + R_F}{R_1} \frac{\delta}{4\left(1 + \frac{\delta}{2}\right)} U_s \quad (9.19)$$

1. 电源浮置式电桥放大器

图 9.15 所示为电源浮置式电桥放大器的原理电路。输出电压为

$$U_0 = -\frac{R_1 + R_F}{R_1} \frac{\delta}{4\left(1 + \frac{\delta}{2}\right)} U_s \quad (9.20)$$

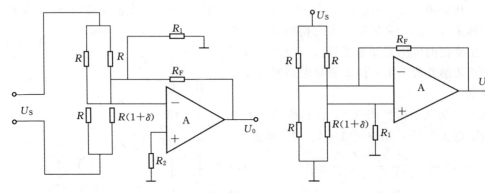

図 9.15　电源浮置式电桥放大器　　　　図 9.16　差分输入式电桥放大器

式（9.20）表明，这种电桥放大器的输出电压 U_0 不受桥臂电阻 R 的影响，增益比较稳定。但 U_0 与 δ 间的线性范围较小，线性范围限 $\dfrac{\delta}{2} < 1$。此外，桥路激励电压 U_S 的变化对输出有影响；激励电源要求浮地，有时会给电路系统的设计带来不便。

2. 差分输入式电桥放大器

差分输入式电桥放大器如图 9.16 所示。设置 $R_1 > R$，利用运放虚短和虚断的概念以及线性叠加原理，[19]可得

$$U_0 = \frac{\delta}{4(1+\delta/2)} U_S \left(1 + \frac{2R_1}{R}\right) \approx \frac{U_S}{4}\left(1 + \frac{2R_1}{R}\right)\delta \tag{9.21}$$

式（9.21）表明，输出电压 U_0 与桥路供桥电压 U_S 和传感器名义电阻 R 有关，当 U_S 和 R 发生变化时会影响测量精度。该电路由单电源供电，可以省去一个电源，但运放输入端存在共模电压，因此要求运放有较高的共模抑制比。

9.3　高输入阻抗放大器

目前很多非电量的测量都是通过传感器将非电量变成电量，如用压电加速计测量加速度。根据压电传感器的等效电路可知，要进行高精度测量，必须要求与压电传感器相配套的放大器具有很高的输入阻抗。又如声压的测量用电容传感器；光通量的测量用光敏二极管。它们也都要求测量电路具有很高的输入阻抗。本节主要介绍利用自举原理提高输入阻抗的几种设计方案，以及典型高输入阻抗放大器的分析计算，同时介绍高输入阻抗放大器的制作装配工艺。

我们已经熟知，利用复合管可以提高放大器输入级的输入阻抗，但是难以满足兆欧以上高输入阻抗的要求，当然用场效应管作放大器的输入级是设计高输入阻抗放大器的最简单的方案，但是必须用高阻值的电阻作偏置电路，这也给设计制作超高输入阻抗放大器带来困难，因为超高阻值的电阻，无论是稳定性或者是噪声方面，都给放大器带来不利的影响。下面介绍根据自举原理来设计高输入阻抗放大器的几种方案[19]。

图 9.17 所示为自举反馈电路，就是设想把一个变化的交流信号电压（相位与幅值均

和输入信号相同）加到电阻 R_G 不与栅级相接的一端（如图中 A 点），因此使 R_G 两端的交流电压近似相等，即 R_G 上只有很小的电流通过。也就是说，R_G 所起分路效应很小，从物理意义上理解就是提高了输入阻抗。

图中 R_1、R_2 产生偏置电压并通过 R_G 耦合到栅极，电容器 C_2 把输出电压耦合到 R_G 的下端，则电阻 R_G 两端的电压为 $U_i(1-A_u)$ （A_u 为电路的电压增益）。而输入回路的直流输入电阻为

$$R_i = R_G + \frac{R_1 R_2}{R_1 + R_2}$$

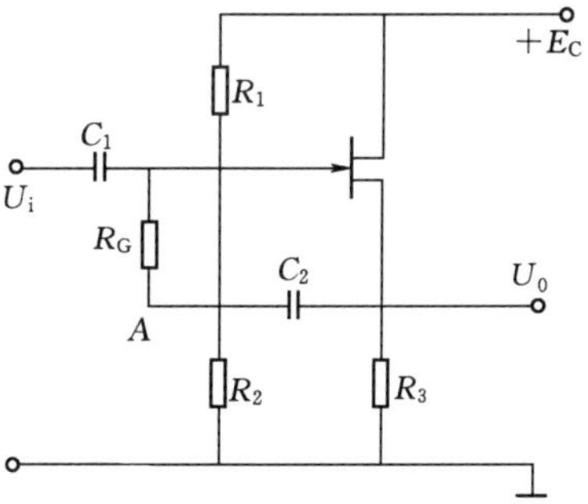

图 9.17　自举反馈型高输入
阻抗放大器

必须特别指出，自举电容 C_2 的容量要足够大，以防止电阻 R_G 下端 A 点的电压与输入电压有较大的相位差，因为当 R_G 两端的电压有较大的相位差时，就会显著地削弱自举反馈的效果。为确保 R_G 两端的电压相位差小于 $0.6°$，则要求 C_2 的容抗 $\dfrac{1}{\omega C_2}$ 应比 $R_1 /\!/ R_2$ 阻值小 1%。

9.3.1　复合跟随器

图 9.18 是复合跟随器，在 T_2 的基极与发射极之间并联了一电阻 R_3，它起分流作用，并在高温下为 T_2 的反向饱和电流提供了一条支路，因此可以提高输出电压 U_2 的直流稳定性[20]。

该电路另一重要特点是通过电容 C_2 在 T_1 的输入端引入自举反馈，以提高输入阻抗。该电路的第三特点是在 T_2 集电极上加接电阻 R_4，从而使电路的增益可大于1。由图 9.18 分析可知，R_4 与 R_5 连接点上的电压 U'_0 近似等于输入电压 U_i，而 R_4 及 R_5 串接电阻上的电压，即输出电压 $U_0 > U'_0$。由此可见，$A_v = \dfrac{U_0}{U_i} \approx \dfrac{U_0}{U'_0} > 1$。因此调节电阻 R_5 的阻值，也就可以调节复合跟随器的电压增益[21]。

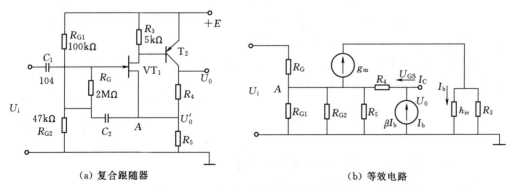

(a) 复合跟随器　　　　　　　　(b) 等效电路

图 9.18　复合跟随器及其等效电路

由等效电路分析可看出，流过 R_3 和 h_{ie} 的电流之和为 $-g_m U_{GS}$，则可求得 T_2 的基极电流为

$$I_b = -\frac{R_3}{h_{ie}+R_3}(-g_m U_{GS})$$

T_2 集电极电流为

$$I_C = -h_{ie}I_b = \frac{-h_{ie}(-g_m U_{GS}R_3)}{R_3+h_{ie}} = g_m h'_{ie}U_{GS}$$

式中　h'_{ie}——T_2 输入端并联 R_3 后的等效电流增益。

$$h'_{ie} = \frac{h_{ie}R_3}{R_3+h_{ie}}$$

若令 $R' = R_5 // R_{G1} // R_{G2}$，考虑 R_G 阻值很大，经 R_G 流入 R_4 的电流可忽略，则流经 R' 电流为

$$I = g_m U_{GS} + g_m h'_{ie}U_{GS} = g_m U_{GS}(1+h'_{ie})$$

输入电压 U_i 为

$$U_i = U_{GS} + IR' = [1+g_m R'(1+h'_{ie})]U_{GS}$$

$$U_{GS} = \frac{U_i}{1+(1+h'_{ie})g_m R'}$$

可得输出电压 U_0 为

$$U_0 = I_C R_4 + IR' = g_m h'_{ie}U_{GS}R_4 + g_m U_{GS}(1+h'_{ie})R'$$
$$= [h'_{ie}R_4 + (1+h'_{ie})g_m U_{GS}] \tag{9.22}$$

因此，可求得电压增益

$$A_v = \frac{U_0}{U_i} = \frac{g_m h'_{ie}R_4 + (1+h'_{ie})g_m R'}{1+(1+h'_{ie})g_m R'} \tag{9.23}$$

由图 9.18（b）等效电路，可得输入电阻为

$$R_i = \frac{U_i}{I_i} = \frac{U_i}{U_{GS}/R_G} = R_G\frac{U_i}{U_{GS}} = R_G[1+(1+h'_{ie})g_m R'] \tag{9.24}$$

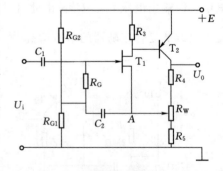

图 9.19　获得最大输入电阻的
高阻抗放大器

为了使图 9.18（a）所示电路有尽可能高的输入电阻，应使 A 点的交流电位 U'_0 与输入电压 U_i 尽可能得相等，而且两者之间的相位差要尽能得小。为了获得尽可能高的输入电阻，通常在 R_4 与 R_5 之间接一可调电位器，并将 A 点接至电位器的可动端，调节电位器即可使 $U_A = U_i = U'_0$，为了减小两点之间电压的相位差，应选择足够大的电容 C_2，通常要求满足

$$\frac{1}{\omega C_2} < (R_{G1} // R_{G2})\frac{1}{100}$$

式中 ω 应取其交流输入信号的下限频率。获得最大输入电阻的高输入阻抗放大器如图 9.19 所示[22]。

9.3.2　自举型高输入阻抗放大器

图 9.20 所示电路利用自举反馈，使输入回路的电流 I_i 主要由运算反馈电路的电流 I

来提供，因此，输入电路向信号源吸取电流 I_i 就可以大大减小，适当选择图 9.20 所示电路的参数，可使这种反相比例放大器的输入电阻达 100MΩ 左右。图 9.20 中 A_2 为主放大器，A_1 向主放大器提供输入电流，使输入电路向信号源 U_i 吸取电流减少。图 9.21 是等效输入回路。因此，也就使输入阻抗提高。

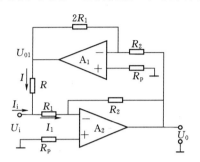

图 9.20　自举型高输入阻抗放大器

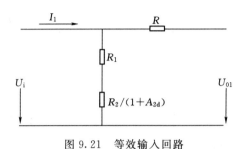

图 9.21　等效输入回路

9.3.3　高输入阻抗放大器的计算

图 9.22 所示是与电容传感器相配合使用的一种高阻抗放大器。电路采用场效应管与晶体管复合组成源极输出器[23]。

图 9.23 是图 9.22 完整交流等效电路。考虑到：①$R_4 /\!/ R_5 > R_3$；②$R_D > h_{ie}$；③$h_{ie} U_{ce} \approx 0$；④$R_{DS} > R_2 + R_3 + h_{ie}$；⑤$R_3 > R_2$。则可将图 9.23（a）简化成图 9.23（b）所示简化等效电路。

由图 9.23（b）可得

$$I_1 = (U_i - U_0)/R$$
$$I_2 = -h_{ie} I_b + I_3 \qquad (9.25)$$
$$I_3 = -I_b = g_m U_{GS} \qquad (9.26)$$

将式（9.26）代入式（9.25）可得

图 9.22　高阻抗放大器

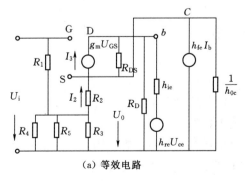

（a）等效电路

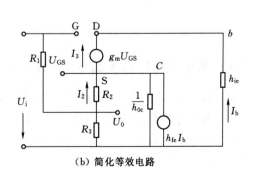

（b）简化等效电路

图 9.23　高阻抗放大器完整交流等效电路

$$I_2 = (h_{ie}+1)I_3 = h_{ie}I_3 \tag{9.27}$$

由 T_1 等效电路的输入回路可得

$$I_3 = g_m U_{GS} = g_m(I_1 R_1 - I_2 R_2) \tag{9.28}$$

将式（9.27）代入式（9.28）可得

$$I_3 = \frac{g_m R_1}{1 + g_m R_2 h_{ie}} I_1 \tag{9.29}$$

将式（9.29）、式（9.24）代入式（9.25）可得

$$I_2 = (U_i - U_0) \frac{h_{ie} g_m}{1 + g_m h_{ie} R_2} \tag{9.30}$$

因

$$U_0 = (I_1 + I_0)R_3$$

将式（9.24）及式9.30）代入上式可得

$$U_0 = (U_i - U_0)\left[\frac{h_{ie}g_m}{1 + g_m h_{ie} R_2} + \frac{1}{R_1}\right]R_3$$

得电压增益为

$$
\begin{aligned}
A_v = \frac{U_0}{U_i} &= \frac{g_m h_{ie}/[(1 + g_m h_{ie}R_2) + 1/R_1]R_3}{[1 + g_m h_{ie}/(1 + g_m h_{ie}R_2) + 1/R_1]R_3} \\
&= \frac{(1 + g_m h_{ie}R_2)R_3 + g_m R_3 R_1 h_{ie}}{(1 + g_m R_2 h_{ie})/R_1 + (1 + g_m h_{ie}R_2)R_3 + g_m h_{ie}R_1 R_3}
\end{aligned}
\tag{9.31}
$$

输入电阻为

$$R_i = \frac{U_i}{I_i} = \frac{U_i}{(U_i - U_0)/R_1} = \frac{R_1}{1 - U_0/U_i} \tag{9.32}$$

通常有 $R_1(1 + g_m R_2 h_{ie}) < R_3(1 + g_m R_2 h_{ie})$，则电压增益近似等于 1，即 $A_v \approx 1$。

当 $A_v \approx 1$ 时，R_i 很大。将式（9.31）代入式（9.32）化简可得

$$R_i = R_1 + R_3 + \frac{g_m R_3 h_{ie}}{1 + g_m h_{ie}R_2} R_1$$

当 $g_m h_{ie} \gg 1$ 时，则

$$R_i = R_1 + R_3 + \frac{R_3}{R_2} R_1$$

9.3.4　高输入阻抗放大器信号保护

到目前为止叙述的高输入阻抗电路，都没有涉及信号频率。然而，在实际应用中是否能在某一频带中都保证高输入阻抗呢？这便是要考虑的又一个问题。

将信号源通过电细线接到放大器时，由于电细线存在分布电容，因此，与信号源电阻 R_S 就构成了一个阻止高频的滤波器，如图 9.24 所示。它将带来高频时输入阻抗的下降，即引起电压增益下降。为了保护信息，这里采用了中和分布电容的措施，如图 9.25 所示[24]。

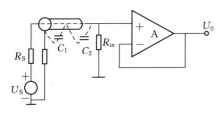

图 9.24　屏蔽线带来交流阻抗的下降

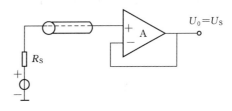

图 9.25　信息保护的基本形式

图 9.24 中运放为电压跟随器，其电压增益近似等于 1，输出阻抗为 0。现把电缆线的屏蔽外层接于运算放大器的输出端上，在运算放大器的频带内，使电缆线的外皮的阻抗保持为 0，同时由于与输入信号线同电位，因而起中和电缆电容的作用，保证在特定的频带内保持高的输入阻抗[25]。

图 9.26 为用于测量仪表放大电路的一例，在各个差动输入端有

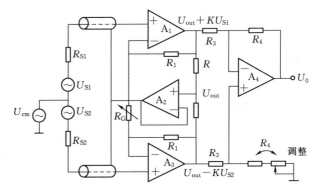

图 9.26　保护计量放大器

同相电压 U_{cm}，因此取出此同相电压来加以信息保护[26]。

9.3.5　高输入阻抗放大器制作装配工艺

高输入阻抗放大器制作装配工艺要求如下：

（1）输入电路（特别是高阻值的电阻）应采用金属壳屏蔽，其外壳应接地。

（2）由一般印刷线路板的绝缘电阻仅有 $1 \times 10^7 \sim 1 \times 10^{12}$ Ω，而且此绝缘电阻会随空气湿度增加而下降，这不仅影响输入阻抗的进一步提高，而且使电路的漂移增大，因此最好将场效应管（特别是栅极）装配在绝缘子（由聚四氟乙烯制成，绝缘电阻可达 1×10^{12} Ω 以上）上。

（3）输入端的引线（特别是高阻抗点引线）最好用聚四氟乙烯高绝缘线，且越短越好。

（4）在微电流测量中要防止印刷线路上因污脏及绝缘电阻有限等原因而引起电源电路线对电路中某点产生漏电，从而产生噪音或漂移。可在印刷板走线布置上设置"屏蔽线"以减小这种漏电现象。

这种"屏蔽线"主要用来保护输入电路，防止其他电路的漏电电流流入信号输入电路，在设计屏蔽保护电路时，应使它的电位与信号输入端电位相等。

图 9.27（b）是电流放大电路中屏蔽保护布线设计图。图 9.27（a）中"2"是输入信号端，"3"是公共地线。当开环电压增益 A_d 为无限大时，则"2"与"3"之间没有电位差（因为此时它们是同电位），也即是"2"与"3"端之间不产生漏电流，在其屏蔽保护

线附近的 $-15\mathrm{V}$ 电源线所产生的漏电流 I_C 也都全部通过屏蔽保护流入地，而不会流入信号端。

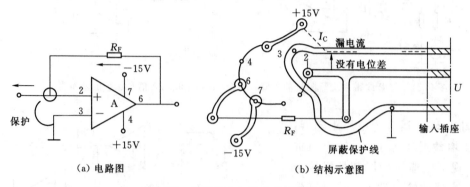

(a) 电路图   (b) 结构示意图

图 9.27 电流放大电路中的屏蔽保护

当在高精度电流测量中，采用上述屏蔽保护尚不够时，最好采用如图 9.28 所示形式，即由聚四氟乙烯绝缘子将信号电路完全浮置起来，这样，不仅可以防止漏电流流入信号端，而且可防止被测电流通过绝缘电阻而被分流[27]。

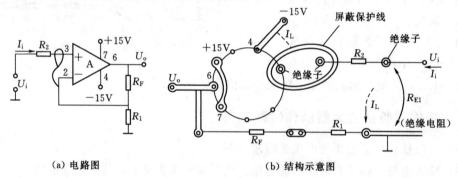

(a) 电路图   (b) 结构示意图

图 9.28 同相电路中的屏蔽保护

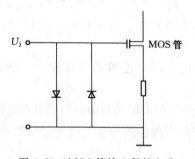

图 9.29 MOS 管输入保护电路

(5) MOS 型场效应管使用注意事项：①焊接时最好将烙铁电源切断再焊接，或是将烙铁良好接地再按次序焊接；②供给的直流电源及输入信号的电源机壳均要良好接地；③在电路中调换 MOS 管时，一定要关掉电源，并将输出端短接，让电容放电后再调换 MOS 管；④在小信号工作时，可在 MOS 管输入端的栅极，反相并接两个保护二极管（图 9.29）；⑤MOS 管存放时栅极不要悬空，应将三只脚并在一起用大套管套好存放。

9.4 低噪声放大电路

在高灵敏度及高精度的检测仪表中，传感器所接受的非电量被测信号往往是非常微弱的，其中某些信号还可能具有较宽的频谱。因此，与这些传感器相连接的前置放大器不仅要求有高增益，更重要的是必须具有低噪声性能，即要求放大器输出端的噪声电压尽可能的小，只有这样，才能检测微弱的信号。

9.4.1 噪声的基本知识

噪声是一种与有用信号混杂在一起的随机信号，它的振幅和相位都是随机的。因此，不能预测噪声的瞬时幅度，但是用统计的方法可以预测噪声的随机程度，即可以测定它的平均能量，也就是说可以测定噪声的波形均方根值。由于均方根值具有功率含义，因此可以代表噪声的大小。

在电子器件中的噪声主要有以下几种：热噪声、散粒噪声、低频（$1/f$）噪声及接触噪声。

1. 热噪声

热噪声又称电阻噪声，任何电阻即使两端不接电源，在电阻两端也会产生噪声电压。这个噪声电压是电阻中载流子的随机热运动引起的，由于电阻中的载流子（电子）的热运动的随机特性，因此，电阻两端的电压也具有随机性质，它所包含的频率成分是很复杂的[28]。

可以证明，电阻两端出现的噪声电压的有效值（均方根值）可表示为

$$E_t = \sqrt{4kTR\Delta f} \tag{9.33}$$

式中　k——玻耳兹曼常数，$k = 1.38 \times 10^{-23} \text{J/K}$；

　　　T——绝对温度，K；

　　　R——电阻值，Ω；

　　　Δf——噪声带宽，Hz。

由式（9.33）可见，电阻两端的噪声电压与带宽和电阻值的平方根成正比，因此减小电阻值和带宽对降低噪声电压是有利的。

例如，某放大器的输入回路电阻 $R_i = 500\text{k}\Omega$，放大器的噪声带宽 $\Delta f = 1\text{MHz}$，在环境温度 $T = 300\text{K}$ 下，该放大器输入回路的等效热噪声电压为

$$E_t = \sqrt{4 \times 1.38 \times 10^{-23} \times 300 \times 500 \times 10^3 \times 10^6} = 9.2 \times 10^{-5} (\text{V}) = 92\mu\text{V}$$

由此可见，若输入信号的数量级为微伏，则将被热噪声所淹没。因此，在微弱信号的测量中，必须降低噪声才能提高检测微弱信号的精度。

为便于电阻中热噪声的分析计算，电阻热噪声（或产生热噪声的其他元件）可以用一个无噪声电阻和一个等效噪声电压源表示，如图 9.30（b）所示，也可用等效噪声电流源来表示，见图 9.30（c）。

2. 散粒噪声

散粒噪声是在有源电子器件中流动的电流，不是平滑相连续的，而是由随机的变化引起的，散粒噪声的均方根电流为

$$I_{ah} = \sqrt{2qI_{dc}\Delta f} \tag{9.34}$$

式中　q——电子电荷，$q = 1.6 \times 10^{-16}\text{C}$；

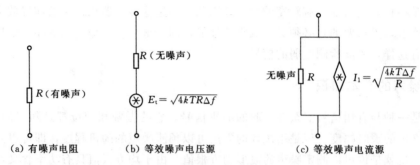

图 9.30　电阻热噪声等效电路

I_{dc}——平均直流电流，A；

Δf——噪声带宽，Hz。

由式（9.34）可见，散粒噪声与 $\sqrt{\Delta f}$ 可成正比，即带宽含有相等的噪声功率，其功率谱密度在不同频率时为常数，故散粒噪声是一种白噪声。

由式（9.34）可得

$$\frac{I_{ah}}{\sqrt{\Delta f}}=\sqrt{2qI_{dc}}=5.66\times10^{-10}\sqrt{I_{dc}} \tag{9.35}$$

由式（9.35）可见，每单位带宽的均方根噪声电流是流经该器件的直流平均值的函数。因此可以通过测量流经该器件的直流电流来测量其散粒噪声的均方根噪声电流值。

3. 低频噪声

低频噪声又称为 $1/f$ 噪声。由于这种噪声的谱密度与频率 f 成反比，即 f 越低，噪声越大，故这种噪声称为低频噪声。$1/f$ 噪声广泛地存在于有源器件晶体三极管、电子管及无源器件电阻（包括热敏电阻）中。这种 $1/f$ 噪声产生的主要是由材料的表面特性造成的，载流子的产生和复合及表面状态的密度都是影响它的主要因素[29]。

$1/f$ 噪声电压的均方值为

$$E_t^2=K\ln\frac{f_h}{f_l}\approx K\,\frac{\Delta f}{f_l} \tag{9.36}$$

其中
$$\Delta f=f_h-f_l$$

式中　f_h、f_l——噪声带宽的上限及下限值；

Δf——噪声带宽；

K——比例系数。

4. 接触噪声

当两种不同性质的材料接触时，会造成其电导率起伏变化。例如晶体管及二极管焊处接触不良及开关和继电器的接触点等会产生接触噪声。

每单位均方根带宽的噪声电流 I_f 可近似地用下式表示：

$$\frac{I_f}{\sqrt{B}}\approx\frac{KI_{dc}}{\sqrt{f}} \tag{9.37}$$

式中　I_{dc}——直流电流的平均值，A；

f——频率，Hz；

K——与材料的几何形状有关的常数；

B——以中心频率来表示的带宽，Hz。

由于噪声与 $1/\sqrt{f}$ 成正比，因此在低频段，它将起重要影响。它是低频电子电路的主要噪声源。

9.4.2 噪声电路计算

1. 噪声电压的相加

当两个不相关的噪声电压源相串联时，若噪声电压瞬时值之间没有关系，称它们是不相关的。E_1 和 E_2 代表不相关的噪声源，则总的均方电压等于各发生器均方电压之和，即

$$E^2 = E_1^2 + E_2^2 \tag{9.38}$$
$$E = \sqrt{E_1^2 + E_2^2} \tag{9.39}$$

这就是不相关噪声电压源的均方相加性质，它是计算噪声电路的基本法则，这一法则同样可以推广到噪声电流源的并联。

如果各噪声源都包含部分由共同的现象产生的噪声，同时包含一部分独立产生的噪声，这种情况的噪声电压之间称为部分相关，部分相关的两噪声电压源之和的一般表达式为

$$E^2 = E_1^2 + E_2^2 + 2CE_1E_2$$

上式是普遍的，C 称为相关系数，C 取包括 0 在内的 $-1 \sim 1$ 间的任何值。当 $C=0$ 时，两噪声源不相关，上式即成为式（9.38）；$C=1$ 时，两信号完全相关，上式变成 $E = E_1 + E_2$，即可以线性相加；当 $C=-1$ 时，表示相关信号相减，即两波形相差 180°。

应该指出，有时为了简化分析，经常可假定 $C=0$。即认为各噪声源之间不相关。这时产生的误差不大。例如，两个电压相等并完全相关，则相加后的均方根值为原来的两倍，如按不相关计算，则为 1.4 倍，这样带来最大误差为 30%。很明显，若是部分相关，或两电压一个远大于另一个，则误差更小。

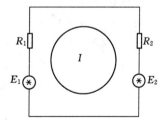

图 9.31 电路分析举例

2. 叠加法的应用

如果噪声电路是一个线性网络，那么利用叠加法来进行多元网络的噪声分析比较方便，下面举例说明。求图 9.31 电路中的电流 I，图中 E_1 和 E_2 为两个不相关噪声电压源，R_1 和 R_2 为无噪声电阻。应用叠加原理，首先求 E_1 和 E_2 各自单独作用时引起的回路电流，为

$$I_1 = \frac{E_1}{R_1 + R_2}, \quad I_2 = \frac{E_2}{R_1 + R_2}$$

对于不相关量来说，根据均方相加法则有

$$I^2 = I_1^2 + I_2^2 = \frac{E_1^2}{(R_1+R_2)^2} + \frac{E_2^2}{(R_1+R_2)^2} = \frac{E_1^2 + E_2^2}{(R_1+R_2)^2}$$

从这个简单例子可得出一条规律：在求几个不相关的噪声源产生的总电流时，先求各

噪声源单独作用时的电流，然后将各个电流均方相加。

9.4.3　信噪比与噪声系数

1. 噪声系数

用示波器观察到的放大器输出的噪声波形如图 9.32 所示，它与外界干扰引起的放大器交流噪声的不同之处在于噪声电压是非周期性的。没有一定规律的变化电压，属于随机的性质。

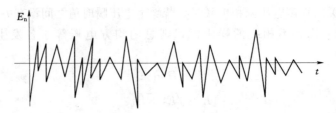

图 9.32　噪声波形图

由于放大器的噪声总是与信号相对立而存在的，所以一般来说脱离了信号的大小，噪声的大小是没有意义的。例如，当输入信号只有 $10\mu V$ 时，放大器等效到输入端的噪声电压必须低于 $10\mu V$，否则信号将被噪声所淹没。工程上常用信号噪声比（简称信噪比）来说明信号与噪声之间的数量关系，它的定义是：

$$信号噪声比 = \frac{信号功率}{信号中含有的噪声的功率}$$

所以只有当信号噪声比大于 1 或远大于 1 时，信号才不致被噪声所淹没，微弱信号才能有效地获得放大[30]。

对于放大器或晶体管来讲，它不但放大了信号源里包含的噪声，而且由于它自身还会产生一定的噪声，所以它的输出端的信噪比必然小于输入端的信噪比。为了说明放大器或晶体管自身的噪声水平，工程还使用另外一个指标——噪声系数 F，它定义为放大器或晶体管输入端的信噪比与输出端信噪比之比，即

$$F = \frac{输入端信噪比}{输出端信噪比}$$

显然，F 越小表示放大器或晶体管本身的噪声越小。如果 $F=1$，表示放大器或晶体管本身不产生任何噪声，这当然只是一种理想情况。

F 还可以有以下几种表达式：

$$F = \frac{N_0}{N_t A_p} = \frac{N_0}{N_{t0}}$$

式中　N_0——总有效输出噪声功率（包括源电阻的热噪声和放大器内部噪声）；

　　　　N_t——单有源电阻产生的有效热噪声功率（在标准温度 290K 下）；

　　　　A_p——放大器的有效功率增益（即有效输出功率 P_0 对有效输入信号功率 P_i 之比）；

　　　　N_{t0}——源电阻热噪声在放大器输出端的有效噪声功率，$N_{t0}=N_t A_p$。

$$F = \frac{E_{ni}^2}{E_1^2} = \frac{E_t^2 + E_n^2 + I_n^2 + R_B^2}{E_1^2} = 1 + \frac{E_n^2 + I_n^2 R_B^2}{E_1^2} \quad (9.40)$$

用 NF 表示，有

$$NF = 10\lg F \quad （dB）$$

$$NF = 10\lg \frac{总噪声功率输出}{单独由于 R_S 引起的噪声功率}$$

又为

$$NF = 10\lg \frac{在输出端的总均方噪声电流}{单独由于 R_S 引起的输出端的均方噪声电流}$$

或

$$NF = 10\lg \frac{在输出端的总均方噪声电压}{单独由于 R_S 引起的输出端的均方噪声电压}$$

2. 最佳噪声源电阻

由式（9.40）可见，若总等效输入噪声电压 E_{ni} 近似等于热噪声电压 E_1，则噪声系数 F 为最小。通常，源电阻 R_S 较大或较小时，噪声系数都较大，当 R_S 为某一值时，E_{ni} 和 E_1 两条曲线很接近，这一点是最小噪声系数点，亦称为最佳源电阻 $(R_S)_{opt}$。必须指出，最佳源电阻 $(R_S)_{opt}$ 并不等于获得最大输出功率的匹配电阻，可证明

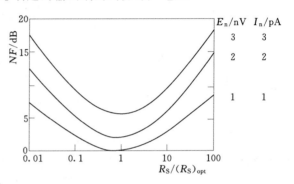

图 9.33 噪声系数与源电阻关系曲线

$(R_S)_{opt}$ 与放大器的输入阻抗之间没有直接关系。噪声系数与源电阻关系曲线可用图 9.33 表示[31]。

最佳噪声源电阻可表示为

$$(R_S)_{opt} = \frac{E_n}{R_n} \bigg|_{E_n = I_n R} \quad (9.41)$$

$$F_{min} = 1 + \frac{E_n^2 + I_n^2 (R_S)_{opt}^2}{E_1^2} = \frac{E_n I_n}{2KT\Delta f} \quad (9.42)$$

9.4.4 晶体三极管的噪声

放大器的噪声主要是由输入级的晶体管噪声引起的，要设计一个低噪声放大器首要的问题就是如何减少输入级的噪声[32]。

1. 晶体三极管的噪声等效电路

晶体三极管的噪声等效电路可用图 9.34 所示混合 π 型等效电路来表示。

图 9.35 中，E_b 为 $r_{bb'}$ 的等效热噪声电压源，I_b 为 I_B 的等效散粒噪声电流源，I_c 为 I_C 的等效散粒噪声电流源。

由式（9.33）及式（9.34）可得下列各式：

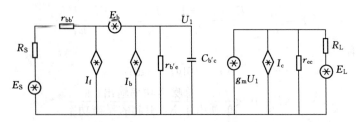

图 9.34 晶体三极管的噪声等效电路

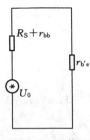

图 9.35 晶体三极管的等效噪声

$$E_b^2 = 2KTr_{bb'}\Delta f$$

$$I_b^2 = 2qI_B\Delta f$$

$$I_c^2 = 2qI_C\Delta f$$

源和负载电阻的等效热噪声电压源分别为

$$E_S^2 = 4KTR_S\Delta f$$

$$E_L^2 = 4KTR_L\Delta f$$

由图 9.35 可知，输出短路时的总的输出噪声电流为

$$I_{n0}^2 = I_C^2 + (g_m U_1)^2$$

利用叠加原理及均方相加法则求 U_1，代入上式可得

$$I_{n0}^2 = I_C^2 + g_m^2\left[\frac{(E_b^2 + E_S^2)Z_{b'e}^2}{(r_{bb'} + R_S + Z_{b'e})^2} + \frac{(I_b^2 + I_f^2)Z_{b'e}^2(r_{bb'} + R_S)^2}{(r_{bb'} + R_S + Z_{b'e})^2}\right]$$

互导增益为

$$A_{gs} = \frac{I_0}{U_0} = \frac{g_m Z_{b'e}}{r_{bb'} + R_S + Z_{b'e}}$$

U_0 如图 9.35 所示。

将式（9.40）与式（9.41）代入可得

$$E_{ni}^2 = E_b^2 + E_{tS}^2 + (I_b^2 + I_t^2)(r_{bb'} + R_S)^2 + \frac{I_c^2(r_{bb'} + R_S + Z_{be})^2}{g_m^2 Z_{b'e}^2}$$

若取 $\Delta f = 1\text{Hz}$，最后可得

$$E_{ni}^2 = 4kT(r_{bb'} + R_S) + 2qI_B(r_{bb'} + R_S)^2 + \frac{KI_B}{f}(r_{bb'} + R_S)^2 \qquad (9.43)$$

可见，晶体三极管的等效噪声电压的均方根值取决于晶体管的特性参数、环境温度、工作点的电流、频率及源电阻的大小。

若略去式(9.42)中与频率 $1/f$ 有关的项，即可得到晶体三极管中频带区的极限噪声。

当 $f_1 < f <$ 几十千赫时，$C_{b'e}$ 可以略去，即

$$E_{ni}^2 = 4kT(r_{bb'} + R_S) + 2qI_B(r_{bb'} + R_S)^2 + \frac{2qI_C(r_{bb'} + R_S + Z_{b'e})^2}{g_m^2 r_{b'e}^2} \qquad (9.44)$$

根据噪声系数的定义，将其

$$F = E_{ni}^2 / E_1^2$$

经化简后可得中频噪声系数

$$F = 1 + \frac{r_{bb'}}{R_S} + \frac{r_e}{2R_S} + \frac{(R_S + r_{bb'} + r_e)^2}{2\beta_0 r_e R_S}$$

其中：$r_e=r_{bb'}+r_{b'e}$，$\beta_0=g_m r_{b'e}$，或用对数表示：

$$NF=10\lg F=10\lg\left[1+\frac{r_{bb'}}{R_S}+\frac{r_e}{2R_S}+\frac{(R_S+r_{bb'}+r_e)^2}{2\beta_0 r_e R_S}\right]$$

由上式可以看出，选择适当的静态工作点可以获得较低噪声。由于 r_e 与 I_C 成反比，可见过大及过小的 I_C 都会使噪声系数增加。图 9.36 及如图 9.37 可以说明源电阻及 R_S 的大小与噪声系数 NF 的关系[33]。

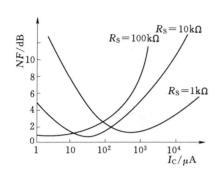

图 9.36 不同 R_S 下 I_C 与 NF 的关系（$f=1\text{kHz}$）

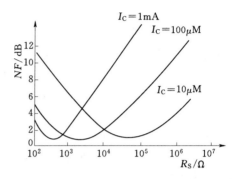

图 9.37 不同 I_C 下 R_S 与 NF 的关系（$f=1\text{kHz}$）

2. 晶体三极管的 $E_n - I_n$ 等效电路

放大器输入级晶体三极管等效噪声电路如图 9.38 所示。

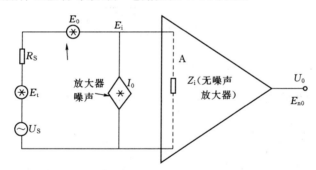

图 9.38 放大量器输入级等效噪声电路

用前述噪声的计算方法，可得输入端总噪声电压 E_i 为

$$E_i^2=\frac{E_n^2+E_t^2}{(R_S+Z_i)^2}Z_i^2+\frac{I_n^2 Z_i^2 R_S^2}{(R_S+Z_i)^2}\tag{9.45}$$

经增益为 A_v 的无噪声放大后，可得到放大器输出端总噪声电压为

$$E_{n0}^2=A_v^2 E_i^2\tag{9.46}$$

则等效输入噪声为

$$E_{ni}^2=E_{n0}^2/A_{vs}^2$$

其中

$$A_{vs}=\frac{Z_i}{R_S+Z_i}A_v$$

将式（9.44）与式（9.45）代入 E_{ni} 可得

$$E_{ni}^2 = E_1^2 + E_n^2 + I_n^2 R_S^2 \tag{9.47}$$

如果再考虑到噪声源 E_n 和 I_n 的相关关系，则

$$E_{ni}^2 = E_1^2 + E_n^2 + I_n^2 R_S^2 + 2CE_n I_n R_S \tag{9.48}$$

现从 E_{ni}^2 表达式来讨论中频带噪声。令 $R_S = 0$，则 $E_n^2 = E_{ni}^2$，故只要将 $R_S = 0$ 代入式（9.45）可得

$$E_n^2 = E_m^2 \mid_{R_S=0} = 4KTr_{bb'} + 2qI_B r_{bb'}^2 + \frac{2qI_C (r_{bb'} + r_{be'})^2}{g_m^2 r_{b'e}^2} \tag{9.49}$$

如 $R_S \gg r_{bb'}$，则总噪声中 $I_n^2 R_S^2$ 起主要作用，即

$$E_{ni}^2 \approx I_n^2 R_S^2$$

则

$$I_n^2 = \frac{E_{ni}^2 \mid_{R_S \gg r_{bb'}}}{R_S^2} = 2qI_B + \frac{2qI_C}{\beta_0^2} \approx 2qI_B + \frac{2qI_B}{\beta_0} \approx 2qI_B \tag{9.50}$$

由式（9.48）可见，E_n 主要由 $r_{bb'}$ 热噪声和 I_C 的散粒噪声所决定，而 I_n 主要由基极电流的散粒噪声决定。

因此，可以用 E_n-I_n 噪声等效电路和一个无噪声的晶体三极管来等效一个实际晶体管，其等效电路如图 9.39 所示。

由晶体管 E_n-I_n 等效电路，即可用式（9.41）与式（9.42）计算最佳源电阻 $(R_S)_{opt}$ 与相应的 F_{opt}。

$$\left.\begin{array}{l} (R_S)_{opt} = r_{bb'} \sqrt{1 + \dfrac{\beta_0 r_e}{r_{bb'}} \left(2 - \dfrac{r_e}{r_{bb'}}\right)} \\[4mm] F_{opt} = 1 + \sqrt{\dfrac{2r_{bb'}}{\beta_0 r_e} + \dfrac{1}{\beta_0}} \end{array}\right\} \tag{9.51}$$

由式（9.51）显然可见，$(R_S)_{opt}$ 及 F_{opt} 取决于晶体管参数 $r_{bb'}$ 及 β_0。

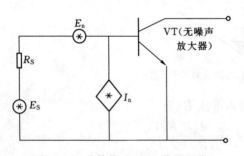

图 9.39 晶体管 E_n-I_n 等效电路

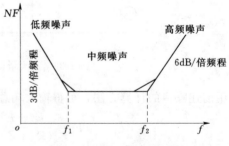

图 9.40 噪声系数频谱

3. 晶体三极管 $1/f$ 噪声

晶体管的噪声系数频谱如图 9.40 所示，可见，在中频区噪声系数频谱是很平坦的，但随着频率的降低，噪声系数增大；同样，在高频区随着频率提高，噪声系数也要增大。在低频区噪声系数增大，主要是 $1/f$ 噪声引起的；在高频区噪声系数随频率提高而增大，主要是由于噪声增大而造成的。现在主要讨论 $1/f$ 噪声。

$$1/f \quad \frac{KI_{\mathrm{B}}(r_{\mathrm{bb'}}+R_{\mathrm{S}})^2}{f}$$

即可分别得到 E_{n} 及 I_{n} 的表达式为

$$E_{\mathrm{n}}^2=\frac{KI_{\mathrm{B}}r_{\mathrm{bb'}}^2}{f}$$

$$I_{\mathrm{n}}^2=\frac{KI_{\mathrm{B}}}{f}$$

代入式（9.49）可得 $1/f$ 噪声区的最佳源电阻和最小噪声系数分别为

$$(R_{\mathrm{S}})_{\mathrm{opt}}=r_{\mathrm{bb'}}$$

$$F_{\mathrm{opt}}=1+\frac{I_{\mathrm{B}}r_{\mathrm{bb'}}}{2Tf\Delta f} \tag{9.52}$$

由式（9.52）可见，若选用 $r_{\mathrm{bb'}}$ 小的晶体管，可以减小 $1/f$ 噪声，一个低噪声晶体管通常可以让工作点电流 I_{C} 尽可能小些，并使在小 I_{C} 条件下具有高的电流放大倍数 β。

9.4.5 低噪声电路设计

低噪声电路的设计任务是在给定信号源、放大器增益、阻抗和频响特性等条件下，选择电路元件参数和适当的工作点，采用合理的结构工艺使噪声特性最佳，以获得最低噪声电压以及最大信噪比[34]。

1. 放大器件的选择

选择适当的放大器件作为低噪声电路的输入级，这是低噪声电路设计的第一步，也是十分重要的一步，如何根据源电阻来选择放大器的类型可按图 9.41 进行。

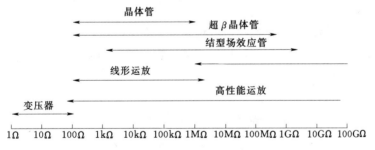

图 9.41 输入级放大器选用指南

输入级放大器件的选择主要考虑放大管的最佳源电阻 $(R_{\mathrm{S}})_{\mathrm{opt}}$ 与实际信号源电阻的最佳噪声匹配。当然也要考虑源电阻与输入阻抗的匹配，以提高输入级功率增益，这相当于降低该级噪声系数。

2. 工作点的选择

在选定某种类型的放大器后，还必须具体选择某种型号的低噪声晶体管，而在晶体管选定后才选择低噪声的工作点。某晶体管集电极电流和源电阻对噪声系数的影响如图 9.42 所示。可见，对于一定源电阻的某种型号晶体管，当工作点在某一 I_{C} 时，它具有最低的 NF。

3. 输入级偏置电阻的选择

尽量选用噪声系数小的电阻作为输入级的偏置电阻，这是由于偏置电阻位于电路噪声最灵敏的部位上。为了减小偏置电路引起的噪声，也可以加旁路电容使偏置电路的噪声加不到晶体管的输入回路。

图 9.43 表示不同类型的电阻器测得的过剩噪声系数范围。由图 9.43 可见，线绕电阻噪声系数最小。但由于其频率上限受到限制，同时价格昂贵，故通常在低噪声电路中均选用金属膜电阻。

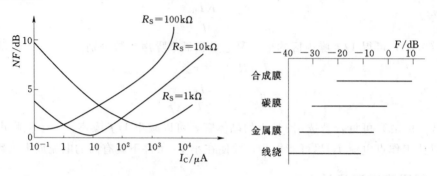

图 9.42　I_C 与 NF 的关系（$f=1\mathrm{kHz}$）　　图 9.43　不同类型电阻的噪声系数范围

4. 频带宽度的限制

由于内部器件噪声及外部干扰都随着频率的加宽而增大，因此在满足放大器频率上限及频率下限的前提下，应尽可能地压缩频带宽度。

5. 对直流电源的要求

为了减小电路直流供电电源的纹波电压，可以通过设计较好的滤波电路，并采用屏蔽措施来抑制直流电源的噪声及纹波。

6. 工艺措施的要求

要特别注意工艺措施，这是低噪声电路设计的主要内容之一。在以下几个方面要特别注意，即输入级元件的位置及方向，接地线的安排，焊接的质量，高频引线要尽可能短，电源变压器的屏蔽措施等。

习 题 与 工 程 设 计

一、选择题（单选题）

1. 习题图 9.1 中，共模电压源等效电路是（　　）。

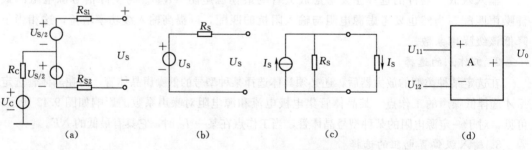

习题图 9.1　识别共模电压源等效电路

2. 习题图 9.2 所示集成运放是线性放大状态，它具有两个特点，表述正确的是（　　）。

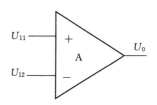

习题图 9.2　线性放大状态的集成运放

（a）"虚压"，即 $U_{11} \approx U_{12}$，分析时，视为 $U_{11} = U_{12}$；
"虚流"，$i_- = 0$、$i_+ = 0$，分析时，视为 $i_- = i_+ = 0$

（b）"虚短"，即 $U_{11} \approx U_{12}$，分析时，视为 $U_{11} = U_{12}$；
"虚断"，$i_- \approx 0$、$i_+ \approx 0$，分析时，视为 $i_- = i_+ = 0$

（c）"虚压"，即 $U_{11} \approx U_{12}$，分析时，视为 $U_{11} = U_{12}$；
"虚断"，$i_- \approx 0$、$i_+ \approx 0$，分析时，视为 $i_- = i_+ = 0$

（d）"虚短"，即 $U_{11} = U_{12}$，分析时，视为 $U_{11} = U_{12}$
"虚流"，$i_- \approx 0$、$i_+ \approx 0$，分析时，视为 $i_- = i_+ = 0$

3. 在习题图 9.3 所示运算放大器比例放大电路中，图名错误（图名与电路不同）的是（　　）。

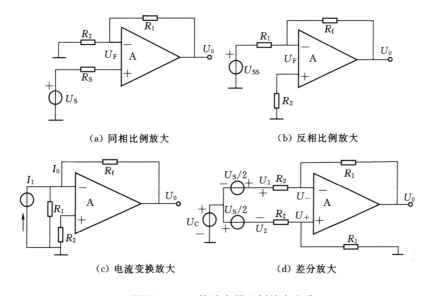

（a）同相比例放大　　　　　（b）反相比例放大

（c）电流变换放大　　　　　（d）差分放大

习题图 9.3　运算放大器比例放大电路

4. 低噪声电路设计选择时，应该考虑（　　）等因素。

（a）放大器件的选择、工作点的选择、输入级偏置电阻的选择、频带宽度的限制、对直流电源的要求、对工艺措施的要求

（b）放大器件的选择、工作点的选择、输出级偏置电阻的选择、频带宽度的限制、对交流电源的要求、对工艺措施的要求

（c）放大器件的选择、动态工作点的选择、输入级偏置电阻的选择、频带宽度的限制、对直流电源的要求

（d）集成运放的选择、静态工作点的选择、输入级偏置电阻的选择、频带宽度的限制、对直流电源的要求、对工艺措施的要求

5. 在习题图 9.4 的电路图中，图名错误的是（　　）。

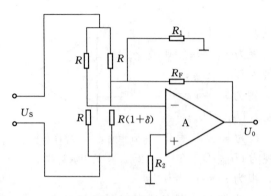

（a）电源浮置式电桥放大器

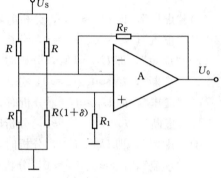

（b）差分输入式电桥放大器

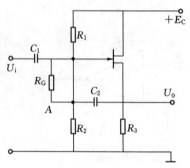

（c）自举反馈型赢输入阻抗放大器

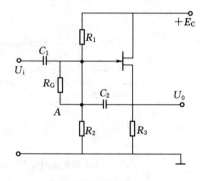

（d）自举差分阻抗放大器

习题图 9.4　电路运算放大器比例放大电路

6. 噪声系数 F 的表达式错误的是（　　）。

(a) $F = \dfrac{输入端信噪比}{输出端信噪比}$

(b) $F = \dfrac{输入端噪声强度}{输出端噪声强度}$

(c) $F = \dfrac{N_0}{N_{t0}}$

(d) $F = 1 + \dfrac{E_n^2 + I_n^2 R_B^2}{E_1^2}$

7. 一般电路的噪声信号来源，主要是（　　）。

(a) 光噪声、散粒噪声、低频噪声、接触噪声

(b) 热噪声、电子噪声、低频噪声、接触噪声

(c) 热噪声、散粒噪声、高频噪声、接触噪声

(d) 热噪声、散粒噪声、低频噪声、接触噪声

8. 在习题图 9.5 中，噪声波形图是（　　）。

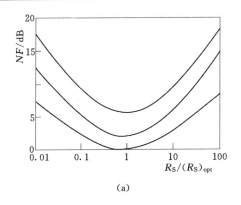
（a）

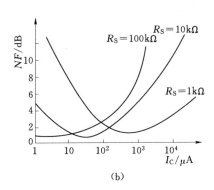
（b）

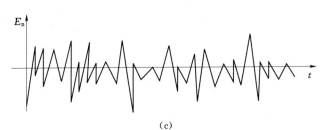
（c）

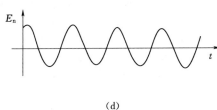
（d）

习题图9.5　识别噪声波形图

二、思考题

1. 为什么要对应变片式电阻传感器进行温度补偿？分析说明该类型传感器温度误差补偿方法。

2. 推导差动自感式传感器的灵敏度的计算公式，并与单极式相比较。

3. 压电式传感器的前置放大器的作用是什么？

4. 输入级偏置电阻的选择方法是什么？

5. 举例说明信号处理时叠加法的应用。

三、工程与设计题

设计一个四运放高共模抑制测量放大器，画出电路原理图，并做相应说明。

参 考 文 献

［1］ 陈富涛. 微控制器电路的干扰信号检测技术及应用［J］. 电子与封装，2018，18（12）：12 - 15，20.

［2］ 黄家兵. 心电信号检测放大电路的设计［D］. 合肥：合肥工业大学，2005.

［3］ 李国刚，骆妙艺，叶媲舟，等. 脑电信号检测专用集成电路的设计［J］. 华侨大学学报（自然科学版），2010，31（2）：162 - 165.

［4］ 李春东，白挺玮，关士深，等. 共模滤波技术在逆变器检测电路中的应用［J］. 中国新技术新产品，2015（17）：83.

［5］ 黄益平. 运算放大器在直流信号检测电路中的应用［J］. 集成电路应用，1995（6）：5 - 7，10.

［6］ 朱少华. 一款用运算放大器组成的电流检测电路［N］. 电子报，2019 - 05 - 26（006）.

［7］ 高希栋. 一种智能电能表掉电检测模块的电路设计［J］. 机电信息，2018（15）：141，143.

［8］　王敏，陈亚光. 脑电检测前置放大器静电保护电路的设计［J］. 电子技术应用，2013，39（7）：80-82.

［9］　黄厦冰. 心电特征参数硬件检测电路的研制［J］. 医疗器械，1986（5）：13-17.

［10］　张尔东，曹一江，崔倩. 高增益、低噪声的石英陀螺计电荷检测电路设计［J］. 电子技术与软件工程，2017（12）：118.

［11］　王泽宇，来新泉. 增益可调通用高精度负载电流检测电路［J］. 华中科技大学学报（自然科学版），2016，44（9）：6-10.

［12］　曹印妮，张东来，徐殿国. 自动增益的钢丝绳检测电路及等空间信号采集的实现［J］. 仪表技术与传感器，2006（3）：40-42.

［13］　黄睿. 多参数空气质量检测仪的硬件电路设计［J］. 计算机时代，2014（10）：27-29.

［14］　李建轩，赵治华，张向明，等. 差模特征频率共模干扰特性研究［J］. 电力电子技术，2007（12）：8-10.

［15］　李安旭，赵志民. 巧解 900MHzLTE-FDD 与 GSM 共模组网的频率规划难题［J］. 广西通信技术，2016（2）：43-49，60.

［16］　曾昌禄. 放大器输入电路的噪声分析［J］. 电讯技术，2000（6）：75-77.

［17］　何鎏，白春江，王新波，等. 一种采用交流激励的微弱非线性电流-电压关系测试方法［J］. 西安交通大学学报，2016，50（6）：97-103.

［18］　陈华泰. 直流系统不设平衡电桥时测量电压波动分析研究［J］. 科技创新与应用，2018（30）：48-49.

［19］　诸林裕，朱国良. 叠加原理在线性电路中的应用［J］. 职业技能培训教学，1994（4）：34-35.

［20］　张凤祥，邵倩芬. 互补型复合跟随器构成的模拟电感电路和低耗电容倍增器［J］. 电子科学学刊，1986（3）：161-168.

［21］　曲昀卿. 一种高电压增益的 DC-DC 变换器［J/OL］. 电子器件，2019，42（4）：838-842.

［22］　鲁欢，张桂勇，宗智. 基于参数光滑点插值法的固有频率上、下限计算［C］// 中国力学学会计算力学专业委员会无网格与粒子类方法专业组. 无网格粒子类方法进展与应用研讨会论文摘要集，2016.

［23］　刘建平. 密勒定理在分析电子线路中的应用［J］. 安庆师范学院学报（自然科学版），2006（4）：65-68.

［24］　张光胜，吴锡权，张宁. 电路中分布电容对串联元件的影响［J］. 计算机与网络，2002（6）：52-53.

［25］　钱思明. 电压跟随器 LM310 用于 CCD 输出信号的滤波［J］. 仪表技术与传感器，1996（6）：22.

［26］　刘涛，梁仕斌. 超低频任意波形信号源进行保护用电流互感器励磁特性试验［J］. 云南电力技术，2019，47（2）：64-68.

［27］　罗晓黎. 绝缘电阻表计量检定与应用［J］. 江汉石油职工大学学报，2019，32（3）：60-62.

［28］　魏子魁，符令，王雪，等. 一种基于热噪声振荡器的高速真随机数设计［J］. 电子技术应用，2018，44（10）：29-31，36.

［29］　赵毅，李骏康，郑泽杰. 硅/锗基场效应晶体管沟道中载流子散射机制研究进展［J］. 物理学报，2019，68（16）：57-63.

［30］　杜沂东. 低噪声微弱信号放大电路的设计［J］. 电工技术，2018（10）：115-116，120.

［31］　吕超，熊慎勋. 低噪声前置放大器的最佳噪声源电阻与最大信号功率传输问题［J］. 山东大学学报，1984（9）：50-56.

［32］　朱臻，邵志标. 低噪声高精度运算放大器输入级的设计［J］. 微电子学，1999（4）：297-301.

［33］　郑利颖. 温度对噪声系数测量的影响及修正［J］. 电子世界，2019（16）：43-44.

［34］　张雯柏，赵华北，胡爱云，等. 峰值信噪比标准下轨道图像预处理方法研究［J］. 湖南文理学院学报（自然科学版），2019，31（3）：7-12，18.